多元视角下用户生成内容的信息质量评估研究

王 平 著

科 学 出 版 社
北 京

内 容 简 介

信息质量研究一直是信息科学及图书情报领域关注和研究的热点。本书以移动社交环境下用户生成内容为研究对象，主要包括在互联网创作、编辑、转载、评论等信息的文本内容。从用户认知和资源内容维度，利用文献调研、问卷调查、深度访谈以及信息科学等不同的视角评估用户生产内容的质量影响要素。

本书可供信息科学、情报学或管理科学与工程领域的研究人员阅读。

图书在版编目（CIP）数据

多元视角下用户生成内容的信息质量评估研究 / 王平著. —北京：科学出版社，2020.10

ISBN 978-7-03-066344-3

Ⅰ. ①多… Ⅱ. ①王… Ⅲ. ①移动通信-互联网络-信息管理-评估-研究 Ⅳ. ①TN929.5

中国版本图书馆 CIP 数据核字（2020）第 197401 号

责任编辑：王 哲 / 责任校对：杨 然
责任印制：吴兆东 / 封面设计：迷底书装

科学出版社 出版
北京东黄城根北街 16 号
邮政编码：100717
http://www sciencep.com

北京中石油彩色印刷有限责任公司 印刷
科学出版社发行 各地新华书店经销

*

2020 年 10 月第 一 版 开本：720 × 1000 B5
2021 年 4 月第二次印刷 印张：15 3/4 插页：3
字数：317 000

定价：149.00 元

（如有印装质量问题，我社负责调换）

前　言

信息质量研究一直是信息科学及图书情报领域关注和研究的热点。用户生成内容(user generated content，UGC)作为 Web2.0 环境下一种新兴的网络信息资源创作与组织模式，网络用户参与行为的多样性和用户生成内容动机的复杂性导致其质量难以得到高效的保障，可信高质量内容已经成为信息消费者的迫切需求。本书以移动社交环境下 UGC 为研究对象，即用户在互联网所产生的内容，主要包括在互联网创作、编辑、转载、评论等信息的文本内容。从用户认知和资源内容维度，利用文献调研、问卷调查、深度访谈以及信息科学等不同的视角评估 UGC 的质量影响要素，其研究对于 UGC 的质量管控、保障内容消费者获取利用高质量可信的 UGC 具有重要的理论价值与实际意义。

与传统权威发布、中心辐射等内容产生模式不同，UGC 环境下信息内容的生成更多体现了离散化、去中心化、非权威化、集体创作和协同创作的特点，这为交互、创新和消费网络信息资源带来了自由的同时也给信息内容的质量带来很多隐患；另外，网络用户参与行为的自发性和 UGC 平台的多样性、复杂性也使得 UGC 信息质量难以得到高效地保障。因此，如何评估 UGC 信息质量进而提高并控制其质量成为了学界亟待思考和探讨的热点问题。目前，国内外不同学科领域的学者从各自专业的角度对 UGC 信息质量相关问题进行了广泛的思考和探讨，在理论、方法和实证方面均取得较多的研究成果。但目前的研究多以单一方法对单一类型或单一平台的 UGC 信息开展信息质量测评，然而 UGC 不论是其形成还是应用都离不开用户、内容、技术等要素，其面向的对象和所处的环境是多元化、多场景的，这需要从多元视角去看待其信息质量的评价和管控问题，并从多个层面去探索解决实际问题的方法和渠道。因此，本书旨在对 UGC 信息质量相关研究内涵与外延进行重新理解的基础上，结合具体场景或问题并通过规范化的实证研究方法加以深入分析和探讨，从而加深专业同行或有兴趣的读者对这一领域理论的认识和实践应用的理解。

本书是作者主持的国家自然科学基金面上项目(编号：71774121)的成果之一。全书共 9 章。第 1 章绪论主要介绍本书的研究背景、研究意义、研究对象、研究现状、研究内容、研究方法和研究的创新点。第 2 章主要介绍 UGC 信息质量评估的理论基础。第 3 章从信息质量评估的维度、标准和测度方法等视角综述了 UGC 信息质量评估测度的技术与方法。第 4 章采用结构方程模型的方法探究了信任视角下社交媒体用户的信息使用行为的内在机理。第 5 章采用扎根理论的方法探索了影响在线问答社区中答案质量的主要因素。第 6 章从计算机语言学视角出发深入研究了在线用户评论信息的有用性测度方法。第 7 章基于递归张量神经网络对微信公众号的文章新颖度评估方法进行了探索。第 8 章基于融合层级注意力机制对在线评论数据进行情感语义质量分析并以可视化的方式展示分析的结果。第 9 章从理论与实证两方面对本书进行了总结，并基于此从研究内容、研究对象、评价指标维度三个方面提出本书的研究不足与未来研究方向。

在本书的写作过程中，本课题组成员侯景瑞、李沐妍、王佳、范文莉、杨寒沁、陈秀秀、刘漫漫、李江南、李雪依、李樵、吴任力、胡怡霞、王钟铭、唐富莉、谢雨霏等承担了大量的文献搜集、资料整理、数据分析和文字校对等工作，在此向他们的辛勤工作表示深深的谢意。另外，本书参阅了大量的优秀国内外文献资料，本书作者尽可能一一注明，但由于文献较多，疏漏在所难免，在此向被遗漏的参考文献作者表示歉意，并向所有参考文献的作者表示衷心的感谢，同时感谢科学出版社的编辑为本书出版付出的辛勤劳动。

由于时间仓促及作者水平所限，本书定有不当和遗漏之处，尚待进一步完善。恳请各位专家、学者和广大读者批评指正。

王　平

2020 年 8 月 8 日

目　　录

第1章　绪　　论

1.1　研究背景及意义

1.1.1　研究背景

Web2.0 的兴起与发展为用户提供了一个参与表达、创造、沟通和分享的环境，以往的全民上网模式也逐渐被全民织网模式所替代，参与协作的用户成为互联网的主要参与者与内容生产者和消费者。用户生成内容(user generated content, UGC)作为 Web2.0 环境下一种新兴的网络信息资源创作与组织模式，主要指的是以任何形式在网络上发表的由用户创作的文字、图片、音频、视频等内容[1]。在国外相关研究文献中 UGC 有多个表达方式，如 UCC(user-created content)、CGM(consumer-generated media)等。UGC 的概念在国内第一次正式出现在摩根士丹利的“互联网女皇”玛丽·米克尔领衔撰写的《2005 年度中国互联网行业报告》中，她认为，2006 年的中国互联网产业中，UGC 将是高速成长的新热点。此后，世界经济合作与发展组织(Organization for Economic Co-operation and Development, OECD)在 2007 年的报告 *Participative Web and User-created Content: Web 2.0, Wikis and Social Networking* 中定义和描述了 UGC 的三个特征：①Internet 上公开可用的内容；②此内容具有一定程度的创新性；③非专业人员或非权威人士创作[2]。目前，在互联网中常见的 UGC 包括社交媒体、问答社区、知识分享、视频分享、在线评论等。以知识分享网络平台为例，截至 2020 年 4 月，英文维基百科[3]包含 5007 多万页面，自维基创始以来，页面编辑次数总量达到 9.46 亿多次；注册用户量达到 3877 万余人。同样地，作为中国知名的知识分享平台，“百度百科”[4]已经收录了超过 1693 万个词条，参与词条编辑的用户超过了 706 万人，共产生 1.59 亿多次编辑，几乎涵盖了所有已知的知识领域。再观国内知名网络问答平台“知乎”，根据官方统计数据[5,6]，截至 2019 年 1 月，知乎累计用户数突破 2.2 亿，他们已经贡献了超过 2800 万个问题和 1.3 亿个回答，几乎覆盖了生活的方方面面，成为当代最活跃的一批“有问题的人”。美国最大的商户点评网站 Yelp 涵盖了大量不同种类的商家，其内容的广泛性为消费者提供了更大的选择空间，据官方统计[7]，截至 2020 年 4 月，Yelp 平台包含 20.9 多万个商家以及 802 多万条评论。由此可见，UGC 已经在Web2.0 的助力下广泛地产生和传递，其数据量和信息量都不容小觑，且从方方面面反映和影响着人们的生活。

中国互联网络信息中心(China Internet Network Information Center，CNNIC)第46次《中国互联网络发展状况统计报告》[8]显示，截至2020年6月，我国的网民规模达到9.4亿人，互联网普及率为67%，我国网民使用手机上网的比例达99.2%。智能手机技术的快速发展和智能手机的普及使得越来越多的工作、娱乐、消费等行为都可以在手机完成和实现。从早期的邮件和邮件组，发展到后来的BBS和博客，再到现在的微博、微信和短视频直播等，可以看出UGC门槛在逐渐降低，可以上传图片、文字、音频、视频，可以点赞与转发，这些功能使普通用户生成内容变得越来越容易，同时随之产生的问题也越来越多。受互联网平台的虚拟性和其自身的经营模式影响，阅读量、活跃用户数量、评论量、转发量、销售额等词汇成为衡量很多平台经济价值的重要指标，加之用户创作动机的复杂性、自由性和逐利性等特点，无论是国内的还是国外的UGC平台都存在着虚假信息的泛滥现象。同2018年9月，“爱奇艺”宣布关闭前台的播放量数据，用视频内容热度代替播放量的数据，在此之前，就有媒体曝光一些机构刷视频播放量的做法。同年10月，“马蜂窝”陷入“虚假评论”风波，根据网民数据报告，“马蜂窝”上2100万“真实点评”中有1800万条是通过机器人从“点评”和“携程”等竞争对手平台上抄袭而来，同时还有爆料揭露该平台核心内容“游记”中同样存在大量水军，其问答板块也是如此[9]。几乎是在同一天，58同城被爆出存在大量发布虚假招聘信息和涉嫌诈骗的公司，受骗者被骗金额从730元到1890元不等，涉嫌诈骗金额或超数百万。再观国外，2019年上半年，英国消费者监督机构爆出亚马逊评论造假。美国公共关系和营销咨询公司Edelman通过调查发现，60%的受访者认为社交媒体公司对控制虚假信息、抑制仇恨言论、保护个人隐私等方面不够重视，超过60%的人希望政府管制社交媒体平台，70%的电商消费者认为社交媒体平台应该为平台上的虚假信息负责，做出更负责任的行为，71%的消费者则希望品牌商督促社交媒体平台保护他们的个人信息[10]。可见，无论是以旅游为代表的信息内容分享平台还是以购物为主的电商消费平台，或者是以交友分享为代表的社交平台，其UGC运作模式的离散化、去中心化、非权威化、集体创作和协同分享的特点，为协作、创新和消费带来了自由的同时，也给贡献内容的质量带来很多隐患[11]，网络用户参与行为的多样性和UGC动机的复杂性同样导致其生产内容质量难以得到有效的保障，Web2.0环境下UGC质量良莠不齐，令人担忧，因此如何评价信息质量进而提高并控制其质量成为了学界思考和探讨的热点，在UGC信息质量方面亦然。

信息质量研究一直是信息科学和计算机科学领域研究的重点方向，传统的信息质量研究主要集中于单一情境下的信息质量，Choi和Stvilia[12]在美国信息科学与技术协会期刊信息科学前沿专栏对网络可信度评估的概念化、操作化、变异性以及模型研究做了较为全面的总结与梳理，同时指出未来网络可信度测评研究的热点和方向主要集中于新型社交环境下 UGC 的质量和相关行为研究。上述案例事实证明，UGC 的质量问题确实需要得到重点关注，且已经引起了各界的广泛思考和探讨。早在 2005 年，维基百科的创始人吉米·威尔斯在 TED 会议上讲述的维基百科故事中就提到了管理海量数据的难度，以及保障具有争议话题文章的中立性，他还指出维基百科为自己设立的标准是与专业的质量标准持平或者更高，但并不总是能达到这些标准[13]。同样，百度百科曾因“中国十大名校”这一词条激烈的编辑之争，而最终关闭了这一词条，杜绝来自互联网用户的自发评判[14]。2016 年 11 月举办的互联网国际大会中，马费成提出通过用户自律实现信息序化和治理的观点：“关于网络治理的问题存在着两个观点，一个是网络自治，一个是网络的管制[15]。人人都可以成为信息的生产者、发布者、编辑者和传播者，因此要实现网络的序化，我想可能要通过用户本身”。中国社会科学院法学研究所支振锋提出：“互联网时代需要更加重视用户的力量，发挥好用户作为内容生产者的正面作用，可以从用户的角度出发，更科学、更合理地对内容、平台进行分类管理，网络治理有了‘用户思维’，才能从根本上改变内容生产的生态”[16]。2019 年 12 月国家互联网信息办公室发布了《网络信息内容生态治理规定》，并于 2020 年 3 月 1 日起执行。该规定明确提出，网络信息内容生产者不得制作、复制、发布含有“危害国家安全，泄露国家秘密，颠覆国家政权，破坏国家统一”和“损害国家荣誉和利益”等内容的违法信息，应当采取措施，防范和抵制制作、复制、发布含有“使用夸张标题，内容与标题严重不符”和“炒作绯闻、丑闻、劣迹”等内容的不良信息；网络信息内容服务平台应当履行信息内容管理主体责任，加强本平台网络信息内容生态治理，建立网络信息内容生态治理机制，制定本平台网络信息内容生态治理细则，健全用户注册、账号管理、信息发布审核、跟帖评论审核、版面页面生态管理、实时巡查、应急处置和网络谣言、黑色产业链信息处置等制度，同时，网络信息内容服务平台不得传播该规定所规定的违法信息，应当防范和抵制传播不良信息；网络信息内容服务使用者应当文明健康使用网络，按照法律法规的要求和用户协议约定，切实履行相应义务，在以发帖、回复、留言、弹幕等形式参与网络活动时，文明互动，理性表达，不得发布违法信息[17]。

与此同时，在 UGC 的研究层面，赵宇翔等[18]提炼和归纳出目前国内外主要是从资源观、行为观、技术观和应用观四大视角出发，分析其中用户、内容、技术、组织和社会等五个单位，主要涉及 UGC 特征规律及现状趋势、内容管理和质量评价、用户相关动因和行为、技术模型的引入、在不同实际场景中的应用等问题。此外金燕[1]从 UGC 存在的质量问题、质量评价和质量控制这三个方面梳理国内外围绕 UGC 质量这一主题的研究成果，并认为应当关注移动 UGC、非文本型 UGC 等对象，关注用户行为、语义内容和质量之间的关联，应当融合用户研究、行为科学、数据质量管理和大数据分析等相关理论和方法。由此可见学界对于UGC全方位的重视，尤其是在信息质量这一方面。UGC不论是其形成还是应用，都离不开用户、内容、技术等要素，UGC面向的对象和所处的环境都是多元化、多场景的，因此需要从多方视角去看待其信息质量的评价和管控问题，从多个层面去探索解决实际问题的方法和渠道，只有在保证UGC信息质量的基础上，才能够进一步完善其应用和发展。

因此本书以UGC，即用户在互联网所产生的内容，主要包括在问答社区、在线论坛、社交媒体等平台上创作、上传、编辑、转载、评论、补充等形成的文本、图像、音频、视频等不同类型的信息内容为重点研究对象，从内容、技术、用户等多个视角出发，利用社会科学、管理科学与工程、心理学及用户行为理论，结合机器学习、数据分析等方法，研究和探讨如何从用户感知的视角以定性的方法测度影响UGC信息质量的因素并构建质量评估的理论模型，以及如何对UGC信息质量实现自动和定量的质量测评等。本书将选取社交媒体信息、社会问答信息、在线评论信息和微信公众号推文进行实证，构建原型系统并提出相应的质量判断与评估策略，为提升和优化UGC的信息质量提供具体的可实践的技术方法。

1.1.2 研究意义

本书对UGC信息质量的测度与识别，高效信息质量评估技术方法的提出与应用，问答、评论、社交等平台可信社区环境的构建与优化以及互联网平台空间环境的净化与监管具有重要的理论意义与实践价值，具体主要表现在以下几个方面。

1.1.2.1 理论意义

(1) 有助于为UGC信息质量评估研究领域搭建科学全面的理论框架。

本书对UGC的信息质量相关的概念和内涵进行厘清，并对领域内的理论基础、应用模型、技术方法、标准维度等加以详细梳理，并一改目前研究中多以单一方法对应单一类型或单一平台的UGC信息为研究对象开展信息质量测评或控制的现状，本书能够尽可能选取多样化的评估对象，选取问答社区、社交媒体、在线评论、微信推文等多类型平台的UGC进行质量评测与实证研究，丰富目前的研究内容。为UGC信息质量评估研究领域搭建科学全面的理论框架，进一步拓宽该领域的研究视角，丰富研究方法，为后续的相关研究和探讨提供了有力的理论支撑。

(2) 有助于为其他学科在UGC的相关研究领域的发现和探讨提供新思路和新视野。

本书从社会学、心理学、信息科学等多元视角，力图从不同的方法视角探索UGC的信息质量评估的效果，从“质”和“量”的角度深化UGC研究内容，深度解析其质量因子，为其他学科在UGC的相关领域研究提供新思路和新视野。

(3) 有助于为各类 UGC 平台建立完善的信息发布标准和信息监管规范提供理论方面的指导。

Web2.0背景下，用户实现网络自治还需要一个漫长的适应和发展过程，在自由创作的互联网时代，需要一定程度的标准规范约束UGC的创作、传播和利用，不论是 UGC 的生产者和消费者，还是用户生产信息的平台，通过本书在对“质量好”的UGC进行的定义和评价后，能够对于UGC的编辑创作和传播利用树立起“标杆”，同时也对于现有生成内容信息的改进提出了依据和标准，为国家、社会及行业对于用户行为、UGC平台等标准规范的制定和出台提供理论指导。

1.1.2.2 现实意义

(1) 从信息利用角度来看，有助于指导用户在信息搜索与决策行为中获取高真实性、高权威性的UGC。

互联网平台中充斥着海量UGC，而这些UGC中又存在大量垃圾的、无用的甚至是虚假错误的内容，不仅不能辅助用户高效决策，甚至还会对用户产生误导和干扰，既阻碍了 UGC 价值的实现和利用，也损害了用户的相关利益，同时还易形成 UGC 信息利用价值、可信度不断降低的恶性循环。本书从质量维度的全面解析和技术方法的有效控制出发，帮助用户在相关的 UGC 平台识别和获取可靠性好、可信度高的用户生产信息，从而切实保障用户获取真实、可靠信息的权利，从根源上提高用户所获取信息的可信度。

(2) 从主体控制角度来看，有助于互联网UGC用户快速精准、场景化识别虚假错误的信息内容及信息生产者。

由于社交网络结构的复杂性、用户的大规模性以及用户创建 UGC 的动机、知识素养、文化背景和情感人格特质等的异质性，UGC的质量呈现出极大的不均衡性。大数据环境下，依靠大规模人工方式识别各类 UGC 平台虚假无用信息不仅成本极高，而且也难以满足用户多样化和动态化发展的实际识别需求。本书从多元视角出发，通过构建多场景下 UGC 信息质量评估方法，深入剖析和发现用户生成信息，并从中提取有价值的信息内容以辅助用户决策，帮助互联网 UGC平台洞悉用户真实需求，加强对创作平台的监管和控制，引导 UGC 生产者发布真实、有用的内容，提升UGC平台质量层次。

(3) 从网络环境角度来看，有助于净化互联网宏观环境，优化互联网UGC平台信息内容。

在“互联网+”发展环境下，信息无序、虚假信息泛滥等问题严重制约了互联网的创新发展。面对海量UGC价值的分散性、用户群体的自发性、UGC平台的多样性和复杂性等挑战，建立多元视角、多元场景下 UGC 质量评估体系和评估方法，有助于提高互联网平台上的信息内容质量，改善移动互联网环境下的信息质量现状，提高网络信息资源组织能力，促进网络信息的共享和知识创造，形成信息生成和传播的良性循环，净化互联网环境，营造公平、公正、和谐、可持续发展的信息网络环境。

1.2 国内外 UGC 信息质量研究现状及述评

信息质量研究一直是信息科学和图书情报领域研究的热点。信息质量从概念上看，一方面可从数据自身出发将其定义为“符合规范和标准的信息”，另一方面可从数据用户的角度出发将其定义为“适用的信息”[19]。从信息或数据的整体质量评价上来看，Besiki 等[20]设计了通用信息质量评估框架，该框架涵盖了类型广泛的信息质量问题、相关活动，同时包括一个根据理论和实践将信息质量维度系统组织起来的分类法。Cai 和 Zhu[21]从用户的视角制定了层次化的数据质量框架，构建了数据质量动态评估过程。阮光册[22]指出对用户生成文本内容的质量管理需要从信息和用户两个维度考虑，描述了从规范、测评、控制和呈现四个途径来实施质量管理的策略。Naumann 和 Rolker[23]认为信息质量受到用户的感知、信息本身、信息获取过程这三个因素的影响，提出了主体标准、客体标准和过程标准这三个信息质量评分的来源。目前，信息质量评价研究的对象主要包括以下几种类型：①学术信息。Mccabe 和 Snyder[24]从作者、读者、期刊三方角度出发，同时考虑了作者获益、论文随机质量、编辑水平等因素，设计了学术期刊质量评价模型。Cho[25]使用 Citabase 上的元数据和网络日志数据进行分析，选取了 ArXiv.org 上 1991 年至 2005 年间的文章作为评价数据，构建了一个更稳定的复合指标体系来评价开放存取环境下的论文质量和作者学术成就。②健康信息。Zhang 等[26]回顾了评价面向消费者的健康信息质量的 165 篇文章，通过从来源及所用质量标准和指标、质量评价工具等角度进行分析，揭示了健康信息的质量因不同的医疗领域、不同的网站而有所差异，健康信息整体质量仍存在一定问题的现状。Stvilia 等[27]基于健康信息传播过程中的提供商、消费者和中间商的视角，描述了一种包含五个质量标准层次的网上消费者健康信息评价模型。③社交媒体信息。Chai 等[28]对现有的 19 种针对社交媒体内容质量评估的框架进行了评价和梳理。孙晓阳[29]从政府管理部门、社会化媒体平台和用户三大主体方面出发，构建了两两演化博弈模型，并提出了社会化媒体信息质量管控的流图模型。④多媒体信息。赵宇翔和朱庆华[2]以学术性和实用性为切入点，提出了针对用户生成视频内容质量的，由对象层、维度层、测度层组成的测评框架。Tang 等[30]提出了使用总体和区域特征的、基于内容的照片质量评估框架，通过提取主题领域，从中提取区域特征，并将背景和总体特征相结合以评估照片质量。⑤网络信息。李晶[31]通过内容、效用、载体这三个反映虚拟社区信息质量的维度，构建了包含12个潜变量的信息质量概念模型。沈旺等[32]基于用户视角，采用扎根理论编码方法，分别构建了网络社区语境下UGC的内容质量评价指标体系和可靠性评价指标体系。Besiki等[33]分析了维基百科的信息质量保证架构、过程和措施。

随着互联网的发展和UGC的兴起，在大数据环境下，信息呈现出新的特征、面临新的质量挑战，质量评价体系在进一步完善，评价角度更加的多元化，质量评价的技术和方法也更加多样化和自动化，不仅要考虑UGC自身的属性，还要结合上述不同种类信息的特征，在实际的场景应用中进行评估和考量。因此，本节聚焦于UGC质量评估方面，将从UGC信息质量政策标准与管控实践现状、UGC质量影响因素、基于不同类型和不同方法的UGC质量评估等方面对国内外研究成果进行梳理并加以分析。

1.2.1 UGC信息质量政策标准与管控实践现状

1.2.1.1 UGC相关政策标准与监管行动

目前，我国尚未出台专门针对UGC方面的法律法规和政策标准，国家层面上缺乏专门针对UGC的法律法规与政策标准。但是，近年来，我国政府相继出台了一系列关于网络用户、自媒体的法规文件，并在相应的网络信息管理规定等里面有涉及UGC主体、平台、利用者等方面的内容。其中明确提到UGC的是中国网络视听节目服务协会于2019年1月发布的《网络短视频平台管理规范》[34]，该规范指出网络短视频平台对在本平台注册账户上传节目的主体，应当实行实名认证管理制度，将个人注册账户上传节目简称为UGC，并规定网络短视频平台应当履行版权保护责任，不得未经授权自行剪切、改编电影、电视剧、网络电影、网络剧等各类广播电视视听作品；不得转发UGC上传的电影、电视剧、网络电影、网络剧等各类广播电视视听作品片段；网络短视频平台应当遵守国家新闻节目管理规定，不得转发UGC上传的时政类、社会类新闻短视频节目；不得转发尚未核实是否具有视听新闻节目首发资质的PGC机构上传的时政类、社会类新闻短视频节目。相关法律法规及政策标准如表1.1所示。

表1.1 涉及UGC的法律法规与政策标准

发布者	发布时间	法律法规/政策标准名称	涉及UGC的方面
最高人民法院、最高人民检察院	2013年9月	《关于办理利用信息网络实施诽谤等刑事案件适用法律若干问题的解释》[35]	网络用户行为
国家互联网信息办公室	2014年8月	《即时通信工具公众信息服务发展管理暂行规定》[36]	网络用户行为

续表

发布者	发布时间	法律法规/政策标准名称	涉及UGC的方面
国家互联网信息办公室	2016年11月	《互联网直播服务管理规定》[37]	互联网直播，是指基于互联网，以视频、音频、图文等形式向公众持续发布实时信息的活动；互联网直播服务使用者，包括互联网直播发布者和用户
文化部	2016年12月	《网络表演经营活动管理办法》[38]	网络表演是指以现场进行的文艺表演活动等为主要内容，通过互联网、移动通信网、移动互联网等信息网络，实时传播或者以音视频形式上载传播而形成的互联网文化产品
国家互联网信息办公室	2017年5月	《互联网新闻信息服务管理规定》[39]	新闻信息，包括有关政治、经济、军事、外交等社会公共事务的报道、评论，以及有关社会突发事件的报道、评论。 互联网新闻信息服务，包括互联网新闻信息采编发布服务、转载服务、传播平台服务
国家互联网信息办公室	2017年8月	《互联网论坛社区服务管理规定》[40]	互联网论坛社区服务，是指在互联网上以论坛、贴吧、社区等形式，为用户提供互动式信息发布社区平台的服务
国家互联网信息办公室	2017年8月	《互联网跟帖评论服务管理规定》[41]	跟帖评论服务，是指互联网站、应用程序、互动传播平台以及其他具有新闻舆论属性和社会动员功能的传播平台，以发帖、回复、留言、“弹幕”等方式，为用户提供发表文字、符号、表情、图片、音视频等信息的服务
国家互联网信息办公室	2017年9月	《互联网用户公众账号信息服务管理规定》[42]	互联网用户公众账号信息服务，是指通过互联网站、应用程序等网络平台以注册用户公众账号形式，向社会公众提供发布文字、图片、音视频等信息的服务。 互联网用户公众账号信息服务提供者，是指提供互联网用户公众账号注册使用服务的网络平台。 互联网用户公众账号信息服务使用者，是指注册使用或运营互联网用户公众账号提供信息发布服务的机构或个人
国家互联网信息办公室	2018年2月	《微博客信息服务管理规定》[43]	微博客，是指基于使用者关注机制，主要以简短文字、图片、视频等形式实现信息传播、获取的社交网络服务。微博客服务提供者是指提供微博客平台服务的主体；微博客服务使用者是指使用微博客平台从事信息发布、互动交流等的行为主体；微博客信息服务是指提供微博客平台服务及使用微博客平台从事信息发布、传播等行为

续表

发布者	发布时间	法律法规/政策标准名称	涉及 UGC 的方面
国家宗教事务局	2018 年 9 月	《互联网宗教信息管理办法(征求意见稿)》[44]	互联网宗教信息，是指通过互联网站、应用程序、论坛、博客、微博客、公众账号、即时通信工具、网络直播等形式，以文字、图片、音视频等方式传播的有关宗教教义教规、宗教知识、宗教文化、宗教活动等涉及宗教的信息
国家互联网信息办公室、文化和旅游部、国家广播电视总局	2019 年 11 月(2020 年 1 月 1 日开始执行)	《网络音视频信息服务管理规定》[45]	网络音视频信息服务，是指通过互联网站、应用程序等网络平台，向社会公众提供音视频信息制作、发布、传播的服务。 网络音视频信息服务提供者，是指向社会公众提供网络音视频信息服务的组织或者个人；网络音视频信息服务使用者，是指使用网络音视频信息服务的组织或者个人
国家互联网信息办公室	2019 年 12 月(2020 年 3 月 1 日开始执行)	《网络信息内容生态治理规定》[46]	网络信息生产者是指制作、复制、发布网络信息内容的组织或者个人

与此同时，随着各类 UGC 平台的应用频率和范围的提升，UGC 的大幅增长，以及国家、社会对网络环境和信息质量的重视，相关部门和媒体在发布政策标准的基础上也相应开展了众多监管行动，具体梳理如表 1.2 所示[47]。

表 1.2　近年来 UGC 监管行动及相关事件

时间		监管行动
2017 年	1 月 6 日	北京网信办依法约谈今日头条，对其“头条问答”栏目中大量讨论低级庸俗话题的违法违规情形提出严肃批评，并责令其整改
	4 月 15 日	新浪微博因监管不力受处罚，全国“扫黄打非”办公室部署北京市文化执法部门对新浪微博中经常出现不法用户传播淫秽色情视频且处置不力的情况进行查处。北京市文化市场行政执法总队对运营新浪微博的北京微梦创科网络技术有限公司做出了相关行政处罚，并责令其进行整改
	4 月 17 日	央视曝光今日头条向用户不定期推送“艳俗”直播平台“火山直播”
	4 月 18 日	北京市网信办、公安局、市文化市场行政执法总队联合约谈今日头条、火山直播、花椒直播，依法查处上述网站涉嫌违规提供涉黄内容，责令限期整改
	4 月底	国家新闻出版广电总局相关部门，先后约谈腾讯公司相关负责人，指出其传播自采自制的时政社会类视听节目、直播新闻节目，大量播放低俗节目，及腾讯微信公众号、移动客户端播放视听节目管理中存在各种问题，责令其限期整改
	6 月 22 日	广电总局官方网站发布通知，责令关停新浪微博、AcFun、凤凰网等网站的视频服务。理由是这些网站在不具备《信息网络传播视听节目许可证》的情况下开展视听节目服务，并且大量播放不符合国家规定的时政类视听节目和宣扬负面言论的社会评论性节目

续表

时间		监管行动
2017年	7月	针对大量剧集被下架，哔哩哔哩弹幕网回应称："为了维护网站内容的规范性，将对网站内的影视剧内容进行审查工作。在审查期间，部分影视剧可能出现无法访问的情况。审查结束后，不符合规范的影视剧将被下架处理，符合规范的影视剧将逐步恢复上线"
	8月11日	国家网信办指导北京市、广东省网信办分别对腾讯微信、新浪微博、百度贴吧立案，并依法展开调查。根据网民举报，经北京市、广东省网信办初查，3家网站的微信、微博、贴吧平台分别存在有用户传播暴力恐怖、虚假谣言、淫秽色情等危害国家安全、公共安全、社会秩序的信息
	8月18日	北京市"扫黄打非"办公室对今日头条传播含有低级庸俗、夹杂淫秽、色情等内容网络出版物的行为，依法进行了行政处罚，予以罚款并要求相关频道停业整顿一周
	9月27日	新浪微博官方称，在北京市网信办的指导下，将面向所有用户招募1000名微博监督员(内容审核员)，针对微博上的涉黄、违法及有害信息进行举报处理
	12月29日	今日头条和凤凰新闻手机客户端，因传播色情低俗信息负责人遭约谈，当日18点开始，双方手机客户端主要频道暂停更新
2018年	1月29日	中国互联网监管机构约谈新浪微博负责人，新浪微博热搜榜、热门话题榜、微博问答功能等板块暂时下线一周进行整改。北京市互联网信息办公室相关负责人指出，新浪微博违反有关互联网法律法规和管理要求，传播违法违规信息，存在严重导向问题，对网上舆论生态造成恶劣影响
	2月12日	中国网络信息办公室公布，将加强对新浪微博、腾讯、百度、优酷、秒拍等网络平台的监管
	2月24日	北京市文化市场行政执法总队近日约谈新浪微博、新浪视频、凤凰网、秒拍、百思不得姐、水木社区等6家网站，经查新浪微博、凤凰网等6家网站未能有效履行主体责任，对向用户发布的违法违规视听节目未尽到审查义务，持续传播炒作导向错误、低俗媚俗等违法违规的视听节目内容，在内容审查和用户管理等方面存在较大管理漏洞，责令上述6家网站限期整改
	3月2日	北京市网信办发布通知，称知乎平台因管理不严，传播违规违法信息，根据相关法律法规，要求各应用商店下架知乎APP 7天
	4月4日	国家广播电视总局对今日头条、快手两家网站的主要负责人进行了约谈，并要求全面整改。广电总局要求全面清查库存节目，对网站上的低俗、暴力、血腥、色情、有害问题节目要求立即下线，并追究相关人员责任
	4月6日	为了配合广电总局的整改，快手扩容自己的内容审核团队，招募3000人
	4月8日	广电总局责令今日头条永久关停"内涵段子"等低俗视听产品。 国家网信办公布从今年三月份至今，已经关停了70多款涉黄涉毒直播类应用，相关平台封禁涉未成年人主播账号近5000个

1.2.1.2　UGC 信息质量管控实践案例

(1) Guardian 案例：通过分享平台使用章程和用户举报管控内容质量[48]。

《卫报》与英国最大的 4G 网络运营公司 EE 合作，上线 Guardian Witness 分享平台，用户只需在平台上进行注册，就可以随时随地通过 Guardian Witness 网站或者 APP 提交图片、文本、视频等原创素材。Guardian Witness 分享平台作为《卫报》“内容管理系统”的一部分，所有上传的原创素材首先由平台管理人员审查。《卫报》新闻编辑团队可以通过平台，阅览通过审核的原创素材，根据自己报道的需求，选择性地将一些原创内容融入到自己的报道中，同时运用这些原创素材创作的报道或文章会被呈现在 Guardian Witness 分享平台的子栏目里面。此外，部分通过审核的视频，会被放在 Guardian Witness 在 YouTube 上的账号中。Guardian Witness 对原创内容有一套严格的审核、把控流程，只有依法且通过了平台运营者审核的内容，才能最终在平台上呈现。一旦用户原创内容被采纳，对内容进行加工的编辑记者的姓名及履历将显示在平台上，为了更好地对发布信息进行评估，如果用户想在话题区评论，需要先在 Guardian Witness 平台进行注册，注册时除了需要提供姓名、邮箱、地址外，其他信息均无须提供，如果通过社交账号注册，平台只会记录用户姓名。同时，制定 Guardian Witness 分享平台使用章程，明确禁止用户上传商业性的、虚假的、不合适的、诽谤的、涉及他人隐私的、恶意加工及违法的内容，一定程度上保证了原创素材的可靠性，同时也起到免责作用。考虑到编辑团队无法完全确保内容不违反章程规定的情况，平台允许用户针对其他用户的内容纠错，而且如果用户对平台上的内容有异议，可以向平台提交“报告”。

(2) BBC 案例：建立专门的 UGC 信息质量审核评估团队。

英国广播公司(British Broadcasting Corporation，BBC)成立了“用户生成内容集成中心”(UGC Hub)，并通过 UGC Hub 处理用户由各个渠道提供的内容信息，对其进行分发。BBC 在新闻运作中形成了一套基于用户参与的新闻内容生产和管理模式，即用户产生内容素材，广播电视节目以及 BBC 各平台可对其进行编辑，形成新的报道或内容。新闻在与用户的互动过程中快速迭代，不断推进。除了建立 BBC UGC Hub 数据库，通过 Twitter、Facebook 等社交平台收集用户生产的内容之外，它还有专门的 UGC 信息质量审核评估团队，同时根据不同的平台制定不同的审核标准。BBC UGC Hub 组织了专业的内容审核人员，运用专业的技术平台，鉴别内容真实度及适用度。BBC UGC Hub 主要通过两个步骤审核用户提交内容。第一步，审核人员会阅览用户提供的素材，过滤掉不当内容，最终将合适、合法的内容发布至平台上。不同网站有不同的信息过滤标准。比如在 BBC 儿童相关网站上，审核人员会把有社会争议性的内容，例如种族、暴力、性等过滤掉。第二步，对已经发布在平台上的内容，审核者会进行二次审核，移除不合适的内容。用户也可以通过“警示运营者”按键，自发举报不合适的内容。此外，BBC 也有一串“黑名单”，当系统监测到“问题用户”发布的消息时，运营团队会格外留意。平台还自带“过滤网”，系统会自动识别不当信息，并进行移除。

(3) CNN 案例：设立 UGC 信息质量审核机制。

美国有线电视新闻网(Cable News Network，CNN)启动 iReport 项目。该项目鼓励全球范围内的用户通过各种方式将自己制作的新闻稿、图片与视频上传至 CNN 网站。CNN 承诺不会对原始新闻素材进行修改，但同时也要求上传用户必须签订关于版权与相关法律责任的协议条款。此外，上传之后的新闻素材若要在 CNN 网站或新闻节目中播出，则要经过严格的审核，确保其内容符合 CNN 对于新闻生产专业性的理解和要求，不会出现冒犯性内容或侵权内容。同时 CNN 还设立了 UGC 信息质量审核评估机制，主要包括：建立大数据资料空间域以广泛采集新闻素材；建立一整套基于电脑智能的测评、核实、把关程序，对非专业记者上传的素材进行初步的甄别与筛选；建立人工审核机制，由专业新闻编辑和法律顾问执行最后的把关程序，择优选用。

(4) 半岛英文：多方位保障 UGC 信息质量[49]。

半岛电视台(一家位于卡塔尔首都多哈的阿拉伯语电视媒体)开播英文新闻频道，在 UGC 方面取得了较为出色的成绩。在质量评估方面，半岛英文频道也开展了诸多实践。首先是建立 UGC 审核部门，通过用户提供图片的 EXIF 或 XMP 信息、PDF 的原始数据等线索对素材的原提供者进行初步检测，确认内容的真实性之后，再选择一些具有代表性的内容供编辑团队制作报道。其次是引导用户对其提供的内容进行自主分类和整理，用户在系统内需要选择内容来源国家，填写标题及主要内容，确认内容的获取方式，比如素材是否是本人拍摄录制的，是用手机、摄像机还是电子摄像头拍摄的，等等，填写完这些信息，用户才可以进行素材的上传，而且大小不超过 100MB。最后通过建立法律条款、协议等方式对 UGC 进行约束，以提高 UGC 质量，避免相应风险。

(5) 阿里云：提供针对文本、图片、视频等不同形式 UGC 的应用程序接口(application programming interface，API)技术审核[50]。

基于阿里巴巴多年的安全技术积累，依托阿里云、淘宝、支付宝等平台的管控经验，阿里云提供了从文字到图片、再到视频的全方位的 UGC 安全审核，为企业用户提供成熟的、轻量化接入的内容安全解决方案，帮助企业、开发者等在复杂多变的互联网环境下快速发现文本、图片、视频的各类风险，保障应用的信息内容安全。①文本反垃圾 API：针对 UGC 场景，采用 NLP 自然语言理解算法有效识别色情、暴恐涉政、广告、辱骂等文本垃圾，并且能够结合行为策略有效管控灌水、刷屏等恶意行为，同时也支持关键字的自定义。②图片智能鉴黄 API：通过神经网络算法和实时更新的亿级图像样本库，可对图片和视频进行识别以及色情程度量化。智能学习用户审核标准，逐渐降低人工审核成本。③图片暴恐涉政识别 API：采用高速图搜技术，结合独有的情报、舆情、预警和分析体系及实时更新的样本图库，能够快速定位暴恐旗帜、人物和场景以及敏感政治人物。④图片敏感人脸识别 API：提供包括政治人物、敏感人物以及名人明星等人物的面部识别，能够避免业务的违规和侵权风险。⑤图片广告识别 API：有效识别带二维码的广告图片，并且采用独创的牛皮癣算法，通过判断图片中文字是否后期加入来有效识别广告图片。⑥OCR 图文识别服务 API：拥有国内顶尖光学字符识别(optical character recognition，OCR)算法团队，上亿字符样本积累，可精准定位图片中文字位置，准确识别斜排字、艺术字等字体。⑦视频智能鉴黄 API 和视频暴恐涉政识别 API：采用截帧画面、声音、文字多维度综合决策视频结果，最大限度避免因为截图模糊而导致的误判，并且在结果中返回证据画面，协助审核人员判断。

(6) 网易易盾：以人工智能技术提升 UGC 产品的内容安全[51]。

有数据显示，仅 2016 年上半年，我国网民平均每周收到垃圾邮件高达 18.9 封、垃圾短信数量约为 20.6 条、骚扰电话更是多达 21.3 个，紧跟其后的还有恶意电脑弹窗广告和 APP 推送。对互联网服务尤其是 UGC 类产品来说，网络垃圾的泛滥无疑加重了运营风险，只要网站上有 UGC，就需要进行审核，进行内容反垃圾。网易易盾通过人工智能技术过滤掉垃圾信息，如果出现争议的判断，则由人工介入进行再次审核。依托于网易云计算资源，网易易盾可以支持单日亿级别数据的运算能力，快速响应，实时返回。2018 年，网易易盾的准确率已经达到了 99.8%以上。网易易盾是 SaaS 级产品，使用门槛较低，主要是调用网易易盾的几个接口，将内容传送给网易易盾就可以实时返回内容的等级，例如垃圾、疑似、正常等，企业的运营人员在判断有问题的内容方面变得更加容易，还可以进行后续处理。

关于 UGC 信息质量的评估和管控方面，国内外的各大平台都开展了实践探索，采取了人工或自动化的手段和方法，一方面，可以看出由于目前网络环境的复杂性和公众用户的多样性，UGC 确实存在诸多的质量问题，不论是文本信息还是多媒体信息，但是对于信息生成和发布的 UGC 平台本身而言，其对信息质量给予了高度的重视；另一方面，通过上述的案例概述可以看到，目前平台的 UGC 信息质量评估和管控手段有人工团队和新兴技术两种形式，但是由于缺少具体的针对性的 UGC 信息质量标准的指导，所以未能形成质量管控的完整体系。由此可见，UGC 信息质量的因素分析和全面评估研究至关重要，只有掌握影响 UGC 信息质量的具体要素，以及充分应用有针对性的技术和方法，才能真正实现信息质量的管控和优化。

1.2.2 UGC 信息质量影响因素研究

国内对 UGC 信息质量影响因素的研究分别从整体和具体两个层面展开。从整体视角出发，刘清民等[52]将 UGC 平台分为交友社交网络、视频共享网络、照片共享网络、知识共享网络、群体聚集的公共区域、微博、微信等形式，将 UGC 质量的影响因素划分为用户内在影响因素、社会影响因素、技术影响因素，并从提高用户信息能力、加强宣传与监督、完善法律法规等方面为提高 UGC 质量提出建议。针对信息质量的某一特性开展研究，如可信度方面，朱宸良[53]分别从 UGC 信息接受者、传播者、传播渠道和信息内容本身四个维度入手，对其可信度影响因素进行实证分析，发现 UGC 信息可信度主要受到信息接受者、信源可信度、渠道可信度和内容可信度等四个方面因素的影响。徐勇等[54]在对国内外研究进行归纳的基础上，从评论内容角度和 UGC 主体角度概括了影响评论内容信息质量的因素。基于评论内容，影响因素主要包括评论的语法特征、语义特征、元特征、文本的统计特征、可读性和相似性特征；基于 UGC 主体，影响因素主要指用户不良记录情况、注册时间长短、基本资料完成度、活跃时间分布情况等主体的基本属性。UGC 动机与其质量也具有一定的关系，在此基础上，张世颖[55]基于信息质量评价理论，采用质性分析方法，得出了权威性、原创性、内容生成者资历、内容生成者声誉、内容生成者写作水平、反馈量、易搜索性、时效性、可理解性等因素对于 UGC 质量的影响系数。

此外，在 UGC 质量影响因素方面的具体研究，国内学者多聚焦于对一种类型的 UGC 进行针对性的影响因素探讨，如表 1.3 所示，对目前国内研究较为集中的几种 UGC 的信息质量影响因素研究进行部分统计，主要是在线评论 UGC、社交媒体 UGC、高校教育 UGC、网络问答 UGC 等类型。

表 1.3　不同类型 UGC 质量影响因素研究

UGC 类别	论文作者	论文题目	质量影响因素
在线评论 UGC	吴江和刘弯弯[56]	基于信息采纳理论的在线商品评论有用性影响因素研究	①信息源可信度(信息真实性)；②信息质量(信息客观性、信息相关性、信息及时性)
	赵丽娜和韩冬梅[57]	基于 BP 神经网络的在线评论效用影响因素研究	①评论内容(评论深度、评论情感倾向、评论时效性、商品类型、评论获得总投票等)；②评论者特征(评论者可信度、评论者等级)
	刘宪立和赵昆[58]	在线评论有用性关键影响因素识别研究	①评论内容(评论长度、评论星级、评论语义特征、评论写作风格、评论及时性、评论信息完整性)；②评论者(信息披露、名声可信度、历史评论数、社会中心度、评论回应数)；③消费者(专业知识、购物经验、商品涉入度)；④商品类型

续表

UGC 类别	论文作者	论文题目	质量影响因素
社交媒体 UGC	顾润德和陈媛媛[59]	社交媒体平台 UGC 质量影响因素研究	①用户从众心理因素；②外界噪音干扰因素；③自身次要需求因素；④用户社交媒体倦怠情绪因素
高校教育 UGC	万力勇等[60]	教育类 UGC 质量满意度影响因素实证研究——基于扩展的 ACSI 模型	①感知质量(完整性感知、可用性感知、丰富性感知、规划性感知、可重用性感知、可获取性感知、可反馈性感知、易用性感知、有效性感知等)；②期望质量(完整性权重、可用性权重、丰富性权重、规划性权重、可重用性权重、可获取性权重、可反馈性权重、易用性权重、有效性权重等)；③感知价值(时间成本感知、智力成本感知)；维度质量满意度(内容质量满意度、技术质量满意度、服务质量满意度、教学质量满意度)；④总体质量满意度；⑤持续使用意向(基于用户需求和外部影响的持续使用意向、总体持续使用意向)
网络问答 UGC	陈巍[61]	网络问答社区科普文本质量影响因素研究	①内容完整性；②内容客观性；③内容专业性；④内容个性化；⑤内容感知化；⑥内容形象化
知识分享 UGC	庄子匀等[62]	网络集体智慧质量的影响因素研究——基于英文维基、中文维基和百度知道的交叉实证	①贡献者专业性(用户的特殊技能或掌握特定领域专业知识的能力)；②社区规模(参与网络 CI 贡献的成员数量)；③贡献者多样性(用户处理问题或议题方式的区别)；④感知 CI 质量(信息的准确性、相关性、时效性、易理解性、完整性和连贯性)；⑤感知 CI 有用性(CI 站点对个人业绩的提高程度)
	杜姗丽[63]	认知交互视角下 OKC 集体知识质量影响因素研究	①认知主体(当前周期团队知识异质性)；②认知对象(当前周期认知对象模块化程度)；③认知过程(当前周期讨论交互强度、协作交互强度、成员间认知差异)

国外一些学者针对 UGC 信息质量的影响因素也进行了相关研究，主要还是从信息本身和用户两个视角进行探讨。Kim 等[64]从内容、设计和技术三个方面确定了 UGC 质量维度，将 UGC 的价值划分为功能价值、情感价值和社会价值三大类，通过研究发现 UGC 质量与其功能价值、情感价值和社会价值的增加密切相关。在用户层面，Lukyanenko 等[65]认为用户做出贡献的在线环境会影响信息内容的质量，对群体智商的担忧可能会大大削弱用户生成数据的有用性。Rieh[66]与 15 个来自不同学科的学者通过观察用户在网络中的信息搜索行为，从信息对象的特征、来源特征、知识、情况、搜索输出的排名、一般假设等方面，确定了影响信息质量的因素，如创建者创建依据、信誉、信息类型等。

在针对 UGC 质量影响因素方面的具体研究中，与国内研究相似，国外学者也是主要选择某一类型的 UGC 作为切入点。在以知识分享为主要特征的 UGC 质量影响因素研究中，Kim 和 Han[67]认为 Yahoo 等面向社区的知识网站的信息内容质量的影响因素主要有信息的可信性、信息的及时性、信息数量的适当性、信息的客观性和信息的可理解性，并以此为基础进行了知识网站信息质量建模研究。Normatov 和 Joo[68]认为决定维基百科、博客等集体智慧(collective intelligence，CI)质量的因素有动机(motivation)、感知 CI 工具特点(perceived continuous integration tool traits)和群体特征(crowd traits)三种。Arazy 等[69]认为用户知识库的多样性是决定维基百科内容质量的关键因素，此外，用户协作过程中的任务冲突、用户在维基百科中所扮演的角色也会影响到维基百科内容质量，这三个因素相互作用决定着维基百科的内容质量。Lewoniewski 等[70]认为文章的写作风格取决于语言特征，维基百科网站上文章的质量受到用户所使用语言词汇特征、用户编辑行为、编辑人员数量、文章表现特征(文章长度、使用图片、参考文献数量)等因素的影响。

关于社交媒体 UGC 质量影响因素，Cheng 等[71]认为社交媒体系统需要通过用户的反馈和评级机制进行排名、内容过滤、个性化等，用户点赞、投票等形式的评价会对创作者未来行为产生影响，基于对 CNN.com (一般新闻)、Breitbart.com (政治新闻)、IGN.com (计算机游戏)和 Allkpop.com (韩国娱乐)这四个大型社区的调查，发现积极的反馈虽然对作者创作的信息内容质量没有什么影响，但负面评价会导致内容创作者未来帖子质量的下降。

在线评论内容质量是国外学者比较关注的一个 UGC 研究话题。Liu 等[72]认为在线评论的有用性受到评论者的专业知识、评论的写作风格和评论的及时性这三个因素的影响，并以互联网电影资料库(internet movie database，IMDB)上的影评数据集为对象进行了实证研究，利用径向基(radial basis function，RBF)模型验证了三个因素对评论有用性的影响。Mudambi 和 Schuff[73]利用信息经济学中搜索和体验商品的范式，开发并测试了一个客户审查帮助模型，对亚马逊网站上 6 种产品的 1587 条评论进行分析，发现评论的极端程度、评论的深度和产品类型会影响评论的感知有用性，即这些是影响在线评论信息质量的重要因素。Baek 等[74]对从亚马逊网站收集的 75226 条在线消费者评论进行情感分析，发现评论等级和评论者信誉等评论者因素和信息真实性等评论内容因素影响评论的有用性。Yin 等[75]通过对购物网站的评论数据进行分析，发现评论者在评论时带有的焦虑情绪和生气情绪会影响评论信息内容的质量。

关于在线健康信息质量影响因素，Ma 和 Atkin[76]认为在线健康信息的质量受到信息源可靠性的影响。O'Grady 等[77]提出健康网站用户都有自己的标签系统，他们会给创建的健康信息增加相关标签，认为日期、参考文献、作者、推荐和引文是影响在线健康信息可信度的重要预测因素。

在分析用户生成视频质量的影响因素研究中，Rodríguez 等[78]将影响视频质量的因素分为人、系统和情境三大类，其中人指的是用户的主体性，如用户认知、用户偏好等，系统影响因素与终端用户设备密切相关，情境影响因素是指时间和空间。Wilk 和 Effelsberg [79]认为专业的视频制作依赖于先进的摄像机设备和熟练的摄像师，分析了相机抖动、有害的遮挡以及记录相机和场景之间可能的偏差对最终用户生成视频(user generated video，UGV)质量的影响。Mir 和 Rehman[80]评估了用户在 YouTube 上发布的产品内容的数量、浏览量和评论对用户感知可信度和有用性的影响，发现评论对用户在 YouTube 上生成的可信和有用的内容具有积极影响。

学者关于 UGC 质量影响因素的研究主要是基于某一类 UGC 平台，如网络问答 UGC 平台“知乎”、社交媒体 UGC 平台“微博”、知识分享 UGC 平台“维基百科”等。对影响该类 UGC 质量的因素进行分类，一般分为两类：一类是从外因角度出发，主要从个人影响因素、社会影响因素、技术影响因素等方面考虑；另一类是从内因角度出发，围绕包含了信息内容本身、信息内容生成者、信息内容使用者、信息内容管理者、信息内容传播渠道等的信息流进行多角度分析，建立 UGC 质量影响因素模型，揭示各因素之间的关系，并通过结构方程模型、多元回归分析、因子分析等方法进行实证检验。虽然针对不同的 UGC 平台所采取的影响因素划分标准不一，建立的实证模型和采取的检验方法存在差别，但研究内容都体现了信息内容和用户两个特征，存在一定的重合与交叉。

1.2.3　不同类型的 UGC 信息质量评估研究

1.2.3.1　文本类 UGC 信息质量评估研究

在移动互联网环境下，用户生成的信息内容包含文本类、图像类、视频类等不同的类型。其中，文本类的 UGC 信息数量占绝大多数[81]。文本类 UGC 本质上属于一种网络信息资源形式，与其他类型的 UGC 相比，其质量评测更偏重于信息内容是否具有可用性。可用性可以从信息内容的有效性、信息内容获取和使用的效率、信息内容的用户主观满意度三个角度来理解。其中，有效性是指信息内容能够准确、全面满足用户的需求；效率是指用户能够方便、快捷获取并使用信息内容，在这一过程中花费的时间和资源越少越好，这取决于信息内容的易用性、页面的设计性以及平台的功能性；用户主观满意度是指信息内容使用户满意，从中得到满足。

由于用户自主创建、专业审查缺乏、平台监管不足等因素，所产生的内容信息质量参差不齐。在对文本类 UGC 信息质量进行评估的研究中，学者主要是对某一特定场景下的 UGC 进行评估，其研究对象与上述质量影响因素研究中的对象分类大致相同。在对不同场景下 UGC 信息质量进行评估研究时，学者大多会考虑到特定 UGC 信息的特征，例如，生成平台的影响、信息作用效果、信息发布者的可靠度等，在具体的研究中主要是面向以下几个方面的 UGC。

(1) 社交媒体 UGC。

社交媒体平台因其信息传播速度快、覆盖内容范围广、言论自由、用户群体稳定等特点，逐渐成为人们获取信息的重要渠道，也聚集了大量的文字、图片、视频、音频等各种形式的信息内容。由于 UGC 创建者数量庞大、身份复杂，其产生的信息内容不可避免地存在主观性、片面性、难以监控性等问题，同时信息发布者也会受到众多因素影响，致使 UGC 存在多种质量问题，UGC 质量评估研究备受关注。目前国内学者关于社交媒体 UGC 质量评估研究主要是针对“微博”这一典型的网络社交媒体平台进行相关评估体系的构建。

冯缨和张瑞云[82]从用户体验与感知角度分析影响质量评估的信息要素，建立了评估个人微博 UGC 的分级指标体系，其中，一级指标由信息内容质量、信息表达质量、信息效用质量、发布者质量四个维度构成，二级指标从四个维度的特征出发，包括完整性、客观性、有用性、权威性、时效性、易理解性等内容。莫祖英[83]基于信息内容从信息量、信息内容类型、信息真实性、信息热度、信息编辑质量等几个方面构建了微博信息质量评价模型，并针对科技、公安、房地产和环保等四个不同领域用户的微博信息内容样本数据进行质量量化分析与评价，通过对比分析发现，微博信息内容质量在不同领域、不同行业用户群体存在差异。陈铭[84]基于微博公开数据信息的结构特点和数据特点，利用文本相似度计算技术、短文本分类技术、文本分类特征选取和动态阈值技术等相关技术，构建了包括预处理模块、网址扩展模块、关键词抽取模块、相似度计算模块、重要度计算模块和推送策略计算模块在内的微博文本质量评估模型。高明霞和陈福荣[85]根据中文微博的特点及其特点的可测量性，建立了其可信度影响因子谱系，提出了基于信息融合的中文微博可信度评估框架，该框架首先使用了统计、四象限法则与传播树排序等方式对文本内容、信息作者、信息传播这三个本质不同的异构特征进行度量；其次，基于决策层可信度的模糊认知特点，采用了多维证据理论进行特征融合；最后，以新浪微博两个真实数据集为对象进行微博检索检验，证明了该框架更能帮助用户获取需要的信息，可将其直接用于微博检索排序、垃圾微博过滤等实际任务。栾杰等[86]从博主角度出发，把被博主回复评论作为高质量评论参照物，提出了一种基于词向量和最大熵的微博评论质量评估模型。将通过爬虫和词向量方法抽取的直接量化特征(元数据特征、统计特征、提醒特征、回复特征、关系特征)和不能直接量化特征(相似特征、情感特征、评论者特征)进行特征选择，根据特征选择的结果，通过监督学习的方式训练分类模型并用测试数据验证了模型的有效性，实验证明该模型可用于评论排序和需求信息发掘。

(2) 知识分享 UGC。

Web2.0 技术实现了网页资源的快速增长，人们在各种知识分享平台中便可以获取所需要的各类信息资源。然而受网络开发人员认知能力、知识分享平台参与者素质、网站审查制度等因素的影响，知识分享信息良莠不齐。因此，如何从海量的 Web 数据中发现高质量网页、提取出有价值的数据和信息、挖掘数据与信息之间的关系成为国内外学者的研究热点。国内学者关于社交媒体 UGC 质量评估研究主要是针对维基百科、百度百科两大典型的知识分享平台。

陈学平[87]以维基百科为例，提出了一种对用户输入源网页质量进行评估的方法，并为用户提供了一个简单易用的原型工具。该方法通过集成维基百科网站上的相关网页，使用最大间隔分类器——支持向量机(support vector machine，SVM)和主题判别模型——隐含狄利克雷分布(latent Dirichlet allocation，LDA)模型对维基网页进行质量和相关度鉴别，从而形成高质量、高相关度的参照标准，并利用信息抽取技术构建知识库，通过比照的形式对源网页进行多维度的质量分析得出网页质量，在源网页的质量评估过程中，采用了基于语义的评估方法，从网页内容进行分析，充分挖掘出网页所表达的语义信息。李欣奕[88]从分类和排序两个角度对维基百科条目质量进行评估研究。在条目分类上，使用基于 SVM 的分类方法来区分优质条目候选和普通条目，并且认为机器不可代替领域内专家和评委审查判定优质条目候选是否应该晋升；在条目排序上，按照优质条目体现编辑者的能力水平实现质量排序的思路，利用 PageRank 模型对条目和编辑者之间构成的二部图网络进行建模。张博和乔欢[89]以维基百科为研究对象，综合考虑用户需求和内容特征，建立了包含 4 个层面 14 个维度的协同知识生产社区的内容质量评估模型，其中一级指标包括协同程度、信息来源、信息形式、内容特点等，整个评估模型采用层次分析法来确定各指标的权重。卢玉清[90]以维基百科为例，提出了利用特征集、将作者信誉度与文章质量的估测相结合的双翼因子模型；在对以亚马逊为代表的商务评论网站的研究中，提出了将检测虚假评论者和虚假评论相结合的评论因子图模型，同时均通过 L-BFGS 算法对模型进行了学习、获得因子权重，并对正确性和准确率进行了检验。张薇薇[91]以中文维基百科和百度百科这两个代表性的文本型协作内容知识分享平台为例，研究了内容生产活动及其产出内容的可信度，基于内容生产视角，提出一种根据间接反馈的社群成员可信度评估模式和适用于文本型协作内容的内容片断演化链的间接反馈信息抽取算法；基于内容消费视角，通过调查和对比分析影响用户对开放式内容可信度评估的因素，构建了包含社区类型、协作程度、协作者声誉、参考源质量、信任倾向、查证倾向在内的开放内容可信度实证模型；基于内容生产与消费的双重视角，从社会规范刺激和技术系统可供查证等方面构建了改善用户信任体验的可信评估系统。

(3) 问答社区 UGC。

Web2.0 技术的应用和不断完善使得人与人之间的信息交流由传统的单向传递模式转变为以用户为中心、协作共享的新型交流模式，知识共享网站的发展更是促进了知乎、百度知道等一批问答社区的出现。如何对问答社区平台中低相关度、低质量信息进行判别和过滤，如何选取高相关度、高质量回答，成为 UGC 质量研究的一个方向。国内对于问答社区的研究开始于近几年，关于 UGC 质量研究主要集中在社会化问答的内容质量评价和平台测评两个方面。

国内研究方面，李晨等[92]利用社会网络的方法对提问者和回答者的互动关系及特点进行了统计与分析，并通过提取文本和非文本两类特征集，应用机器学习算法设计和实现了基于特征集的问答质量分类器，同时分析了影响社区网络中问答质量的主要因素。贾佳等[93]以知乎和百度知道为研究对象，采用了 Zhu 等建立的问答社区多维质量评估模型，对收集的调查问卷进行信度检测，并基于领域、指标维度进行分析。孔维泽等[94]利用分类学习框架，综合了基于时序的、问题粒度的、用户的、文本的和链接的特征，对高质量和非高质量的回答进行分类。袁毅和蔚海燕[95]分析了问答社区低可信度信息的类型、表现形式和传播特征，提出在信息传播的源头引入社会性网络服务(social networking service，SNS)机制，在传播的过程中引入专家过滤和系统过滤机制，在传播的后期引入质量评价与推送机制的改进措施。来社安和蔡中民[96]针对问答社区中具有多个答案的问题，提出了一种基于相似度的问答社区中问答质量的评价方法。刘高军等[97]根据“问答对”的文本特征、统计特征、问题和答案的关联度及提问者和回答者之间的关系，建立了一个能够从问答系统中自动抽出高质量“问答对”的面向 CQA 的“问答对”质量分类器。姜雯等[98]利用文本特征、用户特征、时序特征、情感特征等对雅虎问答对中的回答信息进行特征分类和选择，采用 Weka 机器学习方法实现了信息质量自动化分类预测。张煜轩[99]基于用户视角，从信息发布者、信息消费者、信息量特征和信息系统四个维度进行分析，得出用户在对答案信息进行初步判断时所关注的外部线索，并通过探索性因子分析发现了社会化问答平台答案信息质量感知的七种线索：信息利用线索、信息认同线索、信息举报线索、信息否定线索、信息能力线索、信息表象线索、系统推荐线索，建立了基于外部线索的答案信息质量感知概念模型，利用 AMOS21.0 软件对模型中的假设进行验证，发现信息认同线索对用户的信息质量感知影响最大。郭顺利等[100,101]围绕用户特征角度，构建了包含文本特征、回答者特征、时效性特征、用户特征、社会情感特征五个维度的用户生成答案质量评价指标体系，基于遗传算法-多层前馈神经网络模型设计了社会化问答社区用户生成答案质量自动评价方法，并以知乎平台上的数据为分析对象进行实证研究，验证了该方法的有效性和可推广性。

国外研究方面，在判断信息可信度时，主要标准包括信息生成作者的声誉、专业知识和诚实程度。Oh 等[102]选取了十个用于评价问答平台回答内容质量的评价指标，分别是信息准确性、完整性、相关性、来源可靠性、回答者同情心、客观性、可读性、礼貌、自信、回答者的努力，并对比分析了不同职业人员对问答社区答案质量的评估差异。Fichman[103]从内容的准确性、完整性、可证实性三个角度对问答社区答案的内容质量进行评价，发现部分非主流问答网站的答案质量也很高，问题回答质量与问答社区平台自身并没有特别大的关系。Chua 和 Banerjee[104]对问答平台上问题回答速度与答案质量之间的关系进行了分析，发现了不同类型问题的回答质量和回答速度之间存在显著差异，与回答最快的答案相比，最优质的答案有更好的整体回答质量。

(4) 网购评论 UGC。

现阶段，网络购物逐渐普遍化、大众化，电子商务平台成为人们网络购物的重要渠道，因此也产生了大量的在线评论信息。在线评论信息作为衡量商家口碑的一种方式，不仅会影响到消费者的购买决策和购买行为，还会影响到商家的信誉，越来越多的在线评论信息得到电子商务领域的重视。近些年在线评论信息也成为了学者们关注的研究热点。

徐嘉徽[105]基于信息采纳模型，确定了电子商务网站在线评论信息质量的 3 大一级指标：在线评论内容、在线评论可信性、在线评论者自身特性；并在 3 个一级指标的基础上构建了包含包括 8 个二级指标和 25 个三级指标的电子商务网站在线评论信息质量评价指标体系，并以“天猫”中“小米官方旗舰店”为对象进行实证。徐勇等[106]基于情感分析，构建了包含商品情况、物流情况、服务情况三个一级指标的淘宝网站商品评价指标结构模型，利用模糊统计方法确定指标权重和模糊综合评价的隶属度，建立了 UGC 模糊综合评价模型(fuzzy comprehensive evaluation，FCE)，并通过淘宝商品文本评论 UGC 验证了该模型的有效性。唐艺楠和徐德华[107]以大众点评网平台为研究对象，选取某商家 2398 条评论为样本，基于知识采纳模型将感知评论有用性的决定因素分为评论文本特征和评论者特征，利用监督学习的方法识别在线评论信息质量。翟倩[108]构建了在线评论有用性排序模型，并采用模糊层次分析法确立评论人可信性、评论内容特征、评论形式特征这三大指标的权重，结合数据包络分析法对在线评论进行过滤排序，最后选取数据样本验证了该模型。相甍甍等[109]基于评论内容、评论者、评论阅读者、评论时效性四个维度，选取了评论者权威、评论长度、评论时效性等十个影响评论效用的指标，建立了基于 GA-BP 神经网络在线评论效用评价方法，并以美团 APP 美食版块的数据为样本进行实证。

(5) 网络健康 UGC。

互联网的发展为人们快速获取健康信息提供了诸多平台，网络健康社区快速发展，面对健康社区上来源不一的医学“专业知识”，健康 UGC 的真实性、可靠性、有用性、权威性等问题更加受到重视，学界对网络健康信息质量评估研究也给予了充分的关注。

刘艳丽[110]基于 Donabebian 的医疗保健质量评估模式构建了网络用户健康信息质量评价模型。该模型包括结构评价和绩效评价两大块，其中结构评价由方法解释、方法有效性、信息时效性三部分构成，包含九个指标；绩效评价包含了内容全面性、内容准确性和用户满意度三部分，包含六个指标。然后根据该模型开发了具有 50 个指标的评价工具，并对 68 个国内糖尿病用户健康信息网站进行评价和分析。魏萌萌[111]根据媒体特性、健康信息特性、糖尿病信息特性三个维度，对与糖尿病的网络健康信息质量相关的指标进行初步筛选得出各维度的二级指标，其中，媒体特性指标维度包括检索、导航、页面设计、互动性、广告和赞助信息、三个月日平均页面浏览量、三个月日平均 IP；健康信息特性指标维度包括编辑的权威性、作者的权威性以及文章的可理解性；糖尿病信息特性指标维度包括准确性、全面性、新颖性、时效性、实用性。基于专家会议法提出了糖尿病网络健康信息质量评估指标体系，最后采用层次分析法和统计学方法对 24 个网站所提供的与糖尿病有关的健康信息质量进行评估，并根据评估发现的糖尿病网络健康信息资源质量问题提出相关的完善建议。姜雯[112]结合健康信息的特点，在其构建的 UGC 健康信息质量评价指标体系中加入了包括情感指标的健康特征指标。采用层次分析法计算各指标权重，然后利用这一指标体系对不同 UGC 健康信息来源的三种常见疾病(糖尿病、乳腺癌、自闭症)进行了实证评估，发现不同 UGC 来源、不同健康领域的信息质量存在一定差异。邓胜利和赵海平[113]针对年轻用户和中老年用户群体，基于健康网、人民网健康频道、网易健康三个健康网站，构建了一个由内容和设计两个一级指标、七个二级指标和七个三级指标组成的网络健康信息质量评价标准框架，并且从健康网站、消费者、监管机构和医疗工作人员四个方面提出改善健康信息质量的建议。侯璐[114]基于信息来源、信息内容、信息表达和信息体验的可信性角度构建了在线健康信息可信性评估体系，利用层次分析法、专家打分法和用户打分法对指标权重进行赋值，得到在线健康信息可信性的评估框架，并以“春雨医生”为对象验证了该框架的可行性。

根据表 1.4 梳理可以得出，针对社交媒体、知识分享、问答社区、网购评论、网络健康等不同类型的 UGC 信息的特点，学者们大多会选取该领域内具有代表性的平台或数据作为样本进行具体的实证分析。

表 1.4　不同类型 UGC 质量评估研究归纳

UGC 类型	典型代表(平台)	UGC 特点	评估方法
社交媒体 UGC	微博	交互性，用户身份多样性，包含文字、图片、视频、音频等各种形式的信息内容	评价指标体系、信息质量评估模型
知识分享 UGC	维基百科	分享性，网页信息资源居多	机器学习、语义分析、信息质量评估模型、评价指标体系
问答社区 UGC	知乎	协同性，以用户为中心，问答成对	机器学习、结构方程模型、评价指标体系
网购评论 UGC	淘宝、大众点评	效用性，信息内容对用户行为产生较大影响	评价指标体系、机器学习、信息质量评估模型
网络健康 UGC	春雨医生	专业性，信息不具备普适性，且对用户行为产生影响	评价指标体系

国外在关于文本 UGC 的质量评估研究中，除了针对具体场景外，内容的质量往往会通过不同的维度来进行测定评估，这些维度包含内容的数量、名誉、客观性、真实性、相关性、可靠性、完整性、一致性、安全性、可信性、有用性、准确性、可理解性、可获取性以及从用户角度来看的用户满意度等[28]。聚焦到 UGC 的一个质量要素进行质量评估是学者们开展相关研究的重要思路之一，其中可信度作为信息质量的一个重要衡量标准是众多研究中的一个热点方向。如 Al-Khalifa 和 Al-Eidan[115]提出 Twitter 中如链接、标签、转发率等内容特征和用户特征对可信度评估意义重大，在此基础上，通过自然语言处理、相似性验证等技术设计了 Twitter 新闻内容可靠性自动评估系统。Pasi 等[116]提出一种多准则决策方法来评估 UGC 的可信性，以解决其他技术方法中的有效性、数据依赖性等弊端，通过一种基于聚合运算符的模型驱动根据准则和特征对可信目标及非可信目标进行区分，并对可信目标进行等级记分，使得用户能够清楚地了解到哪些信息更加值得信赖。Figueiredo 等[117]通过对社交媒体中的文本特征质量进行评估，如标题、标签、摘要和评论的利用、数量、内容语义、描述能力以及多样性等进行分析，以判断社交媒体上 UGC 的质量。Zhang 等[118]从知识共创的角度出发，尝试解析在线问答社区中高质量知识的形成和分享机制，建立一个认知因素和社区技术因素影响用户知识共创行为的模型，通过对社区 382 位参与者进行调查，发现知识自我效能感、话题的丰富性、个性化推荐、社交互动对用户的知识共享和整合行为有正向影响，进而也会影响到整个在线问答社区的知识质量，此外，用户的评级削弱了知识分享行为对知识质量的影响，该研究有效地证实了人和技术在知识共创中的协同效应。Gupta 等[119]利用用户、Twitter、事件三个对象内部及之间的关系建立了 BAC 模型来定量研究 Twitter 上事件的可信度，而后又利用“相似事件有相似可信度”的原则建立了 EventOptCA 模型，对事件可信度进行校改，大大提高了可信性评估的准确度。此外，不少学者还从信息本身的准确性、完整性、有用性等维度进行评估。例如，Jona 等[120]系统分析了维基百科德语和英语版本中药物信息的准确性和完整性，将百科中的信息内容与标准药理学教科书进行了比较，从标准德语普通药理学教材中检索出的 100 种课程药物的适应症、作用机制、药代动力学、不良反应和禁忌症等资料与维基百科德语版的相应文章进行比较，定量分析显示与教科书相比，维基百科中药物信息的准确性为 99.7%±0.2%，维基百科信息的总体完整性为 83.8±1.5%，完整性在不同类别的药物之间存在差异。维基百科的英文版本也得到了类似的结果，因此得出结论为维基百科可以被认为是本科生医学教育中与药物相关的准确和全面的信息来源。

1.2.3.2 图像、音视频类 UGC 信息质量评估研究

除了对用户生成的文本内容进行评估，图像、视频、音频等也是目前 UGC 的主流类型，也需要采取具有针对性的方法进行质量评估，如表 1.5 所示。与文本类 UGC 信息质量评估不同的是，学者们大多是从呈现效果的角度出发，对图像、视频、音频等类型的 UGC 进行评估时更加关注于评估对象本身，由于其媒体的特殊性，评估中更多的会是对其本身的专业属性进行检测，以评估其质量好坏，相较于文本类 UGC，学者在评估研究时对于图像、视频和音频中包含的信息内容并没有较高程度的关注。但是相同之处在于，对于图像和音视频的评估，学者们还是会建立指标体系，同时也希望能够搭建和应用自动化检测和评估的模型，以提升媒体类 UGC 的呈现效果和利用质量。

表 1.5 图像、音视频类 UGC 评估内容列举(部分)

评估对象	评估内容		
图像	图像本身、文本(标签、描述、评论等)和社会关联		
视频	清晰度、失真、视频信号的幅度、颜色畸变、同步性、饱和度、帧间差等	视频制作水平、视频内容本身、视频观看体验、视频内容效用	视频标题、作者、视频时长、评论数量、发布月数、目标受众、评论点赞等
音频	检测失真、风噪、麦克风处理噪声和频率响应等音频不良问题		

在图像评估方面，Yang 等[121]提出多维度图像质量预测模型，这些维度包括图像本身、文本(标签、描述、评论等)和社会关联，将它们分别放入到展示测度和失真测度两个子模型中进行评估，评估结果最终加成得出用户生成图像的最终质量得分，并通过主客观实验证实该模型的有效性。

在视频评估方面，赵翔宇和朱庆华[2]以用户生成视频内容作为研究对象，从学术和实用两个视角出发，提出了包含测度层、维度层、对象层的多层次、多维度、多方法的质量测评框架。其中，对象层用于寻找和发现信息质量存在的问题，维度层包含语义层、语法层和语用层三个维度，测度层具体开展视频类 UGC 质量的测度，在横向情景维与纵向范畴维的基础上增加了方法维，在第三个维度中，根据视频类 UGC 质量测评的自动化程度、测评任务的针对性以及实施测评主体的差异性，提炼出了自动监测、同行评议及用户评价这三类测评方法。每个测评方法又有不同的功能，自动监测主要针对视频的清晰度、失真、视频信号的幅度、颜色畸变、同步性、饱和度、帧间差等语法类信息质量问题，还包括一些基于关键词和标签的自动监测和过滤机制。王赛威[122]以移动互联网视频 UGC 为研究对象，使用分类算法对挖掘到的视频的相关指标数据进行质量评价，构建了包含对象层、维度层、测度层的质量评价框架。其中，对象层由视频制作水平、视频内

容本身、视频观看体验、视频内容效用四个维度构成，以达到全面、准确评价内容的目的，在维度层，采用人工打分和指标权重相结合的方式对视频 UGC 质量进行测评并进行高低质量划分。最后选取了优酷 APP 自频道的用户生成视频内容进行实证分析，对抓取到的 892 条视频的测度层指标数据进行质量分析和分类，基于 C5.0 分类算法的质量评价模型对视频质量的分类预测准确率达到 94.62%，验证了 C5.0 算法的优越性。Butler 等[123]以 YouTube 上的烧伤应急视频为评估对象，建立四个独立的搜索小组进行关键词搜索，对检索结果的前 20 个烧伤应急视频进行数据搜集，包括视频标题、作者、视频时长、评论数量、发布月数、目标受众、评论、点赞与否等，再由评论员通过观看视频根据评分系统进行评分，以此判断该类视频的质量问题。

在音频质量评估方面，Mordido 等[124]提出了根据事件对数据进行聚类并推断音频文件相对质量的一种方法，它通过检测不同音频片段之间的重叠段，根据事件对数据进行组织和聚类，同时采用滤波技术避免假阴性和假阳性的问题，通过利用更多的详细信息避免模糊质量分数的问题，进而推断样本的音频质量。该方法可以对某些情况下的专业音频进行分类，帮助更好地理解和管理音频文件大数据集。他们使用从 YouTube 上手动抓取的音乐会录音验证了该方法的有效性。Fazenda 等[125]开发了三种算法用于检测失真、风噪、麦克风处理噪声和频率响应等音频不良问题，基于对这种错误的感知质量的主观测试和从由各种音频文件组成的训练数据集测量的数据，建立了音频质量的感知和自动评估模型。研究表明，感知质量与失真和频率响应相关，风和处理噪声的重要性略低。此外，他们发现音频样本的上下文内容在与风等降级相似的水平上能够调制感知质量，并使那些通过处理噪声引入的质量可以忽略不计。

1.2.4 不同视角的 UGC 信息质量评估研究

从不同视角出发，国内外学者主要集中在指标体系、分类学习、用户三大视角展开对 UGC 信息质量的评估研究。其具体内容如表 1.6 所示。

表 1.6 国内外 UGC 质量评估研究中的不同研究视角及内容

研究视角	具体内容
基于指标体系	质量评估指标体系、评估框架的构建
基于分类学习	信息质量分类器的构造 机器学习、深度学习的应用
基于用户视角	从用户行为、用户感知角度切入进行评估

1.2.4.1　基于指标体系的UGC信息质量评估研究

在基于指标体系的 UGC 质量评估研究中，国内学者从多元视角、多元维度出发展开研究。赵翔宇和朱庆华[2]从学术和实用角度出发，以问题为驱动，构建了一套由对象层、维度层、测度层构成的多层次、多维度、多方法的用户生成视频内容质量测评框架，其中，对象层是质量测评框架的最高层，根据具体的应用背景，通过经验方法和实证方法寻找和发掘信息质量存在的问题；维度层是质量测评框架的中间层，基于扎根理论，通过对现象进行编码、重组和解码进行分析，从而得出相关结论；测度层是质量测评框架的最底层，具体开展视频类 UGC 质量的测度工作。宁连举和冯鑫[126]基于智慧价值、社会价值和文化价值构建了包括UGC 协同、质量、强度、传播速度、社区归属感、忠诚度、娱乐性、交互性、共同话题、社区价值认同、成员角色带入感、成员责任感、群体范式等 13 类指标的虚拟社区价值评估体系；并以“北邮人”论坛为实证研究对象，利用 AHP-模糊综合评价分析得出了“北邮人”社区价值构成体系和隶属等级，为社区价值评估领域提供了基础性的框架和规范。金燕等[127]选取百度百科作为样本，采用层次分析法(analytic hierarchy process，AHP)对 UGC 质量进行评价，通过用户调查和专家访谈两种方法确定百度百科质量评价指标权重，分析了两种指标权重体系的差异及原因，构建了由百度百科质量代表的目标层，包含信息质量、管理质量、服务质量、用户体验四个指标的准则层，包含准确性、客观性、相关性等 18 个指标的方案层组成的百度百科指标体系结构模型，同时以用户指标体系为主体对模型的可实施性进行了验证。丁敬达[128]基于研究文献和维基社区，从信息的价值和效用角度入手，结合弹性负载均衡(elastic load balance，ELB)模型，构建了一个包含概念、关系、分类和方法学的多维结构的维基百科词条信息质量的启发式评价框架。王杰[129]利用文献法、访谈法、问卷调查法、层次分析法、用户体验法等方法，基于通信系统模型和服务质量差距模型思想，提出了信息来源、信息处理、信息发布三个用于学术类微信公众号信息质量评价的维度，又在三个维度的基础上提出了领域性、来源权威性、观点客观性、时效性、原信息完整性、信息透明性、表述客观性、逻辑性、视图美观性、界面简洁性、定向推荐、互动性、可查找性、前后关联性和创新性等 15 个二级指标，通过层次分析法得出了各指标权重，构建了学术类微信公众号信息质量评价指标体系，并且以学术类微信公众号——“图情范儿”为对象进行实证分析。孙晓宁等[130]借助“百度知道”用户对答案质量感知的问卷，综合采用专家访谈、探索性因子分析和验证性因子分析方法，构建了一个基于 SQA 系统的社会化搜索答案质量评价模型，该模型包括内容质量、情境质量、来源质量和情感质量四个维度，共有 18 项关键性指标要素。方鹏程[131]建立了 UGC 质量三层评价框架：明确内容形式和应用背景的对象层、依据信息质量定义将评价指标细化和量化的维度层和包含从有效性和可行性角度设置的具体评价指标和评价模型的测度层，并以此对百度文库进行了实证评价分析，并通过抓取率和 ROC 曲线等方式对模型中的不同评价算法进行了检验和比较。张薇薇和朱庆华[132]采用调查法进行分析，认为用户协作参与度越高，则可信评估意识越高，评估行为也更趋向于合理，同时从社区、内容生产者、内容线索和用户个体特征四个方面构建了用户对开放内容可信性的评估模型。李贺和张世颖[133]运用扎根理论、香农信息论等相关理论，采用访谈法，分析了移动互联网 UGC 的影响要素，按照生成内容的传播过程将评价划分为内容生成主体、移动互联网用户生成内容(mobile Internet user generated content，MIUCC)载体、生成的信息内容、内容接收主体等四个维度，以此建立了移动互联网 UGC 质量评价指标体系的层次结构，并通过主成分分析法确定了各指标权重。

国外学者开展 UGC 信息质量评估研究时，也从构建指标体系的视角展开。Hilligoss 和 Rieh[134]提出了一个统一的 UGC 可信度评估框架，在该框架中，针对各种信息搜索目标和任务，通过各种媒体和资源来表征可信度。基于对来自三个不同学院 24 名本科生的 245 个信息搜集活动的分析，采用个别访谈和扎根理论，构建了可信度判断层次体系，该指标体系包含构建层、启发层和交互层三个层次，其中构建层与一个人如何构建、概念化或定义可信度有关，启发层涉及一般的经验法则，用于做出适用于各种情况的信誉判断，交互层是指基于内容、周边源线索和周边信息对象线索的可信度判断。Rieh 和 Danielson[135]提出 Web 上信息的可信度评估有三个不同的级别：对 Web 的评估、对网站的评估和对 Web 信息的评估。首先，可信度评估可以通过将网络的可信度与其他传播手段(如电视或报纸)进行比较，在媒体层面进行衡量；其次，可信度也可以将单个网站作为信息源或通过评估 Web 上可用的信息来衡量，这一级别基于 Web 上发现的单个信息对象来探讨可信度的概念；最后，就是对 Web 信息本身的评估。

1.2.4.2 基于分类学习的 UGC 信息质量评估研究

除了基于以往的研究成果及分析方法手动构建 UGC 信息质量评估指标体系，新型和高效的技术方法的应用也是信息质量评估研究中不可或缺的思考方面。随着大数据时代的到来，机器学习、深度学习等也成为了国内外学者们在 UGC 质量评估研究中应用的一类重要且新型的技术方法。

目前，部分研究中将 UGC 的质量评估问题视作分类问题，即从大量的 UGC 中有效区分出质量高的信息和质量低的信息，分类器的构造就是区分内容质量高低的一种常用机器学习技术方法。通过构造分类器，胡海峰[136]将社区问答系统质量评价问题看作分类问题，提出了分别基于随机特征子空间和基于内容结构与社会化信息的两种协同训练方法以及基于多模式深度学习的答案质量评价方法，并通过百度知道、雅虎问答、维基百科等数据集进行实验测评，证明其方法能有效提高答案质量评价的性能。崔敏君[137]针对社区问答系统中存在低质量信息的问题，提出了利用句法结构提取特征进行问题分类、使用逻辑回归算法进行评价的层次分类模型，以及基于机器学习和情感词典相结合的情感分析答案质量评价方法。韩晓晖[138]提出了基于 LDA 的 Web 论坛低质量回帖检测方法、基于机器学习的论坛回帖排序算法、使用社会媒体数据进行热点事件预测的方法，并进行了实验及测评，证明其方法优于已有的检测方法和算法。聂卉[139]基于评论内容的语言特征、语义内容、情感倾向等多个特征维度，利用自然语言处理技术和深层次的文本内容分析技术提取与评论价值有关的特征指标，并通过计量分析和机器学习方法验证指标的科学性，构建了面向效用价值评估的质量评论预测模型。通过实证分析证明了依据评论内容的特征可有效探测评论质量，识别高质量评论，从而实现评论效用价值的最大化。孟园和王洪伟[140]以搜索型产品的评论数据为实验对象，根据评论文本的信息特征度量和情感倾向的混合性对评论内容特征进行量化并抽取，并采用 GBDT 模型评估特征集合分类效果，结合贪婪式特征选择算法识别有效内容特征，以此分析了其对评论质量检测的影响，结果表明将评论内容特征应用于评论质量检测任务提升了实验准确率和召回率。从晓月[141]基于文本分析，利用 SVM 等机器学习算法，测试了篇长、段落数等语法特征以及命名实体、LDA 主题分布、句法结构、关键词等语义特征对用户创作内容质量评估的作用，发现语义特征更能够反映用户创作内容的质量。在融合多种质量评估模型的基础上，提出了基于元学习框架的后期融合算法，测评证明了该算法比前期融合算法性能更高。王赛威[122]构建了包含对象层、维度层、测度层三个层次的移动互联网视频 UGC 质量评价框架，并且以优酷 APP 自频道的用户生成视频内容进行实证分析，证明了该模型的科学性和可操作性。郭银灵[142]将在线评论内容分为数值型和文本型两类，并从数值型评论中提取评分数据，从文本型评论中提取信息量、可读性、主题相关度和一致性这四个指标，根据改进信息质量评价的 WRC 指标和数据质量评价的 1R3C 指标，构建了在线评论质量评价的 1W2R3C 评价指标体系，并基于此指标体系建立了在线评论质量评价模型。通过对信息评价指标和该文模型训练的指标权重进行建模对比分析，验证了模型的有效性。

在国外基于分类学习视角评估 UGC 信息质量的研究中，Ratkiewicz 等[143]通过对传播网络的拓扑结构、情感分析、公众注释等 32 个特征进行提取，利用监督机器学习构建二分类器来检测可疑微博信息。Al-Eidan 等[144]以沙特通讯社新闻为参照对象，通过构建分类器对阿拉伯文博客可信度进行了定性分析，将博客的可信等级分为三类。Castillo[145]借鉴这一思想到 Twitter 的可信度的分析上，在提取了 Twitter 特有的特征后建立了分类器，并对不同的分类器效果进行了比较，发现 SVM、J48 决策树和朴素贝叶斯分类器在判断新闻话题可信度方面都能发挥很好的效果，其中J48决策树分类效果最佳，可以达到70%～80%的准确率和召回率。Chai等[146]为解决当前网络论坛中自动质量评估模型适用范围较小的问题，提出了一种评价UGC的内容、使用、声誉、时间和结构特性的新颖模型，并通过在三个论坛部署规则学习器、模糊分类器以及SVM来验证模型，结果表明此模型优于现有模型。Qazvinian等[147]通过构建贝叶斯分类器和继承分类器的方法，对Twitter信息内容特征、行为特征、因子特征进行分析以识别谣言。Toba等[148]提出混合层次分类器对问答社区答案文本质量进行筛选，通过对问题类型进行分析选择正确答案的质量模型，利用分析信息预测高质量答案的特征，并训练基于该问题类型的正确答案特征的质量分类器。Wang[149]则使用贝叶斯分类器，基于内容文本特征和用户网络关系特征进行垃圾信息预测。基于相似度，Juffinger等[150]将待评价的博客与APA语料库相应的新闻从数量结构和内容两个方面进行对比，求出两者的余弦相似度，用相似度直接衡量信息的可信度并依赖可信度对微博排名。Kawabe等[151]构建了一个情感词汇数据库，并通过LDA主题模型识别主题，使用Twitter情感分类器对给定Twitter和主题进行情感分析，计算相似度。Dalip等[152,153]在早期研究中应用机器学习方法，提供了用于评估维基百科文章信息质量的特征框架，包含长度特征、结构特征、风格特征、可读性特征、评论特征和网络特征，并在后续进一步优化实验方案，设计了一种评估协作生成内容质量的自动框架，采用基于机器学习的多视角方法评估内容质量，并且在问答论坛和协作创作式的百科这两个领域对该框架进行了深入的分析和验证，相较于已有方法提高了评估质量[11]。Magalhaes等[154]通过机器学习方法，自动创建高相关的质量特征集群，对其进行评估，并保留性能最好的集群进行迭代，能够有效降低由于人工操作建立特征集而出现的原始质量特征的分类误差。Gupta和Kumaraguru[155]使用回归分析法确定了可以预测Twitter信息可靠性的内容和来源特征，并采用机器学习方法和相关性反馈评估分析法得到最终的可信度排序。Choi[156]设计了一种研究社会标签质量的方法，使用向量空间模型、潜在语义分析、相关分析等方法评估标签的一致性、有效性及语义价值。随着深度学习模型的发展，一些学者也在探讨深度学习在UGC信息质量评估的方法。基于上述Dalip团队提出的框架和研究基础，Wang等[157,158]创新实验方法，选择深度学习模型，对该特征框架进一步扩展，构建形成了六个方面的特征框架，包括内容特征、结构特征、写作风格特征、可读性得分、网络特征和编辑历史特征，对不同方面的特征框架在分类模型中的作用进行了讨论，同时对深度学习模型效果进行对比，得出stacked LSTMs评估实验效果最好，其次是深度神经网络(deep neural network，DNN)，此外，还有Dang和Ignat[159]使用Doc2Vec表示维基百科文章，使用DNN对文章质量进行分类，研究表明虽然Doc2Vec被用来自动提取特征，但要保证Doc2Vec获得最符合质量分类的重要特征是很困难的，同时分类性能也还需完善，因此作者提出了一种基于递归神经网络(recursive neural network，RNN)的维基百科文章质量分类方法，该方法没有人为构建的特征[160]，为了测试它的通用性，将其应用于三种不同的语言：英语、法语和俄语。Zhang 等[161]提供了一个基于历史的模型，该模型结合了手动构建的特征和从 LSTMs 中自动提取的特征，使用 LSTMs 和 NN[162]来预测用户对每一篇维基百科文章的贡献历史。Shen 等[163]提出了一种新的质量评估模型，该模型将 LSTMs 与手工构建的特征相结合，但是这一方法仅仅基于维基百科文章的部分信息，如编辑历史或用户贡献，还未采用更全面的特征框架，包括内容、结构特征等。

1.2.4.3 基于用户视角的 UGC 信息质量评估研究

与此同时，作为 UGC 的重要主体，从用户角度切入进行内容质量的评估，也是质量评估研究的一个重要方面，国内外学者基于用户视角已经开展了大量相关研究。

在国内研究中，汤小月[164]以维基百科为实例，从内容演化层面分析了在线协作编辑系统中用户行为模式的特征和规律，总结出在协作编辑过程中影响持有不同意见用户消除分歧达成共识的关键因素，并讨论了这些关键因素对编辑成果质量的影响，以此提出了一种基于贡献效率特征值和一系列基础语言学概率特征值组合的信息破坏行为检测方法，构建了一个信息破坏行为自动检测系统。肖奎等[165]提出一种基于编辑者行为分析的词条质量自动评价方法，将词条质量评价问题转化为词条分类问题，综合考虑词条本身和编辑者行为进行词条分类属性的选择，并以从中文维基百科里抽取的已确定质量等级的词条为样本建立训练集，验证了该方法用于质量评价的准确性。金燕[166]基于对影响用户 UGC 行为隐形情景要素和先行情景要素的分析，利用本体来描述和表示用户行为情景要素，构建了用户行为情景本体框架，其中通用情景本体核心概念类为用户情景，该核心概念类包含用户自然情景、时间情景、物理情景、社会情景及计算情景五个子概念类，并用“父子”和“属性”两类关系展示 UGC 用户行为情景本体的构成及各要素之间的关系。这种基于用户行为情景的 UGC 质量实时预判方法为 UGC 质量预判提供了情景语义依据。金燕和闫婧[167,168]提出了一种基于用户信誉评级的 UGC 质量预判方法。通过挖掘、分析用户在社会化媒体环境中的 UGC 创建、转发、评论等行为历史，计算其信誉分数和等级，为用户建立起个人 UGC 行为动态信誉评级模型。它的思路是根据用户过往的信誉等级，对用户行为和所产生的 UGC 质量进行实时预测，以此判断用户下一次的 UGC 行为及该行为所产生的 UGC 的质量。金燕和孙佳佳[169]通过孤立森林算法识别出用户的异常行为，并从情感质量和内容质量两方面对异常行为发生时产生的 UGC 进行分析，从而识别出低质量 UGC，为识别出的低质量 UGC 生成用户画像，并通过机器学习模型对其进行训练，构建了 UGC 质量预判模型，并采用测试集验证了方法的可行性和有效性。王博远[170]通过 UGC 用户间的交互关系衡量用户的权威程度，在此基础上结合主题相似度分析过程和用户在 UGC 生成过程中的实际表现，计算出一段多人参与的 UGC 的内容质量，实现了对 UGC 质量更合理的评估。林鑫[171]提出了基于用户圈和内容联动关系的 UGC 内容质量评估算法，其计算原理是基于用户圈-内容质量的互增强原理，即与内容相关的用户圈质量越高，内容质量越高，反之亦然。金燕[172]采用因子分析和相关分析等方法，按照不同时间段内话题讨论的重点，对收集的与实时热搜话题有关的转发、评论等用户数据进行内容聚类，并利用 ROSTCM6 工具对聚类内容进行情绪分析，根据对 UGC 的情绪特征和质量特征以及二者之间关系的捕获和研究结果，建立了基于情绪分析的 UGC 质量评判模型，该模型为社交媒体管理员评估某一主题的 UGC 在其生命周期内各阶段的平均质量提供了思路。

在国外研究中，Zhang 等[26]系统评价检查了 165 篇文章，根据预先定义的标准评估了网络上面向消费者的健康信息质量，评估结果显示医疗领域和网站的健康信息质量各不相同，总体质量仍然存在问题。他们还发现了现有研究通常评估内容的实质和形式以及技术平台设计的质量问题，对设计特别是交互性、隐私以及社会和文化适当性的关注正在上升，这表明以用户为中心的观点渗透到健康信息系统的评估中，并且越来越多地认识到需要从社会技术角度学习研究这些系统。Yu[173]从用户的转发行为出发，认为低可信度的信息被转发时，转发者将会添加较多个人观点，而高可信度的信息更有可能被原文转发，因此构建了通过计算 Twitter 信息转发后的“留存率”对其可信度进行判断的方法。Ma 和 Atkin[76]从用户感知可信的角度出发，分析在线健康社区上信息源对用户感知内容可信度的影响，通过元分析发现，信息源会对用户感知可信造成一定影响但并不显著，如果该内容发布在非健康社区的普通网站上，用户感知的可信度才会因为信息源而产生较大影响。Rieh[66]根据用户的搜索行为，将用户对内容质量和感知权威性的判断分为预期判断和评估判断，这些判断包括内容的良好度、有用性、准确性、现时性和可信性，而信息特征、来源特征、知识、情景、输出排名以及一般预期等都是影响用户判断内容质量的相关因素。Winkler[174]对比传统媒体与 UGC 对质量评估的不同要求，在对传统的 UGC 评估方法进行分析的基础上，设计了一种基于用户角度的质量评估方法，并以照片收集为例，开发了两个用于照片筛选和总结的示例程序。

可以看出，基于以往研究手动构建指标体系，利用机器学习、深度学习等方面构造信息质量评估分类器，以及从用户视角探究与 UGC 信息质量评估相关的因素和模型，这三种研究视角都具有自身的特点和优势，较好地适应对 UGC 信息质量进行评估的要求，关于这三种研究视角的特点和优势如表 1.7 所示。

表 1.7 UGC 信息质量评估研究视角总结

多元视角	特点和优势
基于指标体系	定性和定量相结合，能够直观地获取到影响 UGC 信息质量的因素，易操作，对各类 UGC 都有适用性
基于分类学习	效率高，准确性高，最大程度地降低评估中的主观因素，具有一定的预测性，有助于后期质量控制，适用于数据量大的 UGC 信息质量评估
基于用户视角	围绕 UGC 生成的重要主体——人，突出 UGC 信息质量评估中的用户因素，包括行为、情绪、感知等，更适用于对用户行为产生较大影响的 UGC 信息质量评估

1.2.5 研究述评

综上所述，国内外学者们对 UGC 信息质量评估的研究都有较高的关注度，在理论、方法和实证方面均取得较多的研究成果，但同时也还存在一定程度的不足。具体而言，目前的研究现状如下。

在理论层面，国内外有较多学者对 UGC 信息质量的影响因素进行剖析，并引入各类方法模型，从外因角度影响因素包含了个人、社会和技术等方面，从内因角度影响因素包含了生成、管理、传播等方面，对特定对象如知乎、微博、维基百科等的 UGC 信息质量建立影响因素模型，揭示各因素之间的关系，虽然针对不同平台的 UGC 所采取的影响因素划分标准不同，建立的实证模型和采取的检验方法存在差异，但是研究内容都体现了信息和用户两个视角特征。学者们构建影响因素模型对 UGC 信息质量评估研究不断提供理论支持，但是追根溯源，少有研究深入探讨 UGC 信息质量的内涵，以及提出信息质量评估测度的理论框架作为研究基础，大多的研究都以针对某一特定场景或特定的方法进行影响因素模型的构建，少有对 UGC 信息质量内涵、质量评估维度、质量评估标准等进行系统的梳理和全面的认知。

在方法层面，目前，国外在针对 UGC 信息质量评估方面的研究更加关注细粒度的标准或指标，同时更多地在信息科学及数据分析领域探索合适的方法和理论，并应用到信息质量的评估研究中，例如基于分类器、基于相似度、结合分类器和对象之间的关系、基于深度学习和机器学习等。与此同时，国内学者更加常见的是对 UGC 信息质量标准和维度的整体性把握，通过社会调查方法，使用评价指标体系框架进行评价，或是从心理学角度分析用户行为感知等来开展实证分析，此外也有部分信息科学技术和模型的引入，注重社会科学方法的运用，但传统因素分析主要依靠结构方程模型等方法研究因素相关性及因果关系等，也缺乏利用质性研究方法如扎根理论等对影响 UGC 质量进行全要素分析，同时如深度学习等新型技术和理论在 UGC 信息质量评估方面的应用还略显不足。整体上来看，主流的方法还是集中在社会学领域，心理学、信息科学等交叉学科的方法实践还需进一步加强。

在实证层面，国内学者针对国内 UGC 的实际环境，选择对象较多，例如，社交媒体 UGC(微博等)、知识分享 UGC(维基百科等)、问答社区 UGC(知乎等)、网络健康 UGC、网购评论 UGC(淘宝等)等，研究成果主要集中围绕着微博、维基百科、健康社区等对象；在国外研究中，主流实证对象也是维基百科，同时也有较多研究以 Twitter、在线健康医疗社区及旅游平台为研究对象。整体上来看，国内外过多的研究主要以维基百科为实证对象，而针对目前其他领域行业如电子商务、旅游推荐、物流平台、问答社区等的研究较少，其中也存在大量的 UGC，其质量评估和内容应用的研究还不够。同时，对于国内流行的 UGC 社交平台如百度百科和知乎问答平台，则缺乏使用如深度学习、机器学习等方法对其质量定量测度和缺陷识别检测的实证研究。此外，目前绝大部分的研究都集中在对文本信息质量的评估上，而对于其他类型如图像、音视频类的 UGC 质量评估主要关注对信息本身的科学预测，在多维度分析方面的研究还是较少。

综上，从信息质量评估的相关研究来看，目前探讨的问题和方法存在较大的集中现象，学者们对某一类型信息的评估或某一种评估方法的应用研究都有一定的重合，同时也极少出现对现有的基于社会学、心理学或信息科学等比较典型的传统方法和新型方法的全面梳理和多元解读。因此，本书在 UGC 信息质量的研究中聚焦到质量评估这一方向，在已有的信息质量评估研究的基础之上，从多元视角出发，归纳总结 UGC 信息质量评估的理论基础和技术方法，选取典型、新型且高效的方法技术对目前学界研究中具有一定代表性的 UGC 信息进行评估实证，以期对国内信息管理相关学界业界的 UGC 信息质量评估理论和实践研究提供参考。

1.3 研究内容及方法

1.3.1 研究内容

本书主要分为 9 章，现将每章内容概述如下。

第 1 章主要介绍了研究背景和研究意义，明确了以社会问答信息、在线评论信息、社交媒体信息、微信公众号推文等为研究对象，并从 UGC 信息质量政策标准与管控实践、信息质量影响因素、不同类型和不同方法的 UGC 信息质量评估等方面对国内外的研究现状进行了详细综述，最后概括性地阐述了本书的研究内容和研究方法，并给出全书内容总体框架以及本书的创新点。

第 2 章详细介绍了 UGC 的信息质量评估的理论基础，包括 UGC、信息质量的内涵、信息质量评估测度理论框架、信息质量评估的实践应用。其中 UGC 部分概述了 UGC 的概念、特点、形式及分类。信息质量的内涵部分介绍了信息质量与信任、信息质量与权威、信息质量与可信度之间的联系。信息质量评估测度理论框架部分对详尽可能性模型、认知权威理论、价值增值模型、突出解释理论、信息使用环境理论等相关理论模型进行了详细阐释。信息质量评估的实践应用部分对 Michigan Checklist、TrustArc、HONcode、PICS、DISCERN 信息质量评估方法、工具、平台等进行了梳理。

第 3 章概述了 UGC 信息质量评估测度的技术与方法，主要从信息质量评估的维度、信息质量评估的标准、信息质量评估测度的方法视角三个方面展开。其中，信息质量评估维度基于平台特征、用户视角、信息特征三个层面。信息质量评估的标准包含权威性、完整性、时效性、可信性、有用性、新颖性六大信息特征。信息质量评估测度的方法视角从社会统计学、心理学、信息科学、认知神经学多元学科视角进行归纳。

第 4 章对社交媒体用户的信任机制与信息使用行为进行了研究。按照问题提出、相关理论及假设发展、研究方法及过程设计、研究结果分析及结论探讨的顺序展开，以兼具普通活跃用户视角和潜在记者视角双重视角的社交媒体新闻用户群体为范围，使用结构方程模型方法对收集的中国顶尖新闻学专业教育高校中的 234 位新闻学专业学生的调查数据进行了分析，探索了新闻学专业学生的自我效能与对社交媒体谣言信息的不同层次的信任之间的关系，以及不同层次的信任与他们对社交媒体谣言信息的不同使用模式之间的关系。

第 5 章基于扎根理论对用户感知视角下网络问答社区答案质量影响因素进行了分析。以知乎问答平台为对象进行实证分析，首先，通过深度访谈模式，设计访谈提纲，对具备知乎使用经历且有一定参与度的知乎用户群体进行调研并进行年龄、性别和教育水平等方面的区分；其次，通过开放编码、主轴编码、选择编码和饱和度检验等过程得出了答案的来源质量、内容质量、结构质量以及效用质量这四个特征对于答案质量的影响；最后，从来源因素、社区准则、答案表达、用户需求四个角度针对性地提出了优化平台体验、提高用户活跃度、加强内容建设和提升知识共享效果的建议。

第 6 章从计算语言学视角出发，对在线用户评论信息的有用性进行了测度。以递归卷积神经网络(recursive convolutional neural network，RCNN)的模型架构为基础，利用双向门控循环单元(bi-directional gated recurrent unit，Bi-GRU)神经网络构建语义特征序列，以二维卷积层和最大化池层构建深入提取语义序列的有用性信息，输出评论文本的有用性文本表示向量；利用前馈神经网络进行多维离散特征编码，并形成多维特征向量；最后将有用性文本表示向量与多维特征向量进行拼接，通过 Softmax 函数预测在线评论的有用性。本章基于大众点评以及豆瓣电影的真实评论数据展开了实证研究，通过多组实验验证了该方法的科学性和可行性。

第 7 章概述了基于递归张量神经网络的微信公众号文章的新颖度评估方法。以微信公众号文章为例，提出了一种自媒体平台文章的新颖度评估方法，该方法利用非监督的句级 Doc2Vec 语言模型构建文本向量，基于递归张量神经网络构建新颖度测度模型，进而通过模型训练求解并量化评估文章的新颖度。对从微信公众号平台自动采集的 4628 篇文章开展实证研究。具体而言，首先设置不同的张量切片数量进行对照实验，综合新颖度分布特征和训练时间计算最优参数，然后通过计算文档相似度验证了文章的新颖度和相似度之间的线性回归关系。

第 8 章提出了融合层级注意力机制的评论数据情感分析及可视化方法。具体而言，该方法以深度学习技术为基础，通过 Bi-GRU 构建情感语义编码器，根据评论文本的层级结构构建单层级与双层级情感注意力神经网络。单层注意力网络基于“文本—词汇”的层级结构构建全局情感注意力，并通过全局情感注意力实现情感特征提取与分析；双层注意力网络基于“文本—句子—词汇”的层级结构将评论划分为双层结构，分别构建词级和句级情感注意力，实现多层级情感分析。并以跨语种、跨主题的酒店评论、IMDB 影评以及亚马逊产品评论作为实验语料进行实证分析，通过多组实验验证了该方法的优越性。

第 9 章为本书的研究展望，主要基于本书的研究不足提出后续研究的方向。

总体而言，本书可分为研究问题、理论方法、实证研究三大部分。结合上述介绍的章节内容安排：第 1 章为绪论，主要提出本书的研究问题，对 UGC 信息质量评估的研究背景及意义、研究现状进行梳理，并进行客观述评，引出本书的内容及方法，总结本书的创新点；第 2 章为 UGC 信息质量评估的理论基础，对 UGC 的概念进行分析，深入了解研究对象，对信息质量的内涵进行解析，全面掌握质量评估的本质，即从理论概念上把握本书的基础，以及对评估理论框架进行系统梳理；第 3 章为 UGC 的信息质量评估测度的技术与方法，从评估维度、评估标准、方法视角三个方面对适用于 UGC 信息质量评估的方法进行概述，为后续开展评估实证提供理论依据；第 4～8 章均为 UGC 信息质量评估的实证研究，从全面的因素分析与测评和单一维度(有用性、新颖度)的深度分析等多元角度，采用结构方程模型、扎根理论、神经网络、机器学习、深度学习等多元方法，针对社交媒体信息、在线问答、在线评论信息和微信推文等多元对象开展具体的评估与实证研究；第 9 章为研究展望，是基于本书现有研究发现的局限性，提出对未来相关研究的方向。根据下述研究思路及内容框架图(图 1.1)可知，第 1 章属于研究问题，第 2 章和第 3 章属于理论方法，前者搭建理论基础，后者梳理技术方法，第 4～8 章属于实证研究。其中，理论分析为实证研究提供依据和支撑，而实证研究的开展也是对相关评估理论如维度和标准的完善，以及对技术方法的进一步验证和补充，各个部分之间相辅相成，共同形成本书研究的有机整体。本书的研究思路及内容框架如图 1.1 所示。

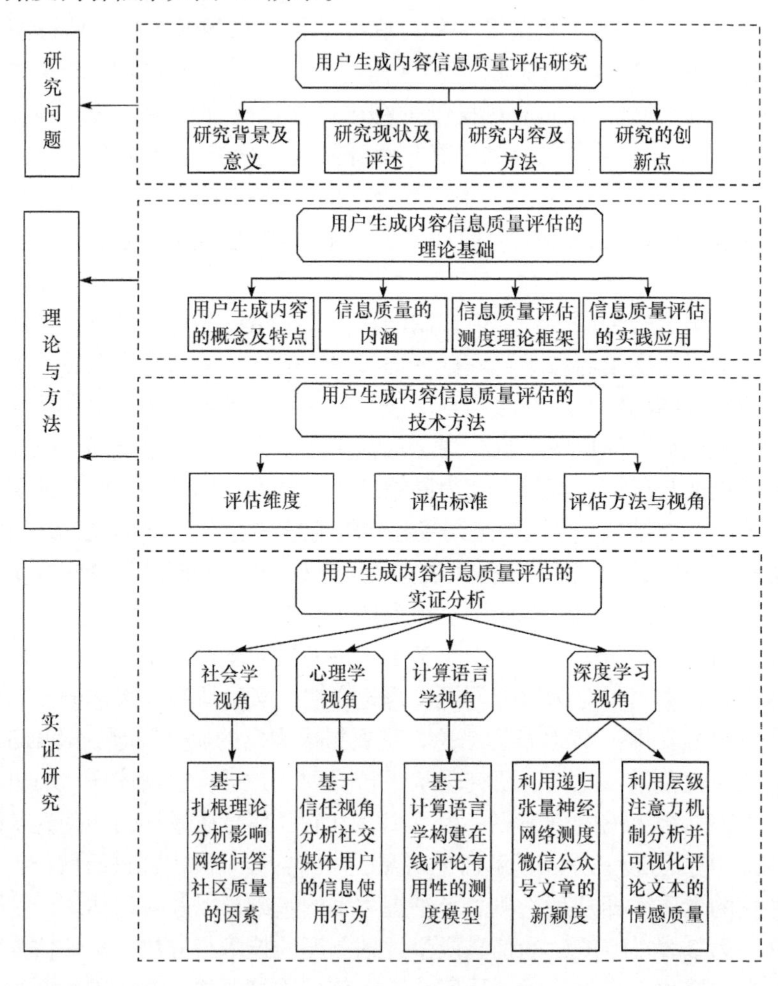

图 1.1　研究思路及内容框架

1.3.2　研究方法

1.3.2.1　文献调查法

本书基于中国知网、Web of Science 数据库、谷歌学术搜索平台以及其他网络平台，广泛搜索与 UGC 有关的中英文文献，对其进行筛选分类和阅读分析，并及时跟踪国内外最新研究动态，确定研究的出发点和落脚点。同时，基于以往研究确定与 UGC 信息质量相关的概念、理论基础、模型与方法，如第 2 章的 UGC、信息质量、信息质量评估测度相关理论模型等，第 3 章的社会学方法理论、心理学方法理论、信息科学方法理论、认知神经学方法理论等，以及第 4～8 章也是在以往研究的基础上进一步展开研究。

1.3.2.2　实证研究法

第 4 章基于社交媒体用户对在线谣言信息的信任与使用行为展开实证研究。第一，通过分析现有研究来发现不足，提出需要探究的问题。第二，针对这些研究问题，结合以往研究发现与相关理论提出研究假设，构建研究模型。第三，采取结构方程模型的方法对收集到的有效样本数据进行标准化处理，通过对研究结果的分析来验证所提出的研究假设。第四，将研究结果与以往的研究作对比，探讨其相同与不同之处，并给出研究结果的合理性解释，进而提出研究的理论意义、实践意义以及局限性。

1.3.2.3　定性研究法

扎根理论采用定性归纳的方式，通过对现象进行编码、重组和解码的分析整理，从而得出相关的结论，并在此基础上进行开放译码工作，将数据资料逐一记录、逐步进行概念化和范畴化。第 5 章基于扎根理论探究了用户感知视角下知乎的答案质量。首先对知乎用户开展深度化访谈，继而编码和解析访谈数据，实现原始句子的概念化和分类化，逐步确定知乎社区答案质量的评价要素，从而建立用户感知视角下的基于扎根理论的评价体系，最后在研究成果的基础上，提出了改善知乎社区内容质量的建议。

1.3.2.4　内容分析法

通过网络爬虫、文本分析等计算机辅助手段进行大样本容量的数据采集。这种方式直接获取 UGC 中最原始的数据，不受用户或者分析者的主观成分影响，更加客观。可具体用于某一类型的 UGC 进行实证研究，或进行不同实验环境下的比较分析，更加具有针对性。本书所使用的相关 UGC 数据通过自主开发的网络爬虫程序，并按照一定的数据采集格式，同时对数据进行相应的过滤、清洗等标准处理，以更好地探索 UGC 的相应特征。

1.3.2.5　跨学科研究法(交叉研究法)

本书融合社会学、心理学、计算语言学等学科，采用用户行为理论、扎根理论、结构方程模型、机器学习和深度学习等多学科理论与技术方法，开展包含信任视角下社交媒体用户的信息使用行为研究、基于扎根理论的网络问答社区答案质量影响因素研究、计算语言学视角下在线用户评论信息的有用性测度研究、基于递归张量神经网络的微信公众号文章新颖度评估方法、融合层级注意力机制的评论数据情感质量分析及可视化研究，构建多元场景、多元方法下的 UGC 质量测度模型。

1.3.2.6 案例分析法

案例分析法又称为个案分析法或典型分析法，是对有代表性的事物或现象深入地进行周密而仔细的研究，从而获得总体认识的一种科学分析方法。第 4～8 章分别选取社交媒体谣言信息、在线问答社区信息、在线用户评论信息、微信公众号文章为研究对象进行具体的案例分析。在全面收集、整理并处理与研究对象相关的资料、数据的基础上，构建 UGC 的原型系统和质量评估模型，并通过机器学习等方法识别和检测质量缺陷，提出相应的质量判断与评估策略。

1.4 本书的创新点

本书不仅可以丰富移动互联网下社交媒体信息、社会问答信息、在线评论信息等不同类型 UGC 的研究理论和研究方法，而且对于实践中如何帮助内容利用者和消费者获取高质量、高信度的 UGC，相关平台如何加强 UGC 质量管控也具有借鉴意义，同时有助于进一步推动 UGC 平台或应用的服务水平和质量层次的提升，从而促进互联网信息环境的序化和良性发展。整体来看，本书的研究创新主要有以下三点。

(1) 从问题视角来看，UGC 是当前网络信息资源中用户参与度大和信息涵盖量高的重要组成部分，正是由于网络平台、多元用户等复杂现状，UGC 信息质量的良莠不齐，使得信息质量评估问题更加迫切，本书致力于解决此问题。不仅如此，本书并非针对单一的质量问题，而是面向多元对象，包含了社交媒体 UGC、问答社区 UGC(知乎等)、在线评论 UGC(大众点评、豆瓣影评、IMDB 影评、酒店评论、亚马逊手机产品评论等)和微信推文，选择多元角度，不仅针对质量因素进行具体分析，开展全面的质量测评，同时也聚焦到有用性、新颖度等具体标准和维度进行实证，点面结合，从多元视角看待 UGC 信息质量的评估。

(2) 从内容视角来看，本书对 UGC 的信息质量相关的概念和内涵进行厘清，并对领域内的理论基础、应用模型、技术方法、标准维度等加以详细梳理，尽可能选取多样化的评估对象，选取问答社区、社交媒体、在线评论、微信推文等多类型的 UGC 进行质量评测与实证研究。此外，还从社会学、心理学、信息科学、认知神经学等多学科的理论和方法视角，去探索 UGC 的信息质量评估方法以及技术手段的应用和实证，从“质”和“量”角度深化了 UGC 研究内容，深度解析其质量因子，拓宽了研究视角。从内容层面丰富和完善了 UGC 领域的相应研究。

(3) 从方法视角来看，本书开展了多学科方法的创新应用。本书研究涉及用户行为理论、扎根理论、机器学习和深度学习等理论方法，应用了社会学、心理学、计算语言学、认知神经学等多学科理论与方法，提出多元视角下 UGC 的信息质量的多元学科评估测度方法，构建了社交媒体信息、社会问答信息、在线评论信息等不同 UGC 种类的质量测度模型及缺陷识别测度方法。一方面，可以帮助建立全面、科学的 UGC 质量检测评估体系与监管策略；另一方面，可以为信息质量评估研究或者其他学科内容研究提供一种新的研究思路，促进学科的发展，同时这也符合目前学界和业界学科交叉融合、协作发展的共同趋势。

参考文献

[1] 金燕. 国内外 UGC 质量研究现状与展望. 情报理论与实践, 2016, 39(3): 15-19.

[2] 赵宇翔, 朱庆华. 国内外 UGC 质量研究现状与展望. 图书馆杂志, 2010, 29: 51-57.

[3] Wikipedia. English Wikipedia Right Now. https://en.wikipedia.org/wiki/Wikipedia:About, 2020.

[4] 百度百科. 百度百科: 全球最大中文百科全书. https://baike.baidu.com/, 2020.

[5] AI 财经社. 知乎宣布用户数突破 2.2 亿, 将对视频产品进行持续不断升级. https://www.Toutiao.com/a6684481862372426252/, 2019.

[6] 环球网. 知乎 2019 新知青年大会: 全面升级用户权益机制. https://tech.huanqiu.com/article/9CaKrnKk6r6, 2019.

[7] Yelp. The Dataset. https://www.yelp.com/dataset, 2020.

[8] 中国互联网络信息中心. 第 46 次《中国互联网络发展状况统计报告》. http://www.cnnic.net.cn/ hlwfzyj/ hlwxzbg/hlwtjbg/202009/P020200929546215182514.pdf, 2020.

[9] 新浪科技. 马蜂窝“造假事件”持续发酵 新一轮融资或将受阻?.https://tech.sina.com.cn/i/2018-10-31/doc-ifxeuwws9876910.shtml, 2018.

[10] AMZ123. 社媒信任度一度走低, UGC(用户产生内容)效果显著. https://www.amz123.com/thread-283989-p-2.htm, 2019.

[11] Dalip D H, Goncalves M A, Cristo M, et al. A general multiview framework for assessing the quality of collaboratively created content on web 2.0. Journal of the American Society for Information Science and Technology, 2017, 68(2): 286-308.

[12] Choi W, Stvilia B. Web credibility assessment: conceptualization, operationalization, variability, and models. Journal of the Association for Information Science and Technology, 2015, 66(12): 2399-2414.

[13] TED. 吉米·威尔斯叙说 Wikipedia 的诞生. http://www.ted.com/talks/jimmy.wales_on_the_birth_of_wikipedia?language=zh-cn, 2017.

[14] 百度百科. 中国十大名校. http://baike.baidu.com/item/中国十大名校?sefr=enterbtn, 2019.

[15] 人民网. 马费成: 互联网可以通过用户自律实现信息序化和治理. http://media.people.com.cn/n1/2016/1117/c407669-28876887.html, 2016.

[16] 支振锋.人民日报新论:守好互联网平台的价值出口. http://opinion.people.com.cn/n1/2018/0413/c1003-29923105.html, 2018.

[17] 中华人民共和国国家互联网信息办公室. 国家互联网信息办公室发布《网络信息内容生态治理规定》. http://www.cac.gov.cn/index.htm, 2019.

[18] 赵宇翔, 范哲, 朱庆华. 用户生成内容(UGC)概念解析及研究进展. 中国图书馆学报, 2012, 38: 68-81.

[19] Wang R Y, Strong D M. Beyond accuracy: what data quality means to data consumers. Journal of Management Information Systems, 1996, 12(4): 5-33.

[20] Besiki S, Les G, Michael B, et al. A framework for information quality assessment. Journal of the American Society for Information Science and Technology, 2007, 58(12): 1720-1733.

[21] Cai L, Zhu Y. The challenges of data quality and data quality assessment in the big data era. Data Science Journal, 2015, 14(1): 21-23.

[22] 阮光册. 用户生成文本内容的质量管理研究. 情报学报, 2014: 122-138.

[23] Naumann F, Rolker C. Assessment methods for information quality criteria//The 5th Conference on Information Quality, Cambridge, 2000.

[24] Mccabe M J, Snyder C M. A model of academic journal quality with applications to open-access journals. SSRN Electronic Journal, https://doi.org/10.2139/ssrn.619264, 2011.

[25] Cho S R. New evaluation indexes for articles and authors' academic achievements based on open access resources. Scientometrics, 2008, 77: 91-112.

[26] Zhang Y, Sun Y, Xie B. Quality of health information for consumers on the web: a systematic review of indicators, criteria, tools, and evaluation results. Journal of the Association for Information Science and Technology, 2015, 66: 2071-2084.

[27] Stvilia B, Mon L, Yi Y J. A model for online consumer health information quality. Journal of the American Society for Information Science and Technology, 2009, 60: 1781-1791.

[28] Chai K, Potdar V, Dillon T. Content quality assessment related frameworks for social media//International Conference on Computational Science and Its Applications, Seoul, 2009.

[29] 孙晓阳. 社会化媒体信息质量的影响主体博弈及管控策略研究. 镇江: 江苏大学, 2016.

[30] Tang X, Luo W, Wang X. Content-based photo quality assessment. IEEE Transactions on Multimedia, 2013, 15(8): 1930-1943.

[31] 李晶. 虚拟社区信息质量建模及感知差异性比较研究. 武汉: 武汉大学, 2013.

[32] 沈旺, 国佳, 李贺. 网络社区信息质量及可靠性评价研究——基于用户视角. 现代图书情报技术, 2013, 29(1): 69-74.

[33] Besiki S, Michael B, Twidale, et al. Information quality work organization in Wikipedia. Journal of the American Society for Information Science and Technology, 2008, 59(6): 983-1001.

[34] 中国网络视听节目服务协会. 短视频平台管理规范. http://www.cnsa.cn/index.php/information/dynamic_details/id/68/type/2.html, 2019.

[35] 中华人民共和国最高人民法院. 最高人民法院、最高人民检察院关于办理利用信息网络实施诽谤等刑事案件适用法律若干问题的解释. http://www.court.gov.cn/fabu-xiangqing-5680.html, 2013.

[36] 中华人民共和国国家互联网信息办公室. 即时通信工具公众信息服务发展管理暂行规定.

http://www.cac.gov.cn/2014-08/07/c_1111983456.htm, 2014.
[37] 中国网信网. 互联网直播服务管理规定. http://www.cac.gov.cn/2016-11/04/c_1119847629.htm, 2016.
[38] 国务院公报. 文化部关于印发《网络表演经营活动管理办法》的通知. http://www.gov.cn/gongbao/content/ 2017/content_5213209.htm, 2016.
[39] 新浪新闻中心.《互联网新闻信息服务管理规定》发布 6 月 1 日起施行. http://news.sina.com.cn/c/2017-05-02/doc-ifyetstt4181256.shtml, 2017.
[40] 中国网信网. 互联网论坛社区服务管理规定. http://www.cac.gov.cn/2017-08/25/c_1121541921.htm, 2017.
[41] 中国网信网. 互联网跟帖评论服务管理规定. http://www.cac.gov.cn/2017-08/25/c_1121541842.htm, 2017.
[42] 中国网信网. 互联网用户公众账号信息服务管理规定. http://www.cac.gov.cn/2017-09/07/c_1121624269.htm, 2017.
[43] 中国网信网. 微博客信息服务管理规定. http://www.cac.gov.cn/2018-02/02/c_1122358726.htm, 2018.
[44] 搜狐新闻. 国宗局发布《互联网宗教信息服务管理办法(征求意见稿)》. https://www.sohu.com/a/252974636_170661, 2018.
[45] 中国网信网. 关于印发《网络音视频信息服务管理规定》的通知. http://www.cac.gov.cn/2019-11/29/c_1576561820967678.htm, 2019.
[46] 中国网信网. 网络信息内容生态治理规定. http://www.cac.gov.cn/2019-12/20/c_1578375159509309. htm, 2019.
[47] 网易云. 让你知晓内容安全的边界：盘点 2017、2018 这两年的内容监管. https://sq.163yun.com/blog/article/221828930756562944, 2018.
[48] 传媒评论. 国外媒体 UGC 内容的引入机制、实践模式及效果. https://www.sohu.com/a/297549699_644338, 2019.
[49] 叶珂, 贺咏柳. 国外媒体 UGC 内容的引入机制、实践模式及效果. 新闻实践, 2018, (12): 58-64.
[50] cckankan. 玩 High API 系列之 UGC 内容检测. https://yq.aliyun.com/articles/410428?utm_content=m_41788, 2018.
[51] 西西吹雪. 网易易盾：以人工智能技术提升 UGC 产品内容安全. https://sq.163yun.com/blog/article/162359420822151168, 2018.
[52] 刘清民, 姚长青, 石崇德, 等. 用户生成内容质量的影响因素分析. 情报探索, 2018, (3): 66-71.
[53] 朱宸良. Web2.0 环境下 UGC 信息可信度影响因素分析. 河南图书馆学刊, 2017, 37(9): 88-91.
[54] 徐勇, 武雅利, 李东勤, 等. 用户生成内容研究进展综述. 现代情报, 2018, 38(9): 130-135, 144.
[55] 张世颖. 移动互联网用户生成内容动机分析与质量评价研究. 长春: 吉林大学, 2014.
[56] 吴江, 刘弯弯. 基于信息采纳理论的在线商品评论有用性影响因素研究. 信息资源管理学报, 2017, 7: 47-55.

[57] 赵丽娜, 韩冬梅. 基于 BP 神经网络的在线评论效用影响因素研究. 情报科学, 2015, 33(6): 138-142.
[58] 刘宪立, 赵昆. 在线评论有用性关键影响因素识别研究. 现代情报, 2017, 37(1): 94-99, 105.
[59] 顾润德, 陈媛媛. 社交媒体平台 UGC 质量影响因素研究. 图书馆理论与实践, 2019, 233(3): 44-49.
[60] 万力勇, 杜静, 舒艾. 教育类 UGC 质量满意度影响因素实证研究——基于扩展的 ACSI 模型. 中国电化教育, 2019, 386(3): 77-85.
[61] 陈巍. 网络问答社区科普文本质量影响因素研究. 杭州: 浙江大学, 2017.
[62] 庄子匀, 陈敬良, 张博. 网络集体智慧质量的影响因素研究——基于英文维基、中文维基和百度知道的交叉实证. 情报理论与实践, 2014, 37(7): 38-43.
[63] 杜姗丽. 认知交互视角下 OKC 集体知识质量影响因素研究. 大连: 大连理工大学, 2015.
[64] Kim C, Jin M H, Kim J, et al. User perception of the quality, value, and utility of user-generated content. Journal of Electronic Commerce Research, 2012, 13(4): 305.
[65] Lukyanenko R, Parsons J, Wiersma Y F. The IQ of the crowd: understanding and improving information quality in structured user-generated content. Information Systems Research, 2014, 25(4): 669-689.
[66] Rieh S Y. Judgment of information quality and cognitive authority in the web. Journal of the American Society for Information Science and Technology, 2002, 53(2): 145-161.
[67] Kim B, Han I. The role of trust belief and its antecedents in a community-driven knowledge environment. Journal of the American Society for Information Science and Technology, 2009, 60(5): 1012-1026.
[68] Normatov R I, Joo J H. A study on quality factors of web enabled collective intelligence as a donor for business success. The Journal of Information Systems, 2011, 20(3): 209-235.
[69] Arazy O, Nov O, Patterson R, et al. Information quality in Wikipedia: the effects of group composition and task conflict. Journal of Management Information Systems, 2011, 27(4): 71-98.
[70] Lewoniewski W, Węcel K, Abramowicz W. Determining quality of articles in polish Wikipedia based on linguistic features//International Conference on Information and Software Technologies, Cham, 2018.
[71] Cheng J, Danescu N M C, Leskovec J. How community feedback shapes user behavior//The 8th International AAAI Conference on Weblogs and Social Media, Ann Arbor, 2014.
[72] Liu Y, Huang X, An A, et al. Modeling and predicting the helpfulness of online reviews//The 8th IEEE International Conference on Data Mining, Pisa, 2008.
[73] Mudambi S M, Schuff D. What makes a helpful review? A study of customer reviews on Amazon.com. MIS Quarterly, 2010, 34(1): 185-200.
[74] Baek H, Ahn J H, Choi Y. Helpfulness of online consumer reviews: readers'objectives and review cues. International Journal of Electronic Commerce, 2012, 17: 99-126.
[75] Yin D, Bond S, Zhang H. Anxious or angry? Effects of discrete emotions on the perceived helpfulness of online reviews. MIS Quarterly, 2014, 38(2): 539-560.
[76] Ma T J, Atkin D. User generated content and credibility evaluation of online health information: a meta analytic study. Telematics and Informatics, 2017, 34(5): 472-486.

[77] O'Grady L, Wathen C N, Charnaw-Burger J, et al. The use of tags and tag clouds to discern credible content in online health message forums. International Journal of Medical Informatics, 2012, 81(1): 36-44.
[78] Rodríguez D Z, Rosa R L, Costa E A, et al. Video quality assessment in video streaming services considering user preference for video content. IEEE Transactions on Consumer Electronics, 2014, 60(3): 436-444.
[79] Wilk S, Effelsberg W. The influence of camera shakes, harmful occlusions and camera misalignment on the perceived quality in user generated video//The IEEE International Conference on Multimedia and Expo, Chengdu, 2014.
[80] Mir I A, Rehman K U. Factors affecting consumer attitudes and intentions toward user-generated product content on YouTube. Management and Marketing, 2013, 8: 637-654.
[81] 张同同. 文本类移动用户生成内容可使用性评价指标体系构建研究. 保定: 河北大学, 2018.
[82] 冯缨, 张瑞云. 基于用户体验的微博信息质量评估研究. 图书馆学研究, 2014, (9): 62-67, 101.
[83] 莫祖英. 微博信息内容质量评价及其对用户利用的影响分析. 武汉: 武汉大学, 2014.
[84] 陈铭. 面向微博的文本质量评估与分类技术研究与实现. 长沙: 国防科学技术大学, 2015.
[85] 高明霞, 陈福荣. 基于信息融合的中文微博可信度评估方法. 计算机应用, 2016, 36(8): 2071-2075, 2081.
[86] 栾杰, 刘利军, 冯旭鹏, 等. 面向微博博主的评论质量评估. 小型微型计算机系统, 2018, 39(1): 58-63.
[87] 陈学平. 基于维基百科的 Web 网页数据质量评估系统. 南京: 南京邮电大学, 2014.
[88] 李欣奕. 网络百科条目质量评价研究. 长沙: 国防科学技术大学, 2014.
[89] 张博, 乔欢. 协同知识生产社区的内容质量评估模型研究——以维基百科为例. 现代情报, 2015, 35(10): 17-22.
[90] 卢玉清. 用户信誉度与用户生成内容质量评估模型研究. 北京: 清华大学, 2014.
[91] 张薇薇. 开放式协作内容生产活动的可信评估研究. 南京: 南京邮电大学, 2012.
[92] 李晨, 巢文涵, 陈小明, 等. 中文社区问答中问题答案质量评价和预测. 计算机科学, 2011, 38(6): 230-236.
[93] 贾佳, 宋恩梅, 苏环. 社会化问答平台的答案质量评估——以"知乎"、"百度知道"为例. 信息资源管理学报, 2013, 3(2): 19-28.
[94] 孔维泽, 刘奕群, 张敏, 等. 问答社区中回答质量的评价方法研究. 中文信息学报, 2011, 25(1): 3-8.
[95] 袁毅, 蔚海燕. 问答社区低可信度信息的传播与控制研究. 图书馆论坛, 2011, 31(6): 171-177.
[96] 来社安, 蔡中民. 基于相似度的问答社区问答质量评价方法. 计算机应用与软件, 2013, 30(2): 266-269.
[97] 刘高军, 马砚忠, 段建勇. 社区问答系统中"问答对"的质量评价. 北方工业大学学报, 2012, 24(3): 31-36.
[98] 姜雯, 许鑫, 武高峰. 附加情感特征的在线问答社区信息质量自动化评价. 图书情报工作, 2015, 59(4): 100-105.

[99] 张煜轩. 基于外部线索的社会化问答平台答案信息质量感知研究. 武汉: 华中师范大学, 2016.

[100] 郭顺利. 社会化问答社区用户生成答案知识聚合及服务研究. 长春: 吉林大学, 2018.

[101] 郭顺利, 张向先, 陶兴, 等. 社会化问答社区用户生成答案质量自动化评价研究——以"知乎"为例. 图书情报工作, 2019, 63(11): 118-130.

[102] Oh S, Worrall A, Yi Y J. Quality evaluation of health answers in Yahoo! Answers: a comparison between experts and users. Proceedings of the American Society for Information Science and Technology, 2011, 48(1): 1-3.

[103] Fichman P. A comparative assessment of answer quality on four question answering sites. Journal of Information Science, 2011, 37(5): 476-486.

[104] Chua A Y K, Banerjee S. So fast so good: an analysis of answer quality and answer speed in community question-answering sites. Journal of the American Society for Information Science and Technology, 2013, 64: 2058-2068.

[105] 徐嘉徽. 电子商务用户在线评论信息质量研究. 长春: 吉林大学, 2016.

[106] 徐勇, 张慧, 陈亮. 一种基于情感分析的 UGC 模糊综合评价方法——以淘宝商品文本评论 UGC 为例. 情报理论与实践, 2016, 39(6): 64-69.

[107] 唐艺楠, 徐德华. 基于知识采纳模型的在线评论有用性识别——以大众点评网为例. 情报探索, 2017, (6): 8-14.

[108] 翟倩. 在线评论有用性排序模型研究. 长春: 吉林大学, 2017.

[109] 相甍甍, 郭顺利, 张向先. 面向用户信息需求的移动商务在线评论效用评价研究. 情报科学, 2018, 36(2): 132-138, 158.

[110] 刘艳丽. 网络用户健康信息质量评价模型研究. 长沙: 中南大学, 2008.

[111] 魏萌萌. 糖尿病网络健康信息的质量评估指标体系构建与实证研究. 武汉: 华中科技大学, 2012.

[112] 姜雯. 网络 UGC 健康信息质量评价研究. 上海: 华东师范大学, 2016.

[113] 邓胜利, 赵海平. 用户视角下网络健康信息质量评价标准框架构建研究. 图书情报工作, 2017, 61(1): 30-39.

[114] 侯璐. 在线健康信息的可信性评估研究. 郑州: 郑州大学, 2018.

[115] Al-Khalifa H S, Al-Eidan R M. An experimental system for measuring the credibility of news content in Twitter. International Journal of Web Information Systems, 2011, 7(2): 130-151.

[116] Pasi G, Viviani M, Carton A, et al. A multi-criteria decision making approach based on the Choquet integral for assessing the credibility of user-generated content. Information Sciences, 2019, 503: 574-588.

[117] Figueiredo F, Pinto H, Belem F, et al. Assessing the quality of textual features in social media. Information Processing and Management, 2013, 49(1): 222-247.

[118] Zhang Y, Zhang M, Luo N, et al. Understanding the formation mechanism of high-quality knowledge in social question and answer communities: a knowledge co-creation perspective. International Journal of Information Management, 2019, 48: 72-84.

[119] Gupta M, Zhao P, Han J. Evaluating event credibility on Twitter//The 2012 SIAM International Conference on Data Mining, Anaheim, 2012.

[120] Jona K, Penza T M, Gutmann J, et al. Accuracy and completeness of drug information in Wikipedia: a comparison with standard textbooks of pharmacology. AMIA Annual Symposium Proceedings, 2014, 9: 912.
[121] Yang Y, Wang X, Guan T, et al. A multi-dimensional image quality prediction model for user-generated images in social networks. Information Sciences, 2014, 281: 601-610.
[122] 王赛威. 基于分类算法的移动互联网视频 UGC 质量评价研究. 北京: 北京邮电大学, 2017.
[123] Butler D P, Perry F, Shah Z, et al. The quality of video information on burn first aid available on YouTube. Burns, 2013, 39: 856-859.
[124] Mordido G, Magalhães J, Cavaco S. Automatic organization and quality analysis of user-generated content with audio fingerprinting//The 25th European Signal Processing Conference, Lisbon, 2017.
[125] Fazenda B M, Kendrick P, Cox T J, et al. Perception and automated assessment of audio quality in user generated content: an improved model//The 8th International Conference on Quality of Multimedia Experience, Lisbon, 2016.
[126] 宁连举, 冯鑫. 基于 AHP-模糊综合评价的虚拟社区价值评估体系. 北京邮电大学学报(社会科学版), 2014, 16: 19-24.
[127] 金燕, 周婷, 詹丽华. 基于层次分析法的协同内容创建系统质量评价体系研究——以百度百科为例. 图书馆理论与实践, 2015,(7): 41-45.
[128] 丁敬达. 维基百科词条信息质量启发式评价框架研究. 图书情报知识, 2014, (2): 11-17.
[129] 王杰. 学术类微信公众号信息质量评价体系研究. 保定: 河北大学, 2018.
[130] 孙晓宁, 赵宇翔, 朱庆华, 等. 基于 SQA 系统的社会化搜索答案质量评价指标构建. 中国图书馆学报, 2015, (4): 65-82.
[131] 方鹏程. 用户贡献内容质量评价研究. 北京: 北京邮电大学, 2011.
[132] 张薇薇, 朱庆华. 开放式协作生产内容的可信性评估研究. 情报资料工作, 2011, (6): 21-26.
[133] 李贺, 张世颖. 移动互联网用户生成内容质量评价体系研究. 情报理论与实践, 2015, (10): 6-11, 37.
[134] Hilligoss B, Rieh S Y. Developing a unifying framework of credibility assessment: construct, heuristics, and interaction in context. Information Processing and Management, 2008, 44: 1467-1484.
[135] Rieh S Y, Danielson D R. Credibility: a multidisciplinary framework. Annual Review of Information Science and Technology, 2007, 41: 307-364.
[136] 胡海峰. 用户生成答案质量评价中的特征表示及融合研究. 哈尔滨: 哈尔滨工业大学, 2013.
[137] 崔敏君. 多特征层次化答案质量评价方法研究. 太原: 太原理工大学, 2016.
[138] 韩晓晖. Web 社会媒体中信息的质量评价及应用研究. 济南: 山东大学, 2012.
[139] 聂卉. 基于内容分析的用户评论质量的评价与预测. 图书情报工作, 2014, 58(13): 83-89.
[140] 孟园, 王洪伟. 基于文本内容特征选择的评论质量检测. 现代图书情报技术, 2016, (4): 40-47.

[141] 从晓月. 基于文本分析的用户创作内容质量评估. 北京: 北京邮电大学, 2017.
[142] 郭银灵. 基于文本分析的在线评论质量评价模型研究. 呼和浩特: 内蒙古大学, 2017.
[143] Ratkiewicz J, Conover M, Meiss M, et al. Detecting and tracking the spread of Astroturf memes in Microblog streams. Computer Science, 2010: 249-252.
[144] Al-Eidan B S, Al-Khalifa H S, Al-Salman A M S. Towards the measurement of Arabic Weblogs credibility automatically//The 11th International Conference on Information Integration and Web-based Applications and Services, Kuala Lumpur, 2009.
[145] Castillo C, Mendoza M, Poblete B. Information credibility on Twitter//International Conference on World Wide Web, Hyderabad, 2011.
[146] Chai K, Wu C, Potdar V, et al. Automatically measuring the quality of user generated content in forums//Australasian Joint Conference on Artificial Intelligence, Berlin, 2011.
[147] Qazvinian V, Rosengren E, Radev D R, et al. Rumor has it: identifying misinformation in microblogs//The Conference on Empirical Methods in Natural Language Processing, Edinburgh, 2011.
[148] Toba H, Ming Z Y, Adriani M, et al. Discovering high quality answers in community question answering archives using a hierarchy of classifiers. Information Sciences, 2014, 261: 101-115.
[149] Wang A H. Don't follow me: spam detection in Twitter//International Conference on Security and Cryptography, Athens, 2010.
[150] Juffinger A, Granitzer M, Lex E. Blog credibility ranking by exploiting verified content//ACM Workshop on Information Credibility on the Web, Madrid, 2009.
[151] Kawabe T, Namihira Y, Suzuki K, et al. Tweet credibility analysis evaluation by improving sentiment dictionary//IEEE Congress on Evolutionary Computation, Sendai, 2015.
[152] Dalip D H, Gonçalves M A, Cristo M, et al. Automatic quality assessment of content created collaboratively by web communities: a case study of Wikipedia//The 9th ACM/IEEE-CS Joint Conference on Digital Libraries, Austin, 2009.
[153] Dalip D H, Gonçalves M A, Cristo M, et al. Automatic assessment of document quality in web collaborative digital libraries. Journal of Data and Information Quality, 2011, 2: 1-30.
[154] Magalhaes L F G, Gonçalves M A, Canuto S D, et al. Quality assessment of collaboratively-created web content with no manual intervention based on soft multi-view generation. Expert Systems with Applications, 2019, 132: 226-238.
[155] Gupta A, Kumaraguru P. Credibility ranking of tweets during high impact events//The 1st Workshop on Privacy and Security in Online Social Media, New York, 2012.
[156] Choi Y A. Complete assessment of tagging quality: a consolidated methodology. Journal of the Association for Information Science and Technology, 2015, 66: 798-817.
[157] Wang P, Li X, Wu R. A deep learning-based quality assessment model of collaboratively edited documents: a case study of Wikipedia. Journal of Information Science, 2019: 1-7.
[158] Wang P, Li X. Assessing the quality of information on Wikipedia: a deep-learning approach. Journal of the Association for Information Science and Technology, 2020, 71: 16-28.
[159] Dang Q V, Ignat C L. Quality assessment of Wikipedia articles without feature engineering//The IEEE/ACM Joint Conference on Digital Libraries, New York, 2016.

[160] Dang Q V, Ignat C L. An end-to-end learning solution for assessing the quality of Wikipedia articles//The 13th International Symposium on Open Collaboration, New York, 2017.

[161] Zhang S, Hu Z, Zhang C, Yu K. History-based article quality assessment on Wikipedia//The International Conference on Big Data and Smart Computing, Piscataway, 2018.

[162] Agrawal R, Dealfaro L. Predicting the quality of user contributions via LSTMs//The 12th International Symposium on Open Collaboration, New York, 2016.

[163] Shen A, Qi J, Baldwin T. A hybrid model for quality assessment of Wikipedia articles//The Australasian Language Technology Association Workshop, Brisbane, 2017.

[164] 汤小月. 基于用户行为分析的在线协作编辑质量控制研究. 武汉: 武汉大学, 2013.

[165] 肖奎, 李兵, 吴天吉. 基于用户行为分析的维基百科词条质量评价方法. 情报杂志, 2015, 34(5): 185-189.

[166] 金燕. 基于用户行为情景描述的 UGC 质量实时预判方法研究. 图书情报工作, 2016, 60(11): 128-134, 112.

[167] 金燕, 闫婧. 基于用户信誉评级的 UGC 质量预判模型. 情报理论与实践, 2016, 39(3): 10-14.

[168] 闫婧. 基于用户信誉评级的 UGC 质量预判方法. 郑州: 郑州大学, 2017.

[169] 金燕, 孙佳佳. 基于用户画像的 UGC 质量预判模型. 情报理论与实践, 2019, 42(10): 77-83.

[170] 王博远. 基于用户交互关系的用户创作内容质量评估. 北京: 北京邮电大学, 2014.

[171] 林鑫. 基于用户圈和内容联动关系的 UGC 内容质量评估. 北京: 北京邮电大学, 2015.

[172] 金燕. 基于情绪分析的 UGC 质量评判模型. 图书情报工作, 2017, 61(20): 131-139.

[173] Yu S. A Credibility assessment for message streams on microblogs//The International Conference on P2P, Parallel, Grid, Cloud and Internet Computing, Fukuoka, 2010.

[174] Winkler S. Assessing the quality of user-generated content. ZTE Communications, 2013, 11: 37-40.

第 2 章　UGC 信息质量评估的理论基础

2.1　UGC

互联网的不断发展，给人们的社会生活带来了深刻的变革，同时也为人们开辟了广阔的交互空间。Web1.0 时代，用户通过浏览器单向获取信息；Web2.0 时代，用户拥有更多的主动权和选择权，既是网络内容的浏览者，又可以成为网络内容的创造者。从信息单向传递的 Web1.0 时代，到更加强调用户能动性的 Web2.0 时代，在互联网发展和运用的过程中，技术的延展使网络用户的交互性得以体现，UGC 伴随着体现个性化的 Web 2.0 概念逐渐兴起。UGC 并不是一种具体的业务，而是一种用户使用互联网的新方式，用户可以通过更加方便、多元的渠道获取信息内容，同时也可以打破传统大众传媒的内容垄断，由个人生产和发布信息内容，用户的主体性得以凸显。当前的社交网站、视频分享网站、社区论坛等都是 UGC 的具体应用形式。

2.1.1　UGC 的概念

UGC 的概念最早起源于互联网领域，即用户将自己原创的内容通过在线平台进行展示或者提供给其他用户利用。早在 1995 年，Negroponte 就在 *Being Digital* 一书中预言了“The Daily Me”——一种完全个人化日报的出现，这种模式的在线新闻注重个人的兴趣和阅读倾向，用户能够通过互联网主动选择自己喜欢的主题和内容，用户不关注的内容则不会出现在新闻版面当中。*The San Jose Mercury News* 的科技专栏作者 Gillmor 在 2001 年提出“Journalism 3.0”的概念，指出网络点对点的传播方式以及分享与链接的特性造就了博客工具，受众开始主动成为新闻传播者。2002 年，Gillmor 将“Jornalism 3.0”改称为“We Media”，“We Media”被美国新闻学会媒体中心主管定义为“一种普通市民运用数字科技与全球知识体相联，提供并分享他们真实看法、自身新闻的途径”。

无论是“The Daily Me”，还是“We Media”，都指向了 UGC 这一形式，随着提倡更加开放化、自由化、个性化的 Web 2.0 概念兴起，在用户主动参与这一语境的影响下，UGC 有了更加清晰的解释。世界经济合作与发展组织在 2007 年的一份报告中将 UGC 定义为：在专业轨道和实践之外创建的并且通过互联网公开提供的反映了一定程度创造性努力的内容，包括由互联网和技术用户创建的各种形式的媒体和创作作品(例如，书面的、音频的、视觉的作品及其组合)[1]。但此后研究者对 UGC 的含义进行界定时没有严格遵循世界经济合作与发展组织给出的定义。有学者认为 UGC 来自普通人，由他们自愿提供数据、信息或媒体，以有用或有趣的方式出现在网络上，这些内容正逐渐从网络平台渗透到人们生活的其他方面。Clever 等[2]认为 UGC 是由过去在消费终端的业余爱好者所创作和出版的各种媒体内容。Dijck[3]认为随着 Web 2.0 的兴起，互联网使用者成为日益活跃的网络内容贡献者，他们依据个人的创造性努力创建了许多专业研究和平台之外的内容，即 UGC。Shim 和 Lee[4]认为 UGC 是由数字环境下的普通大众而不是网站人员提交的任何内容，这些内容由用户原创或者由用户从其他来源复制而来。Zhou 等[5]认为 UGC 是互联网用户通过上传分享、创作、注释评论等生成的信息内容并建立起一系列的在线社区。Östman[6]认为 UGC 是由业余者制作的，必须包含一定的创新内容或者是对已有内容的修改和编辑，并且能够通过网络或个人日志的方式与他人共享。

国内也有许多学者对 UGC 进行了深入研究。赵宇翔等[7]认为 UGC 泛指以任何形式在网络上发表的由用户创作的文字、图片、音频、视频等内容。李鹏[8]认为 UGC 是一种信息资源实体，不仅指具体的信息内容，还包括生成并承载内容的媒介工具以及背后生成该信息内容的用户，UGC 根植于广大普通网民，有着显著的用户个人特征同时也是社会化内容。李贺和张世颖[9]认为用户生成内容主要是用户在互联网中所产生的内容，主要包括在互联网中创作、编辑、转载、评论、补充的信息内容等。杨晶和罗守贵[10]认为 UGC 属于 Web 2.0 环境下网络信息资源的创作与组织模式，泛指社交媒体用户在网络上发表自己创作的内容。

根据上述所提及的研究者对于 UGC 的阐释，可以得知研究者在对 UGC 的概念进行界定时往往没有对内容创作的原创性进行严格要求，也没有对内容的形式进行严格限制。UGC 的主体既可以是非专业的、非职业的，也可以是具备相关领域专业知识的精英分子；UGC 的行为包括在互联网上进行创作、编辑、转载、评论、补充信息内容等，且信息内容的载体形式灵活多元；UGC 既可以具有大众化、平民化、诙谐化的特点，也可以具备专业性、严谨性的特征。因此，本书认为 UGC 是 Web 2.0 环境下的一种网络信息资源组织形式，凡是由用户主动选择创作或分享的、经由互联网络进行传播和共享的、携带一定程度的用户个人价值的内容和作品都可以称为 UGC，其形式可以是文字、图像、声音、视频，也可以是各种形式的综合。本书将以社交媒体如微博、微信公众号以及全球最大的百科知识库维基百科、中文问答平台知乎和移动社交环境下电商用户评论等为主要的研究对象，对其质量评估进行系统研究及实验验证。

2.1.2 UGC 的特点

对 UGC 相关特点的研究需结合其生成过程及创建内容的用户特征来看。世界经济合作与发展组织[1]认为对 UGC 的特征进行探索有助于加深对其的理解，该组织指出 UGC 具有三个最主要的中心特征：以网络出版为前提、创造性和非专业性。以网络出版为前提这一特点主要表现在 UGC 是在特定背景下进行发布的，发布方式和对象具有选择性和灵活性，例如，用户可以选择在可公开访问的网站或者社交网站界面发布，也可以只对特定人群或者用户公开；创造性表现在 UGC 必须包含作者的个人价值，既可以是原创作品，也可以是作者将创造性努力用于对现有作品的调整以构建新作品，即用户必须将自己的个人价值添加在创建的内容中；非专业性主要表现在 UGC 通常没有专业机构或者商业市场背景，大多由专业研究和实践之外的非专业人士(普通网络用户)创建，通常不期望报酬或利润，其激励因素主要在于社交联系和表达自己。UGC 包括各种形式的媒体和创造性作品，诸如书面、音频、视觉和由用户明确且主动地创建的组合，根据 UGC 信息可以获得用户对项目或其他用户的意见、观点或品味。Perugini 等[11]认为 UGC 含有丰富的语义信息，并提供了巨大的潜在可能性，可以获得有关用户、事物以及用户和事物之间各种关系的更深入的知识。Shriver 等[12]认为 UGC 具备社会价值性，用户通过在线平台上传内容从而建立与朋友之间的联系并享受其中，用户由此获得社交收益。Drakopoulou[13]认为伴随着 UGC 产生的个人记者时代对于新闻传播有着重要意义，越来越多新闻公司将 UGC 用于新闻报道之中，UGC 有着即时性与证据性，这一特性深刻影响着新闻真实性和质量。

国内学者陈欣等[14]认为 UGC 所具有的海量、动态和去中心化的特点是传统网络内容所不具有的。用户可以在一天内上传无限量的内容；在 Web 2.0 环境下，各种内容类型和格式使得原本 Web 1.0 时代下的静态文本逐渐被取代，网页内容更为多样化和动态化；去中心化的内容让每一个用户都可能成为主角，用户之间的互动增加，一个网站不再由一个媒体或者机构做主。赵宇翔等[15]认为从内容的表现形式和载体来看，UGC 体现出了极大的富媒体属性和多样化特征，其粒度也各不相同。它可能是一个简单的用户标注、一个共享的链接，也有可能是由几个字或几句话组成的用户评论，或者是用户创作的文学作品、图片资源以及共享的音频和视频文件等，它的发布平台也不尽相同，不同内容往往体现出用户在生成、创作和传播过程中任务的复杂度和投入的时间成本、设备成本、机会成本及智力因素[16]。

本书认为，随着互联网的普及和 Web 2.0 概念的兴起，UGC 已经成为大众使用互联网获取和发布信息的常见方式，基本不受时间和空间的限制，相较于 Web 1.0 时代信息单向传递过程，UGC 具有无可比拟的灵活性和互动性；此外，由于网民群体的不断庞大，UGC 具有海量性特征，在条件允许的情况下，用户可以在一天之内上传和分享无限量的内容，并且基本不受形式、载体等条件的限制；由于生成内容的用户不必具有较强的专业化水平，UGC 具有较强的去中心化特征，既可以是普罗大众分享生活琐事，也可以是社会精英进行科学普及。

2.1.3 UGC 的形式及分类

Sung 等[17]根据原创性程度由高至低将 UGC 细分为用户创建内容(user-created content，UCC)、用户再创造内容(user-recreated content，URC)、用户修改内容(user-modified content，UMC)以及用户传播内容(user-transmitted content，UTC)。Gervais[18]根据用户对 UGC 拥有知识产权的不同，将 UGC 区分为用户原创内容(user-authored content，UAC)、用户来源内容(user-derived content，UDC)及用户复制内容(user-copied content，UCC)。随着研究的逐步深入，各种新的分析方法和技术被应用于 UGC 的研究中，例如，情感分析、语义挖掘等，一些学者使用主观性检测、自定义文本的自动分类、自动意见总结等对用户生成文本进行分类。Vázquez 等[19]从消费者角度出发，根据对消费决策不同阶段的注释，将消费者创建的内容分为用户体验性内容、用户评估内容、用户购买内容与用户购买后内容。Melville 等[20]根据用户生成文本中的词汇信息进行情感分析，分辨积极情感和消极情感，从而实现对用户生成文本的分类。Bakshy 等[21]从 UGC 的传播和社会影响角度出发，将 UGC 大致分为友友传播内容(friend-to-friend)和一对多传播内容(one-to-many)。

国内学者对 UGC 分类也有诸多研究，孙淑兰和黄翼彪[22]认为按照 UGC 网站内容、功能及文件格式的不同，可以将 UGC 划分为十类：文学创作类、图片分享类、音视频分享类、社区论坛类、文件共享类、社交网络、Wiki 类、博客类、微博类和电子商务类。赵宇翔等[7]根据 UGC 的内容类型与属性维度将其分为娱乐型、社交型、商业型、兴趣型和舆论型。一些学者根据用户贡献程度的不同，将 UGC 分为三类：用户原创内容，即狭义的 UGC，如用户发表的博客、上传的自己拍摄的照片视频等；用户添加的内容，包括用户从别的信息载体上转载、复制而来的内容；用户行为产生的内容，如用户点击、访问形成的点击率、用户推荐、用户评论以及用户构建好友关系时形成的社会关系网络等[23]。UGC 的生成模式可以抽象为信息内容的生产过程，其中用户作为源元素，内容作为项元素，朱庆华[16]根据 UGC 中源元素与项元素的不同映射关系，将 UGC 归纳为独立式、累积式、竞争式和协作式四种主要类型。

本书认为，国内外学者对 UGC 所进行的分类归根结底是为后续深入研究服务的，因为研究主题和目的的不同，在分类上显然有很大差异。就普遍适用性而言，作者拟对 UGC 进行抽象层面的分类而非深入具象的分类，根据用户对 UGC

的贡献程度不同而将其分为三类，即用户原创内容、用户修改内容和用户传播内容。用户原创内容，即完全通过用户的创造性努力而产生的内容，经由互联网平台进行展示或者提供给其他用户；用户修改内容，即已有内容通过用户的创造性努力调整或改造之后，经由互联网平台展示或者传播给其他用户，其中包含着用户的个人价值取向，同时也带有原作者的思想精髓、态度等；用户传播内容，即用户仅仅将其他用户的内容通过互联网平台进行传播和展示，这一行为可能带有用户自身态度和情感，但信息内容本身不由用户创建。

2.2 信息质量的内涵

“Quality”来源于拉丁语，原意为“是什么样的”，后来引申为“特定属性或特征”[24]。我国国家标准对质量的定义是：客体的一组固有特性满足要求的程度。质量运动可以追溯到中世纪的欧洲，主要适用于手工制造业。19 世纪初，工厂以产品检验为重点，20 世纪初，制造商开始在实践中纳入质量流程[25]。随后人们从不同的领域定义质量，质量的概念应用在医学[26]、服务业[27]、制造业[28]、统计学[29]等多个领域。20 世纪 40 年代以来，随着计算设备更新和计算速度的加快，生产商生产和处理数据的能力大幅度提升，但同时在大批量处理数据的过程中也出现了各种错误。20 世纪 60 年代末，数学家和统计学家开始在数据集中找到重复值，并由计算机科学家继续提高数据库中的数据质量[30]。由此，人们开始探索运用数据库技术测量、分析和改进数据质量。数据质量的研究带来了早期的信息质量研究。

初始时期，信息资源质量的概念十分模糊，仅仅指“够用、好使”。随着认识的深入和研究的发展，国外学者对信息资源质量的认识逐渐由判断信息资源好坏的客观标准发展成为包含用户主观价值取向因素在内的多个属性的组合[31]。早期对信息质量的研究主要集中于数据的精确性维度，用正确和错误区分。Marschak[32]提出信息资源质量表征的是信息表述客观事物或事件的准确程度。Juran[33]提出信息资源质量包括普遍意义的有用性和具体条件的适用性两方面。Ballou 和 Pazer [34]最早提出信息质量是一个全面的概念，他们基于信息的多种属性将信息质量划分为四个维度，即准确性、完整性、一致性和及时性。

进入 90 年代以来，麻省理工斯隆商学院最早对信息质量进行系统研究。Wang 和 Strong[35]开创性地对数据质量维度进行划分，带动了各个学科对信息质量的全面性学术研究。Elpper 和 Wittig[36]指出信息资源质量是一个多维概念，是由信息资源质量的多种属性构成的集合。Lee 等[37]从内在信息质量、语义信息质量、代表性和可获得性四个方面来衡量信息质量。Moghaddam 和 Moballeghi [38]将全面质量管理(total quality management，TQM)的思想引入图书情报管理与服务工作中，强调信息资源全面质量概念，以全员参与、全过程、持续改进等管理思想为指导，不断改善信息产品和服务质量。Wang 和 Strong[35]认为信息质量可以从数据视角和用户视角两个角度进行定义，前者指的是“符合规范或要求的信息”，后者指的是“符合用户信息需求且便于使用的信息”。Porter[39]认为建立信息质量评价框架，能够通过识别相关变量、解决相关问题来帮助用户评估信息质量。Shanks 和 Corbitt[40]认为仅仅使用评价框架或评价体系对质量进行定义是不足够的，信息质量评价还依赖于数据使用的背景环境。Zeist 和 Hendricks[41]对信息质量属性及潜在属性进行了识别，主要有功能性、可靠性、有效性、可用性、可维护性和可移植性等，并对每个特性进行了详细说明。Strong 等[42]明确了四个信息质量域，主要包括内部信息质量、可获得性信息质量、情境信息质量及表达信息质量。Morris[43]阐述了针对网络的质量框架，其中包含的变量有权威性、准确性、客观性、流通性、指向性和导向性。Leung[44]将信息质量评价的属性分为主要特征和分支特征，主要特征包括功能性、可靠性、易用性、效率、可维护性和可移植性，针对每个主要特征进行更细致的分解形成分支特征。Katerattanakul 和 Siau[45]对 Strong 等提出的四个信息质量域维度进行了改进，针对个人网站提出了四个信息质量类别，即固有信息质量、背景信息质量、描述信息质量、可获得信息质量。Zhu 和 Gauch[46]提出了构建信息质量评价切实可行的模型方法，包括流通性、可用性、信噪比、权威性、流行性和内聚力。Klein[47]认为在网络环境下存在五个关键的信息质量维度，分别是准确性维度、数据量维度、完整性维度、相关性维度和时间序列维度。Matthew[48]经过梳理统计分析，构建了信息质量测评模型，提出可获得性、可理解性、关联性和完整性四个一级指标。Liu 和 Huang[49]则提出了信息源、信息内容、格式与描述、时效性、准确度和速度六个维度。Stvilia 等[50]通过将信息质量概念化，对信息质量测量指标进行分类聚合，从内在信息质量、关联信息质量和声誉信息质量三个角度建立了信息质量的新模型。

针对 UGC 的信息质量评估，国外学者多围绕现实生活中的案例进行实证研究。Chen 等[51]认为，在互联网上分享信息或创建内容已成为一种普遍现象，由于互联网用户具有匿名性，保证网络信息资源的质量以及创建高质量信息内容成为挑战。维基百科通过限制新用户对某些类别(如政治类)的词条进行独立更改来保证信息质量；亚马逊网站使用一种投票系统，消费者通过对特定评论是否有用进行投票从而影响该评论的后续排名。Perugini 等[11]在研究根据 UGC 生成的商用信息推荐系统时提到用户在进行评论时并非处于完全理性状态，因此他们的评价并非仅仅依据信息价值本身。Lueg[52]也认为在衡量用户提交内容的质量时首先理清用户的决策过程是至关重要的，因为用户决策过程会受到个人经历、背景、知识水平、信仰以及个人偏好等诸多因素的影响。

信息质量评估这一研究方向同样也受到了国内学者的关注，而在 UGC 和网络信息资源的质量评估方面，国内学者主要围绕建立评价维度和指标体系展开研究。孙兰和李刚[53]在概括网络信息资源特点的基础上，提出图书馆在网络信息资源质量评价方面的主体作用，建立的网络信息资源评价指标体系主要包含主题与层次、内容、主页设计、可用性与可得性和费用五大指标。刘雁书和方平[54]探究了 Web 内容评价指标体系。赵宇翔和朱庆华[55]从学术和实用视角出发，针对国内几大视频网站的UGC建立了用户生成视频内容质量测评框架。查先进和陈明红[31]从信息熵概念出发对信息质量研究进行了探索。宋立荣[56]提出信息质量约束概念，探索了网络信息共享及其发展趋势。邱昭良[57]从在线学习视角提出判断信息内容好坏要基于生产者(或创作者)和消费者(或需求者)。沈旺等[58]采用扎根理论，对网络社区的信息质量及可靠性进行了基于用户评论内容的分析，提出信息质量和信息可靠性评价指标。

通过梳理国内外相关文献，不难发现研究者们从多种不同的角度提出了多层面的信息质量评价维度与评价指标体系，在信息质量评估方面取得了一定的研究进展。UGC 是由用户自己创建的，信息源范围很广，信息创建者来自不同的知识背景，看待同一个问题有着不同的视角，这导致 UGC 模式下很容易产生对一个问题的偏激看法，而模糊了事物的应有之义[22]，因此对 UGC 进行质量评估十分重要。总体而言，通过探索建立评价指标体系对已有 UGC 进行质量评估，有助于进一步提高互联网社会化平台中 UGC 的信息质量，帮助用户识别和利用更具价值的 UGC，改善互联网络信息环境，优化网络信息资源的组织，促进信息知识的共享，提高用户信息及知识的有效接受水平，同时提高用户忠诚度，向目标用户提供更加精准和更具价值的信息产品和服务，从而在实践应用中形成良性循环，使 UGC 创造更多的社会价值。

2.2.1 信息质量与信任

“Trust”来自古挪威语，意为“对某人或某事物的能力、可靠性的坚定信念”[59]。信任在表现内容上多种多样，在不同学科间的发展也体现出不同的特点。

对信任的专门性研究开始于 19 世纪末 20 世纪初的德国社会学家 Simmel，他指出信任是社会中最重要的综合力量之一[60]。20 世纪 70 年代后，越来越多的社会学家开始关注信任问题，德国社会学家卢曼对信任的研究比较系统，因此有人把社会学家对信任的理解划分为两个时期，卢曼以前的早期理解和以卢曼为代表的现代社会学家的系统研究[61]。卢曼从社会学的角度指出，信任是一方对另一方按照预期行事的信念，信任的本质是简化社会复杂性的机制。社会学视角下的信任研究围绕个人与社会、集体、组织之间的关系，是在社会制度之下的整体的研究，并不是将信任作为一个单独的概念。信任的本质是社会制度和文化规范的产物，是建立在制度法规或伦理道德上的一种社会现象[62]。对信任的研究是建立在社会环境与文化环境中的，无法单独抽离出来。

心理学对信任问题的研究更多是参照心理学研究范式进行的，把对信任的研究建立在个人对事件的心理活动、个人特征和心理反应等基础上。1958 年，美国心理学家 Deutsch[63]通过对囚徒困境中人际信任的实验，认为“信任的本质是对情境的一种行为反应，它是由情景刺激决定的个人心理和行为，信任双方的信任程度会随着情境的改变而改变”。这一理论开创了心理学对信任研究的先河。在此基础上，信任的问题逐渐受到心理学家的重视，研究发现个体的差异反映在对事件的应对上十分显著，在 20 世纪 60 年代，心理学家们从个体差异角度对信任进行了更进一步的研究。Rotter[64]提出信任是个体对他人言辞、承诺可靠性的一般性期望。Wrightsman[65]认为信任是个体特有的对他人诚意、可信性的一种普遍可靠的信念。信任表明了关于一个人、一个物体或者一个过程的感知可靠性的积极的信念，在此基础上，Rieh 和 Danielson [66]认为信任经常指的是一系列与接受风险和脆弱性相关的信念、倾向和行为。Chang 等[67]将信任结构与其前因和结果分离开来，把信任定义为一种心理状态，是指允许一个人根据他人意图或行为的积极期望接受弱点。

20 世纪 70 年代以来，经济界对信任问题进行了积极研究，并认为信任在信息不对称的经济活动中起着重要的作用[60]。Mayer 等[68]将信任定义为“无论监督或控制另一方的能力如何，一方当事人基于期望另一方对委托人做出特别重要的行动而愿意接受另一方行为的意愿”，这种信任的定义适用于一方与被认为会对委托人的意愿采取行动并做出反应的可识别的另一方的关系，这个定义附加了易受风险的属性，信任本身并不是冒风险，而是愿意承担风险。Cho 等[69]认为信任是指“委托人基于主观认为受托人会展示可靠行为，在限制状态的不确定下最大化委托人利益的意愿”。这是基于对受托人过去经验的认知评估的一种自愿。Yi 等[70]从在线信息质量的角度对信任进行区分，将信任概念化为人们相信某个特定在线信息提供者具有对委托人有利的属性的程度。Mui 等[71]认为信任是代理人根据他们的过往经历对另一个人未来行为的主观期望。Olmedilla 等[72]认为“因为 B 在特定时期内行为可靠，所以 A 对 B 关于服务 X 的信任是关于这一时期的可测量信念”。开放网络环境下的信任问题不同于现实社会背景生活中人际交往的信任问题，Mpinganjira[73]认为传统的信任可以基于社会性认知和情感，如人际关系、亲缘关系等，但在网络虚拟环境下的信任需要有全新的诠释[74]。信任被认为是确保团队成功和有效性的关键因素，在风险情况下人们知道采用信任作为减少不确定性的一种方法。

就信息质量与信任之间的关系而言，Chopra 和 Wallace[75]在将信任的整合模型应用在信息的网络环境中时，提到了信任在信息质量和信息使用之间扮演了中介影响的角色。他们认为信任的认知层面在信息的环境中得到较多的注意，因为信息质量指标像是信息准确性等，提供了评估信任的基础。本书认为信任是观察的结果，引导人们相信可以依赖他们的行为。信任是主观的和个人的，是不对称的，这意味着对于一段关系中的各方来说，信任在各个方向上不一定相同，值得信任是第一步，但这与被信任并不完全一致。信任也是动态的，一般来说，人们对他人或对事物的信任会随着时间的推移、了解的增多而不断变化。信任是一种基于客观事实的主观选择，信任的客体可以是人也可以是一个事物，用户对信息的信任与人际关系间的信任不同，用户对信息的信任主要依赖于信任主体对信息的评估，这不仅仅体现为对信息生产者的评估，还表现为对信息自身属性(准确性、权威性、客观性等)及其他相关因素方面的评估[76]。在对信息质量的评估中，庞大的信息量增加了复杂性，用户为了在使用信息的过程中减少失误，需要对信息质量进行多重评估，在评估过程中形成了对信任的需求。信息质量与信任的联系就在于具有较高质量的信息更加容易被信任。

2.2.2　信息质量与权威

“Authority”意为“影响他人的力量，特别是因为一个人对某事物的公认知识”[77]。大不列颠百科全书认为权威是一种社会行为者对另一社会行为者的合法影响力的行使，社会关系中的某种既定规范构成了权威[78]。权威性本来是指政治权利的不容挑战，自社会科学兴起以来，权威已成为各种经验环境中的研究主题，包括来自家庭的父母权威，学校、军队、教会等小团体领导的非正式权威，工厂组织及官僚机构、社会包容性组织、最原始的部落社会到现代国家和中心组织的政治权威[79]。

20 世纪 80 年代，Wilson 区分权威的不同基本类型，如认知权威(对思想的影响)、行政权力(对行动的影响)和机构权威(来自机构联系的影响)[80]。本章中所指的权威是在社会科学领域内的认知权威，这种认知权威不同于行政权力或以分层立场排出的权威[79]。通常在评价信息质量的权威性时，研究者更多着眼于在个人经验或者从他人那里学习而来的二手经验的基础上，建立起对认知权威性的判断。Wilson 认为人们对世界的认识主要有两种方式，一种是基于对日常世界的亲身体验，另一种是基于从别人那里学到的间接经验，即人们对超出自己生活范围的世界的了解是通过他人获得的，而并非自己亲身感知的。认知权威的价值既在于他们丰富的知识储备，从对封闭问题的回答中得以彰显，同时也在于他们自身的观点，通过对开放性问题的回答得以展现。但是人们并不认为所有从外部获取的信息都是可靠的，如果它们不符合信息搜寻者的价值观或需求，那么该观点和看法则会被拒绝，被认为权威性不充分，因而不能被判定为具有认知权威。只有那些被认为“知道它们在表达什么”的才会被公认为认知权威，因为它们在本质上是合理的，具有说服力的，所以是可信的和值得相信的。他进一步阐明了认知权威的含义，指出认知权威与可信度相关。在科学研究领域，Rieh 和 Danielson[66]认为认知权威是被认为可信的人或信息的一部分，称得上认知权威的专家不仅被认为是可信的或值得相信的，而且在其他人的思维中也具有影响力。认知权威是重要的，不仅是指他们的知识储备、观点以及对问题的建议，还有他们提出答案的正确态度或立场。Rieh[81]通过观察在网络中的搜索行为来检验用户对信息质量和认知权威的判断依据，并分别对信息质量和认知权威进行定义，认为信息质量是指被用户认为信息有用的、好的、最新的和准确的程度；认知权威则是关于用户认为他们可以信任这些信息的程度，包括信誉度、可信度、可靠性、学识渊博程度、官方程度和权威程度。

当传统的信息获取控制机制在形式和实践上发生改变时，人们评估和理解信息的方式被赋予了新的意义。互联网的迅猛发展令成千上万不受管制、没有确切来源、甚至可能是肆无忌惮的网站和文件通过网络随意被获取成为可能[82]，在许多互联网平台中，没有学术头衔或任何资质证书的限制，用户均可以对内容进行自由编撰与发布，而个体信息内容贡献者背后的真实语义复杂性是难以被获取的[83]，这使得网络信息内容的质量难以控制和监督。对于网络信息而言，Alexander 等[84]认为权威性是人们肯定创建网页信息的作者或机构在某一特定领域拥有权威性支持的延伸，因此对信息权威性进行评价时需要对信息创作者或发布者的背景资质进行了解与评价。虽然不同的网络站点使用不同的技术手段，提供不同的方法来控制消息来源的权威性以及可能用于判定信息可信度的其他因素，但也只能在一定程度上保障该网站权限范围内信息内容的权威性。在数字环境中，鉴于信息生产者、调解者和消费者之间的边界很容易变得模糊，用户个人对信息来源或信息内容的权威进行批判性反思变得尤为重要[85]。

基于 Wilson 的认知权威概念，本书认为认知权威是信息检索中质量控制的组成部分之一。通过文献调研可以发现，认知权威并不仅限于个人，它可以是书籍、文书、组织或机构，并且认知权威是基于个人的判断所表现的主观状态。就信息质量与权威性的关系而言，不难发现只有被信任的信息才会被认为是权威的，这类信息对用户本身来说往往被认为具有更高的质量。对信息权威性的判定可以看成对信息本身固有质量进行检查的一部分，在判断信息的来源或内容本身是否权威时，权威性已经作为信息质量衡量标准的一部分得到了考察。但是必须明确和强调的是，对信息质量的评估更多是从信息本身的内容和特点出发，针对特定的质量评估指标进行衡量，是在给定主题背景和评估框架下的客观考察；而对认知权威的判定则具有一定的主观性，由于生活背景、专业背景和经验的不同，用户对于权威的认知存在着偏差，一个人认为权威的信息在另一个人看来也许并非如此。因此权威是一个相对灵活的概念，从信息使用者的看法和态度出发对权威性进行考察与信息质量的评估不能完全等同，也就是说被认为权威的信息并不一定具有较高的质量，具有较高质量的信息由于认知主体的差异也不一定被识别为权威的信息。

2.2.3 信息质量与可信度

“Credibility”来自中世纪拉丁语，意为“可被信任的品质”[86]。学术界对可信度的兴趣可以追溯到亚里士多德关于修辞学的著作,特别是涉及他的精神观念、基于情绪的诉求和基于逻辑或理性的诉求。亚里士多德提出三个说服手段，即信誉证明(ethos)、情感证明(pathos)和逻辑证明(logos)，其中信誉证明指信息发出者个人的品格所产生的说服力,情感证明指调动信息接受者的情感所产生的说服力,逻辑证明指逻辑论证所产生的说服力[87]。从亚里士多德对修辞学的研究以及他对演讲者说服听众的相对能力的观察开始，人们就开始讨论可信度的概念了[66]。

社会心理学研究发现，信息接受者在说服情境下对于信息可信度的判断同时涉及信源与信息两方面。可信度常常与评估对象相关联，如来源可信度、媒体可信度和信息可信度，这反映了科学的可信度评估必须基于评估对象特征[88]。对可信度较为现代的解释来自于 Hovland，他最先认为可信度没有一个准确的定义，且常常与可信赖性、公平性、准确性、事实性、完整性、无偏狭性、深度和信息丰富性等相关概念结合在一起，后将可信度定义为来源的可信任程度，主要取决于对信息源的信任度和专业知识的理解[89]。信息源可信度是用户对信息来源可靠、可信与否的感知，社会心理学观点认为在信息内容相似的情况下，信息来源可信度越高，用户越容易接受[90]。信息源可信度具体表现为专业性和真实性，例如在信息采纳模型里，Sussman 和 Siegal[91]采用信息发布者的特征来反映信息源的可信度，Cheung 和 Lee[92]以信息处理过程为基础进行研究，认为消费者个人身份信息披露是对产品信息的完善和补充。此外，信息源的可信度还指由于信息源具有和用户信息需求主题相关的知识或经验，而使用户相信信息源能提供与需求和预期相关的客观性信息或意见的程度[93]。

传播学研究者往往关注信息源和媒体，把可信度看成一种感知特征，而在信息科学中，对信息的评价成为关注的重点，可信度在很大程度上被看成相关性判断的一个标准，研究者关注的往往是信息寻求者如何评估一个文档可能的质量水平[94]。Rieh 和 Danielson [66]提出可信度是信息质量的主要组成部分，如果人们认为信息来自可信来源，那么人们很可能会相信信息是有用和准确的。他还认为可以将信息可信度和认知权威评估看成一个持续不断的迭代过程，可信度提供了另外一种信息评估层次，可以帮助从最初被判断为高质量的文档中选择信息。Wang[95]认为当用户进行信息评估时,他们依赖于最终导致他们选择信息的各种标准，信息质量、可信度和认知权威是贯穿相关性研究的标准。Kiousis[88]指出可信度经常与评估对象相关，如来源可信度、媒体可信度和消息可信度，以此反映这些对象的评估不同。Metzger[96]认为可信度应该被定义为一个感知变量，而不是对信息或者信源质量的客观测量。Fogg 等[97]提出了评估信息系统的四种可信度表现，即假定的、名誉好的、表面的和有经验的。假设可信度描述了感知者在意识中由于一般假设而相信某人或某事的程度；名誉可信度描述了感知者由于第三方报告的内容而相信某人或某事的程度；表面可信度是指基于简单检查的可信度，例如，查看书籍封面或依赖人们使用的语言类型作为可信度的一个指标；经验可信度指的是基于第一手经验的可信度，随着时间的推移，他们的专业知识和可信度可以被评估。Savolainen[98]在研究论坛用户生成信息的质量和可信度时发现，在评估信息内容质量时，最常用的标准与信息的有用性、正确性和特殊性有关；在判断信息可信度时，主要考虑信息作者或信息发布者的声誉、专业知识和诚实度。Kim[99]认为信息可信度受来源影响很大，在缺乏机构级别的消息来源和作者隶属关系信息的情况下，信息发布者的个人资料是最常被查询的信息，随着时间的推移，证明自己在特定主题类别中具有知识和能力的答题者会在答题者中赢得强烈的信誉感，此外诚实度与专业度也成为判断信息可信度的重要线索。

信息技术的发展正不断对可信度研究产生重大影响，全新的网络环境强调有必要重新审查什么是可感知的来源，以及诸如来源、信息、媒介和接受者等传统概念之间模糊的界限。网络环境中的信息源可信度主要是在人际之间、组织中或大众媒介语境下研究不同传播者特征对信息处理过程的影响，作者的身份、地位、声誉等是个人信息源可信度评价的关键因素[88]，采用信息总数、是否认证、粉丝总数可以评价新浪微博用户信息源的可信度[100]。然而在网络环境下，信息发布者的外表特征、综合素质、个人修养、性格品行等都无法知晓，其真实年龄、收入、职业、性别、居住地等信息也无法准确掌握。Chen 等[51]认为，在互联网上分享信息或创建内容已成为一种普遍现象，但是由于互联网用户具有匿名性，保证网络信息资源的质量以及创建高质量信息内容成为挑战。通常具备相关研究领域知识的信息提供者会被认为是具有高可信度的信息来源，如知乎中的大 V、已认证学术机构、公众号等，在强调以用户为中心的在线购物社区中，信息源的可信度可利用信息撰写者在该领域的专业性和撰写者个人的可信任度和可靠性来进行测量。研究发现信息来源的专业性不仅影响口碑信息的传播，还会影响用户对产品品牌的态度，Hu 等[101]认为网络信息的传播者自身的专业知识、购物的活跃程度和网购经验等特征会持续影响网络信息的有用性，Twitter 社交网络用户的可信度可以从专业度和声誉两个维度进行评价[102]。此外，信息内容可信度作为用户对信息对象本身的可信度感知[66]，是网络信息可信度评价的重要指标。例如，信息内容的专业度、时效性、准确性和相关度等会影响可信度评价[103]；信息内容的语义特征(如准确性、全面性、中立性等)和表面特征(如长度、参考文献、图片、写作风格等)也会影响可信度评价[104]。网络环境为信息的传播提供了丰富的媒介和渠道，媒介可信度对信息可信度的影响同样不可忽视。网站的页面设计、加载速度、界面吸引力、可用性、可访问性、交互性和灵活性等技术因素会影响用户的可信度感知[103]；媒介依赖、交互性和媒介透明性在信息可信度中扮演了重要角色[105]。

本书认为，信息科学领域的可信度研究侧重于信息的可信度而并非信息发布者，信息的可信度不是信息或者信源本身的属性，而是信息接收者对接收到的信息进行感知之后做出的判断，是一个高度主观的判断过程，但是可信度判断的标准很大程度上受信息或信源质量的影响。对可信度进行评价时常常参考信息来源的客观性、完整性和真实性等，并且将可信赖性作为度量可信度的核心标准，但是可信赖性并不完全等同于可信度。同样的，可信度在大量的文献研究中被作为信息质量评估的重要指标之一，可信度表现的是信息可以被信任的程度，可以在一定程度上反映信息质量。用户对信息可信度的感知是对信息质量感知的一个重要组成部分，用户感知可信度较高的信息通常被认为是可信赖的、优质的信息。因此，在对信息质量进行评估时，常常对不同来源的信息进行标注，赋予信源不同的权重；在控制不同社区的信息质量时，通过增强高可信度信源的搜索可见度来对信息质量进行保障。然而，高可信度并不完全等同于信息高质量，对信息质量的感知仍需考虑用户的价值偏好和真实的信息需求，信息质量的判断是一个复杂的过程，可信度只能作为一个重要指标为信息质量的评估提供参考，而无法等同或取代信息质量评估的复杂过程，在作者看来，对信息质量的评估可以参考可信度及其相关联的各个指标，同时也必须结合信息生产过程以及背景等因素进行全面考量。

2.3　信息质量评估测度理论框架

信息质量是由信息资源质量各属性构成的集合，经由多个质量维度的取值情况表现和确定，信息质量问题贯穿于信息资源管理的各个阶段，在信息时代，信息质量问题成为影响决策的核心问题之一,对信息进行评估是有效管理信息资产、控制信息资源质量的必要环节。信息质量评估为确定信息资源使用价值大小提供理论依据，直接影响着信息资源的利用和信息资源价值的实现，由于信息的多维复杂性，对信息质量的可靠评估需要从全方位、多角度出发，而随着对信息质量认识的不断深入，信息质量评估逐渐由判断信息资源好坏的客观标准发展成包含用户主观价值取向在内的多个因素的结合，对信息质量的有效评估不仅需要建立科学的评估体系，还有赖于科学的理论模型支持。基于对信息质量的不同理解和不同学科背景，采用科学的理论和规范的方法对评估对象进行测度与评判，才能形成对信息质量评估的可靠性结论，从而为信息资源的有效利用和价值实现奠定坚实基础。

2.3.1　详尽可能性模型

详尽可能性模型(elaboration likelihood model，ELM)源于学者企图解释由交流引导的态度改变的持久差异性，是社会心理学家 Petty 等[106]于 1984 年提出的，也被称为双路径模型，是消费者信息处理中最具影响的理论模型，为研究消费者对劝服的感知信息可信度的影响因素提供了坚实的理论基础。该模型认为人们对劝服的行为与态度变化存在两条路径，即中心路径和边缘路径，如图 2.1 所示。

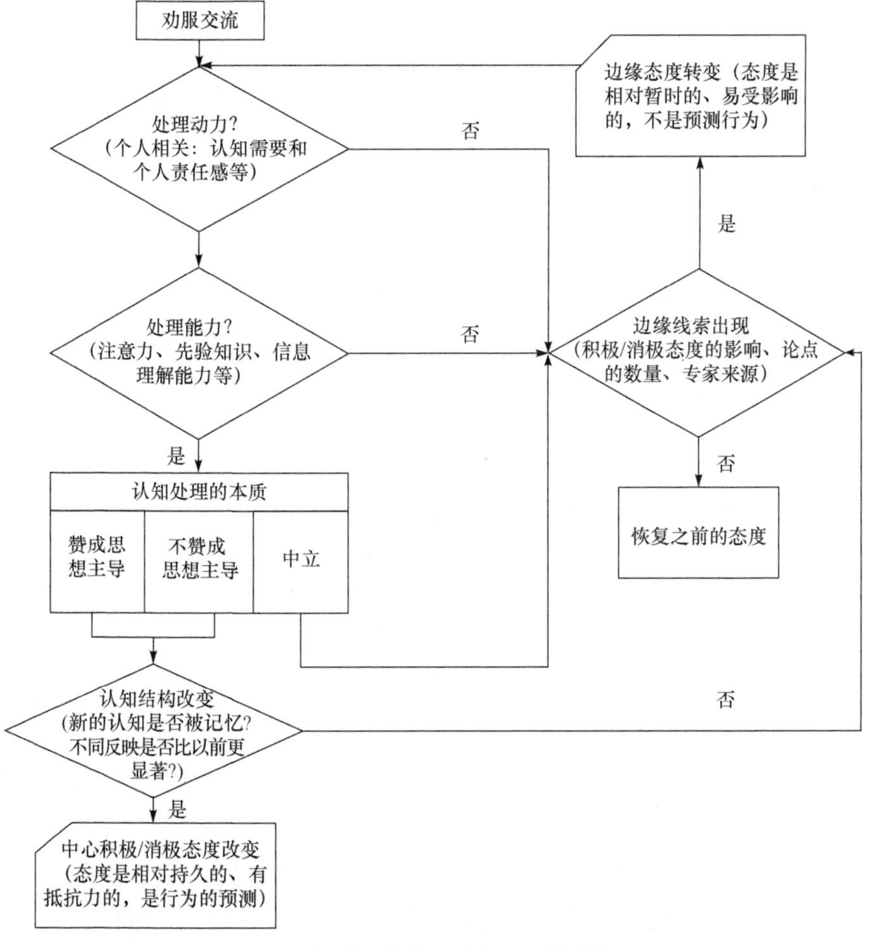

图 2.1　劝服的中心路径和边缘路径

中心路径是人们对支持者所呈现信息的实际价值进行仔细和深入的思考后得出的，如信息的内容质量；边缘路径是当人们感知信息可信度时，没有对所呈现信息的实际价值进行必要的审查和分析，而通过一些简单的线索提示和自我感觉[107]。两路径相比，中心路径产生的态度行为相对更持久。详尽可能性模型认为，当用户具有较高的专业知识能力时，用户主要通过中心路径去评价信息；当用户具有较低的专业知识能力和动机时，用户则会通过边缘路径去评价信息。在详尽可能性模型中，由于用户的能力和动机存在差异，一个影响因素会通过不同的心理过程影响用户的态度。

在 Petty 和 Cacioppo 研究的基础上，Bhattacherjee 和 Sanford[108]将详尽可能性模型与技术接受模型(technology acceptance model)结合，研究发现质量和信源可信度会影响用户的使用意向，通过比较详尽可能性模型的两条路径，分别使用论据质量和来源可信度进行观察，并与感知的有用性和用户态度相关联，利用详尽可能性模型研究了外部过程如何影响潜在用户对信息技术的接受度。Li 和 Suh[105]利用详尽可能性模型研究得出信息的内容可信度和媒介可信度对信息可信度存在着影响。Filieri 和 Mcleay[109]通过详尽可能性模型对影响在线评论采纳的因素进行探究，研究发现与信息质量相关的中心路径和与排名相关的边缘路径会影响消费者对在线评论的采纳程度。Angst 和 Agarwal[110]将个人对信息隐私的关注与详尽可能性模型集成在一起，论证了态度变化与用户选择加入医疗信息化的可能性之间的关系，发现使用适当的信息框架可以积极地改变用户态度。Sher 和 Lee[111]基于详尽可能性模型研究了消费者怀疑论对在线消费者的影响，他们发现持高度怀疑态度的消费者倾向于将态度转变为内在信念而不受情境因素的影响，他们偏向于相信某些类型的信息而对信息客观质量无动于衷。Song 等[112]基于详尽可能性模型探讨在不同健康素养和个人参与水平下，质量线索、吸引力线索和情感极性这三种信息线索对健康谣言可信度的影响，健康谣言的质量线索和吸引力线索对可信度有负面影响，毁灭性健康谣言比期望性谣言更可信。健康素养在质量线索与健康谣言可信度之间存在显著的负向调节作用，个人参与在吸引力线索与健康谣言可信度之间存在显著的正向调节作用。详尽可能性模型为用户对劝服的感知信息可信度的影响因素研究提供了坚实的理论基础，被广泛应用到心理治疗和咨询、传播学、管理学以及市场营销等诸多领域。

2.3.2 认知权威理论

“权威”一词涉及哲学、教育、心理学、政治、法律和信息科学等诸多学科领域。George[113]认为“权威”包括感情方面的认知权威和执行方面的义务权威两层含义。在此基础上，Wilson[114]对两种“权威”进行了进一步区分，认为“认知权威”是对一个人认为某事正确而施加的影响，“管理权威”是处于某职位的人要求某人执行某事的权利。在 Wilson 看来权威区分不同类型，例如，认知权威是对思想的影响，行动权威是对行动的影响，机构权威则源自机构隶属关系的影响。他提供了一个对认知权威的基本定义，即认知权威是一种思想影响，使人们有意识地认知到它是对的。他进一步阐明认知权威的含义时指出认知权威与可信度有关，而可信度主要由能力和信任度两个方面组成，Wilson 最终将作品的认知权威直接与其作品的可信度相联系。

Rieh 和 Belkin[115]认为人们在搜索“有用”信息时，通常将其行为置于质量和权威性概念基础之上，他们基于认知权威理论，将关注点放在信息质量和权威的学者的判断上，从与网络环境中的信息进行交互的用户的角度来研究信息质量和权限问题。Fritch 和 Cromwell[80]认为互联网没有对信息进行严格的过滤，许多人无法正确评估网络信息的原因在于缺乏对问题背景评估和权威性的理解，因此他们依据 Wilson 的认知权威理论通过建立模型和评估标准将适当数量的认知权限分配给网络信息，从而实现了对互联网信息的评价。在另一项研究中，Fritch 和 Cromwell 探讨了将认知权威赋予互联网信息的重要性并为赋予权威提供了基本的评估标准[116]。Wilson 的认知权威理论为由个人决定特定信息或其来源是否权威提供了一个基础框架；但是认知权威理论将权威视为个人信息搜寻者的稳定评价方式，这一观点可能无法完全考虑到特定情境下官方的、合法的、主流权威的运作方式。在此基础上，Mckenzie[117]结合对事实建模和定位理论的建构主义方法，通过对特定信息搜寻者的访谈记录进行分析，提出用以理解信息搜寻者表示和证明信息来源权威的策略。Savolainen[118]通过一项媒体可信度和认知权威的定性研究，对芬兰 20 名环境活动家进行半结构化访谈，通过定性内容分析对访谈数据进行检验，同时不断比较媒体公信力和认知权威的表述，研究发现对媒体信誉和认知权威的看法往往取决于正在流行的话题，但可感知的媒体信誉与认知权威的确显著地决定着信息源的选择。

在信息检索领域，本章关注的权威主要是认知权威，如何评价和理解从外界获取的“二手知识”本质上就是认知权威的问题。认知权威理论认为，“认知权威”与“可信性”密切相关，本章认为可信的人构成了我们潜在的可以借鉴的认知权威；在信息检索领域文本内容的认知权威概念维度可以概括为个人权威(作者)、组织权威(出版商)、文本类型权威(文件类型)和内在合理性权威(文本上下文)。Wilson 的认知权威理论与信息质量评估方法的“可信性”指标密切相关，除了用于信息质量评估，在人际关系、知识行业、日常生活和信息检索等方面也有着广泛的应用。

2.3.3　价值增值模型

传统信息领域的各项研究一直将重点放在技术、组织和系统上，而对人类行为者及其需求的关注则在相对较晚的时候才出现。随着研究领域的不断演化，社会技术系统设计的概念中提出了系统用户参与系统设计、开发与实施的假设，1982年，Taylor 将增值过程的概念引入信息科学领域，强调了信息科学研究对人类行为者需求的关注，他认为信息系统的设计主要是基于信息技术，而忽略了人类需求，因此对人类行为者的实用性受到限制。为了解决信息系统设计的这种缺陷，Taylor 提出从根本上改变系统设计的角度，以支持人为需要为中心，以相对人为需要的增值过程为重点，了解人类行为者的处境以及不断变化的需求和环境。Taylor 认为信息系统是由一系列正式过程组成的，这些过程可以增强正在处理的特定消息的潜在效用，即增加价值，因此必须投入精力、时间和金钱来将无用或效用价值较低的数据转换为支持，这是一个增值过程。由于最终有用性(即价值的确定)必须由用户决定，所以有必要描述问题发生的环境、解决问题需要的信息等。通过对背景环境的了解，我们可以更好地了解用户在使用信息系统时对其收益和成本的看法。在价值增值模型中，Taylor 认为价值不是固有的也不是承载在消息中的，而是在特定的语境中展现出来的。用户在特定的环境中将消息与任务或者解决问题联系起来，这才具有了潜在价值；而有用性则意味着用户可以选择特定的消息立刻进行使用或者存储以供未来使用[119]。

Taylor 在用户指标的六个分类(使用方面、降噪、质量、适应性、节约时间和节约成本)中识别了 23 种价值。根据模型，在这些附加价值中有一些是有形的、可以感知的，比如索引项、反馈显示、格式等；而其他的附加价值，如准确性、货币性、可信性是无法确定的。Taylor 将质量定义为“与优点相关或者在某些情况下标注真实性的用户标准”，并标识了评价质量的五个价值。在他看来，这些有关质量的指标多是无形的价值，这些无形的价值是通过时间和名誉而逐步获得的，Taylor 关于五个价值的解释如表 2.1 所示。

表 2.1　Taylor 关于五个价值的解释

价值指标	解释
准确性(accuracy)	通过系统过程实现价值增值，确保数据和信息的无差错传输
全面性(comprehensive)	通过一个特定学科范围或者一种特定形式的信息的完整性实现价值增值
流通性(currency)	通过系统获取数据的最新情况、系统在访问词汇过程中反映当前思维模式的能力实现价值增值
可信性(reliability)	用户在系统质量与其输出的一致性方面的信任
有效性(validity)	呈现给用户的数据或者信息被判断为可靠的程度

从他的解释中可以推断，准确性、流通性、可信性和有效性与数据、信息以

及信息系统的输出物有关，而全面性与信息系统有关。值得注意的是，这五个指标不仅在别的研究中被频繁提及，而且这五个方面的指标与有关用户相关性标准在信息质量方面的研究相当一致。Taylor 的价值增值模型为数据、信息以及信息系统的评估提供了基本框架。

2.3.4　突出解释理论

突出解释理论(prominence-interpretation theory)[120]是从斯坦福劝服技术实验室关于网络可信度的定量研究中逐步成长起来的。图 2.2 展示了突出解释理论的关键组成部分，该理论分为“突出”和“解释”两个部分，“突出”指的是网站元素被察觉或感知的可能性，“解释”指的是人们对网站元素的判断。

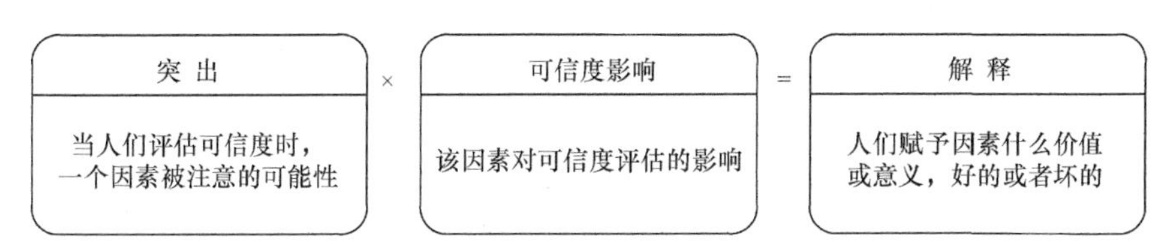

图 2.2　突出解释理论的关键组成部分

突出解释理论认为人们在评估网络信息可信度时会有两件事情发生，一是用户注意到某事(即突出部分)，二是用户对该事件进行判断(即解释部分)，如果这两件事中的任何一件事没有发生，就不能构成可信度评估。当人们评价网站时，注意到突出元素并对其做出解释的过程将会多次发生，突出解释是一种有组织的共有意识。

在网站的可信度评估的影响因素方面，突出解释理论认为影响“突出”的至少有五个因素，分别为用户参与、网站主题、用户目的、用户经验和个人差异；影响“解释”的主要有三个因素，分别是用户思维预设、用户的知识和技能、用户所处的背景或语境。在“突出”方面，占主导地位的影响因素是用户参与，当用户有较高水平的参与动力时，可以注意到网站更多的元素；当用户兼具参与动力和参与能力时，更多的网站元素将跨越不被注意的门槛而变得被注意。在“解释”方面，用户自身所处的文化背景在对网站元素进行判断和评价时将发挥重要作用，如面对相同的新闻，不同文化背景的用户可能产生积极或消极两种截然不同的反应；此外，用户自身所处的环境、任务环境和用户期待等也会对网站的评价产生影响。突出解释理论认为，在大多数情况下，用户会迅速注意到网站组成元素并对其进行评估，但当用户在全面评估网站可信度时会在潜意识中不断重复关注和评价网站元素，直到得到他们满意的可信度结论或者遇到一些障碍(例如时间或技能不足)被迫停止。

突出解释理论具有解释和预测的能力，不仅可以对之前网站可信度相关的研究结论进行解释，还可以预测未来网站可信度方面的研究重点和切入点。Fogg 认为突出解释理论解释了 1999 年完成的一项研究中的结果，该实验表明用户的信息需求越关键，印刷错误对网页可信度的负面影响就越大，突出解释理论则可以简练地将这一发现解释为用户参与度的增加导致该站点印刷错误的突出性。此外，突出解释理论也具有预测价值，该理论认为未来的可信度研究可以从研究用户参与、网站主题、用户任务等方面展开，为了更好地研究“解释”部分的影响因素，未来的突出解释理论研究应该注重用户背景、专业知识等。突出解释理论开辟了新的理论基础，为网站可信度的理解奠定了基础，同时其理论解释可以转化为实用见解，从而帮助人机交互(human-computer interaction，HCI)专业人员进行可信网站的设计。

2.3.5 信息使用环境理论

Taylor 的信息使用环境理论是在 Rosenbaum[121]关于信息行为的概念基础上提出的，他认为消息的价值只会出现在相关背景环境中，而信息系统或信息技术的相对有用性将由位于背景中的人类参与者决定，与环境无关的信息系统或信息技术几乎无法满足人类行为者的需求，因此在设计信息系统和信息技术时，需要清楚地了解它们可能在特定背景下为人类行为者提供的相对价值，这些特定背景可能是地理、组织、社会、思想或文化背景[122]。

信息使用环境理论(information use environments，IUE)认为，信息使用不仅依赖主题或者依赖于信息内容很好地贴合主题，还依赖于用户工作环境或者组织环境特征。信息使用环境理论是直接面向用户的信息使用行为的，IUE 是一个以用户和情境为中心的分析框架，主要由四类要素构成，即用户及其特征、组织环境和条件、待解决的问题以及解决问题的方式，这些要素能影响信息在任何实体间的流入和流出，以及决定信息价值判断的准则[123]。信息行为，诸如数据导向决策制定(data-driven decision making，DDDM)，被以下几个因素影响，分别是：对信息单元角色和工作性质有共同假设的人；以判断信息有用性维度为特征的问题；影响个人对信息、信息可用性和价值的态度的工作环境；对个人信息查询强度和个人所需信息种类预期问题解决办法的看法[124]。Taylor 运用 IUE 框架对工程师、立法人员以及临床医师三类职业人群如何搜寻信息、判断信息的有用性进行了解释。Luo[124]利用信息使用环境理论分析了 183 位高中校长制定决策的过程以及影响决策制定的因素，发现在决策制定过程中的不同背景环境影响着不同维度数据的使用，诸如感知数据质量和数据分析技能等与人相关的因素在解决教学和组织运作相关的管理问题上有着直接作用。就学术信息行为而言，Zuccala[125]认为科学家进行研究的实验室、办公室和网络环境等都可以作为一种信息使用环境。Shim 和 Park[126]则基于 IUE 探讨了科学家出于学术目的使用电视节目信息的情况，并解释了 IUE 在学术信息行为语境下的涵义。

IUE 是用于组织、描述和预测各种环境中既定人群信息行为的基础模型和有用工具。IUE 在研究信息行为的基础上进一步发展，可以用来研究环境如何决定信息需求、获取和使用。目前，IUE 已被广泛应用到不同的研究领域，用于确定和预测影响不同职业和企业家信息行为的因素，也为群体或者组织的信息行为研究提供了十分有用的框架。

2.4 信息质量评估的实践应用

2.4.1 Michigan Checklist

2.4.1.1 Checklist 简介

Checklist 是一种启发式评估方法，其主要原理是提取已有的理论、研究结论、设计原则、标准和行业准则等相关的元素，由具有相关实践经验的人根据这些元素制定 Checklist，评估人依据 Checklist 列出的条目对评估对象进行全面评估，具体地说，根据评估标准，用户需要回答一系列旨在涵盖每个标准的问题，从而获得评估对象是否符合这一标准的结论[96]。

Checklist 的应用在实际生活中较为便捷灵活，只需要根据既定的原则或标准对评论对象进行全景式审查，衡量评论对象的设计和所含内容是否符合这些原则和标准，通过这种审查往往能快速找到评论对象本身存在的违反原则和标准的设计漏洞，从而对其质量或者价值进行有效的评估。此外，根据评估对象特征而有针对性地制定适合的 Checklist，这一特征使得利用 Checklist 进行评估的方法应用范围十分广泛。此外，高质量的 Checklist 用以指导评估实践可以达到提高评估卓越性的效果，将 Checklist 方法与专业性评估相结合往往能得到较为权威准确的评估结论。例如，在制定了科学、全面、权威的 Checklist 之后，分别由领域内的多位专业人士根据 Checklist 对评论对象进行评分，然后将评分结果进行综合以抵消评估中可能存在的个人偏见，从而得到较为专业严谨的 Checklist 评估结果。

2.4.1.2 Michigan Checklist 评估工具

Michigan Checklist 评估工具是 Checklist 方法在质量评估领域中的典型应用，是针对健康网站质量评估而设计的一种评估工具。Michigan Checklist 由密歇根大学于 1999 年开发的，最初由美国自然科学基金进行资助，作为一个公众健康网站评价工具，其全称为 Michigan Consumer Health Web Site Evaluation Checklist，主要用以评价健康网站的信息内容及其应用，共包含 11 项主要评价指标，涵盖了权威性、时效性、信息内容、资源范围筛选标准、受众、价值、准确性、广告、导航、速度和可访问性等质量特点。

在每一项衡量指标中，都设置一系列 Yes/No 问题，用户需要结合自身使用网站的经验对问题进行回答，根据用户答案对每项问题进行不同权重地赋分，通过综合得分来展现该网站内容在各衡量指标上的表现。例如，在衡量网站提供信息的权威性时，用户需要回答“网站是否提供作者或凭证信息/网站是否提供出版商或机构的联系信息”，肯定答案获得两分，否定答案减去两分。

Michigan Checklist 针对 11 项评价指标共设有 43 个 Yes/No 问题，根据每项问题答案的赋分可以将网站所获分数分为五个等级，该等级代表着 Michigan Checklist 工具的评价结果，其中 0～25 分对应等级“Poor”，26～50 分对应等级“Weak”，51～60 分对应等级“Average”，61～70 分对应等级“Good”，71～80 分对应等级“Excellent”。

2.4.2 TrustArc

2.4.2.1 TrustArc 简介

TrustArc 是一家位于美国加利福尼亚州旧金山的企业，以其在线隐私封条闻名于世，该公司经营着世界上最大的隐私密封方案，为 3500 多家网站提供认证，包括领先的门户网站；除隐私密封方案外，TrustArc 还提供包括网站的声誉管理、隐私政策指导、供应商评价和消费者隐私的争议解决等专业服务[127]。

TrustArc 从 1997 年成立到现在，已经有 20 余年的隐私创新发展历程[128]。它在成立之初名为 TRUSTe，是一个非营利性的行业协会，推出了网站隐私认证。2000 年，启动安全港隐私评估。2001 年，推出儿童在线隐私保护法案(children’s online privacy protection act，COPPA)。2008 年，TrustArc 转换为风险支持的营利性公司。2010 年，推出 TRUSTed Apps 隐私认证，并任命 Chris Babel 为首席执行官。2011 年，推出数字广告联盟(Digital Advertising Alliance，DAA)在线行为广告(online behavioral advertising，OBA)合规经理和 TRUSTed Cloud 隐私认证。2012 年，TRUSTe 推出消费者研究系列和网站监测，随后使移动广告启动 DAA OBA 合规化。2013 年，推出欧洲互动数字广告联盟(European Interactive Digital Advertising Alliance，EDAA)认证和图标管理器和亚太经济合作组织跨境隐私规则(cross-border privacy rules，CBPR)系统。2016 年，TRUSTe 更名为 TrustArc，这个新名字反映了 TRUSTe 从认证公司向提供技术支持的隐私解决方案的转型，加强了 TRUSTe 在过去二十年中开发的深度隐私专业知识，同时使 TRUSTe 不断扩展并采用新技术的解决方案。

2.4.2.2　TrustArc 数据隐私管理平台

TrustArc 由全球性团队进行支持,帮助全球 1000 多位客户(公司)展示合规性,同时最大限度地降低风险并建立信任。TrustArc 通过集成技术、咨询和 TrustArc 认证解决方案为隐私合规和风险管理提供支持,并解决隐私计划管理的所有阶段。TrustArc 提出的解决方案的基础是 TrustArc 隐私平台,它提供了一种灵活、可扩展且安全的隐私管理方式。通过多行业和客户使用案例的运营经验以及他们的服务,TrustArc 技术平台深厚的隐私专业知识和经过验证的方法论得以巩固,并在过去的二十年中通过数千个客户项目不断提高。

TrustArc 数据隐私管理平台是一个全面的技术解决方案,旨在帮助企业或组织在隐私计划的各个阶段,跨辖区和整个企业范围内使用[129]。该平台及其每个模块都是集成和可扩展的,所以它们从一开始就一起工作,随着公司需求的变化与企业一起成长。作为 SaaS 解决方案,它易于实施和支持。TrustArc 数据隐私管理平台各个功能模块如下。

①数据流管理器:通过使用数据流管理器(data flow manager)强大的拖放引擎,轻松创建组织业务流程的可视化数据映射。生成遵从性报告,如《通用数据保护条例》(general data protection regulation,GDPR)第 30 条报告,以及来自数据清单的记录。TrustArc 的安全解决方案创建一个可操作的数据清单和跨业务流程的数据流映射,帮助用户最小化风险并满足包括欧盟《通用数据保护条例》在内的规则。

②评估经理:快速评估用户的实践在哪里和为什么不符合规则,并定义补救的路径。工作流工具帮助用户简化 PIAs,并根据适用的策略和规则对用户的实践进行在线检查。

③Cookie 许可管理器:通过一个应用程序解决欧盟 Cookie 遵从性问题,该应用程序使消费者能够方便地提供对收集和使用其个人信息的同意。同意书管理工具和用于报告的自助门户也很容易使用。

④网站监测经理:识别、限定和管理跨所有 Web 属性的跟踪技术。TrustArc 帮助用户跟踪 Cookies、flash Cookie、网络信标、像素标签和第三方供应商,可能把他们放在用户的网站上。TrustArc 还使用专有算法和隐私敏感指数评估第三方追踪器的风险。

⑤直销同意书经理:直销同意书经理提供了一个强大的、可伸缩的、灵活的解决方案,以解决 GDPR 直销同意书的遵从问题。在 TrustArc 托管的数据库中收集和存储同意书信息,以支持与操作和遵从相关的请求。

⑥个人权利经理:在 GDPR 下,各组织必须向数据主体提供与其个人信息相关的各种个人权利,包括访问权、纠正权或删除权、处理限制和数据可移植性。

个人权利管理器的设计是为了支持对这些需求的遵从。

⑦争议解决经理：有效地管理消费者隐私纠纷，减少无意的侵犯行为，如网页更新或其他新措施。TrustArc 帮助促进消费者隐私投诉，并帮助用户解决程序包括隐私保护盾。

⑧广告合规经理：确保在线行为广告遵守 TrustArc 的广告隐私解决方案。它得到了 DAA、EDAA 和加拿大数字广告联盟(Digital Advertising Alliance of Canada，DAAC)的批准，并帮助用户在经过 Cookie 和非 Cookie 的环境中访问移动和桌面用户。

⑨平台集成选项：与各种现有应用程序集成，并从多个安全和可伸缩的托管环境中进行选择。

2.4.3 HONcode

2.4.3.1 HONcode 简介

在与世界卫生组织的官方关系中，非营利组织“网络健康”(Health On the Net，HON)提倡在网上发布透明和可靠的健康信息，HON 成立的目的是鼓励为患者、专业人士和公众传播优质的健康信息，并通过互联网方便地访问最新和最相关的医疗数据。HONcode 是在线医学健康信息领域内发展历史较长、实际商业使用较为广泛的一套准则，目前已经被 102 个国家的 7300 多个认证合格的网站使用。

随着数字世界的发展，HON 开发了一个扩展来帮助用户识别可靠的网站，即 HONcode 工具栏[130]。为了评估已要求认证的网站，HON 团队在使用 HONcode 工具时采用了以下八项原则：①权威性——在本站提供和托管的任何医疗或健康建议，将仅由经过培训和合格的医疗专业人员提供，除非明确声明所提供的建议是来自非医疗合格的个人或组织；②互补性——本网站提供的信息旨在支持而不是取代患者/站点访问者与患者/站点访问者的医生之间存在的关系；③隐私政策——病人和访客的个人信息是保密的，本网站的拥有人承诺会遵守适用于该服务器所在国家(以及任何镜像站点)的医疗信息保密法律要求；④归因和日期——网站上提供的信息的来源被明确地提到，包含到原始来源的超链接，最后修改内容的日期必须出现在 Web 页面上；⑤可辩解性——任何有关某一特定治疗、产品或商业服务的利益或性能的索赔都将得到适当和均衡的证据的支持，并根据第四原则进行引用；⑥透明度——该网站的创建者旨在以尽可能透明的方式提供信息，并为进一步寻求信息或支持的访问者提供联系信息。这个地址(电子邮件)必须清楚地显示在网站页面上；⑦财务披露——网站的财务支持必须明确，包括为网站提供资金、服务或材料的商业和非商业组织的身份；⑧广告政策——该网站将明确表明广告是否是资金来源；网站所有者将简要介绍所采用的广告政策；广告和其他宣传材料将清晰地呈现给用户，以区别于管理网站的机构所创建的信息。

2.4.3.2　HONcode 认证

HONcode 认证[131]是一种旨在提供优质健康信息的伦理标准。它的优势表现在以下几个方面：把用户的网站和组织插入一个受限制的 HONcode 认证网站社区；为用户提供对站点的信心，传达信任的正面信息，从而增加访问者的满意度；突出不足，提高网站质量；通过独立审计证明对质量的承诺；通过增加网站体验的工具和建议提供持续的评估和改进，作为结果，用户团队的辛勤工作将得到奖励，以满足高质量的指导方针和持续改进过程；由协会使用，而非营利组织、政府和公共机构、患者和家庭以及世界各地的卫生专业人员，以确保有关透明度的共同规则。

HONcode 认证的第一年完全免费。HONcode 团队完全免费提供初始 HONcode 审核，并尽可能多地进行审核，以使网站尽可能符合 HONcode 标准，并且认证适用于健康网站。年度重新评估过程是基于贡献的计划，金额根据网站类型及其可见性计算。

HONcode 认证过程包含不同的阶段[132]。第一阶段，用户需要使用 HONcode 认证的在线表格来申请自己的健康网站的认证，同时验证八个 HONcode 原则是否适用于该网站；第二阶段，HONcode 认证的专家团队将对用户申请认证的站点进行评估，并针对该站点提出所需要的任何修改意见；第三阶段，根据 HONcode 认证专家提供的解释，用户可以实现必要的更改，以使自己的站点符合八个 HONcode 原则；第四阶段，如果用户的站点是通过 HONcode 认证的，用户将收到印章和相关证书。

对于在互联网上搜索健康信息的用户来说，健康网页的数量和不同的质量令人生畏。但是有了 HONcode，用户很容易将高质量的网站与低质量的网站区分开来。用户在浏览网页时，就很容易识别出那些在主要搜索引擎(谷歌、Bing 等)的搜索结果中被认证的网站。只在经过 HONcode 认证的网站中进行搜索，这样就会找到值得信赖的网站。虽然 HONcode 不能保证网站提供的医疗信息的准确性及其在任何时间的完整性，但拥有 HONcode 认证可让网站通过发布客观和透明的信息来证明其有意为优质医疗信息做出贡献。

2.4.4　PICS

2.4.4.1　PICS 简介

互联网上充斥着内容庞杂的海量信息，其中大量不良信息对用户产生严重困扰，同时也对互联网用户的认知能力提出严峻考验。互联网具有开放性、动态性和国际性等特点，并且互联网是为众多价值观迥异的社区和群体所服务的，这一事实说明了从源头上控制网络不良信息的想法是不现实的，并且也不符合信息自由流动和互联网发展的需要；但在网络信息与用户之间增加一层控制有害信息的机制，则相对比较容易实现，这也是许多分级过滤软件开发的基本思路。

为了保护用户尤其是儿童免受网络不良信息的侵扰，加强行业自律和减少来自政府部门的干预，不少机构运用一定的分级体系对网络信息进行分级，并利用分级标记过滤不良信息。但由于缺乏协调和合作，在如何对网络信息进行标记、标记结果如何使用等问题上存在许多分歧。为此，万维网联盟(World Wide Web Consortium，W3C)于 1995 年 8 月组织包括 MIT、IBM、Microsoft 在内的当时互联网主导力量，基于以下两个基本目的：①使用户易于找到合适的互联网内容；②使用户有效规避他们认为不合适或不想要的互联网内容，而共同商讨制定一套技术规范，即互联网内容选择平台(platform for internet content selection, PICS)[133]。这一技术规范旨在简化标签方案以及相关内容选择和过滤机制的创建及访问，从而允许各种人员和组织以最适合其观点和立场的方式对网络内容进行分级标记，这些标记具有易于建立和存取的特点，从而便于用户根据需要滤除网络不良信息。

2.4.4.2　PICS 实践应用

PICS 并没有制定一个具体的分级体系或开发出一套过滤软件，而只是规定了分级标记的一般格式和发布方法，从而在各种分级体系和过滤软件之间建立起一个平台，使各种与 PICS 规范兼容的分级标记易于被运用 PICS 规范开发的过滤软件所处理[134]。

PICS 使用元数据为网页添加标签，帮助用户控制可以在互联网上访问的内容。在 PICS 技术规范的框架下，各级分级机构都可以采用自己的分级体系对同一信息进行分级，使分级标记结果既能充分反映信息观点和价值取向，又能充分满足用户多元化的信息需求。

PICS 提供自我评估和第三方评级等服务。无论是网页制作者、网络用户还是第三方机构，都可以按照一定的分级体系对信息进行分级，允许内容提供者自愿标记其创建和发布的内容；同时也允许通过多样化、独立的标签服务将其他标签与广大用户所创建和发布的内容相联系。用户可以建立个性化的标签系统，也可以使相同的内容从不同的用户中获得不同的标签。

PICS 分级标记产生后，凡是遵循 PICS 技术规范开发的软件都可以对其进行处理，从而避免了大量的重复劳动。分级标记既可以嵌入在源文件内，也可以保存在单独的文件或数据库中。PICS 认为开放标签平台能够维持和加强互联网活力与多样性，同时也能帮助用户特别是家长和老师对内容进行评价和控制，从而控制和监督儿童所能接受和访问的信息，在保证儿童不受不良信息侵扰的同时，使个人、团体和企业尽可能访问广泛的互联网内容。

1996 年以后，PICS 的一系列技术规范相继出台，从而使 PICS 在不同层次的网络产品中都得到应用，包括了网络浏览器、防火墙和大型服务器等，许多分级机构如 SurfWatch、NetShepherd、CyberPatrol、RSACi、SafeSurf 等都采用 PICS 的技术规范标记网络信息，IE、Netscape 等浏览器也利用 PICS 分级标记对网络内容进行审查，一些与 PICS 技术规范兼容的过滤软件和搜索引擎也被开发出来。PICS 不仅帮助用户在满足用户可信标准前提下筛选或选择信息，同时它还要求网站开发商标注所发布信息的内容，用户可以通过标签来判断信息的质量，其典型的应用有 MedPICS 等。除了用于过滤网络信息，提高所获取信息的针对性外，PICS 还可以通过标记内容较为便捷地了解用户的兴趣和爱好，然后有针对性地将信息推荐给用户；此外 PICS 标记根据信息内容赋予相应的类目和级别，具有信息导读的功能，还可以将网络信息系统地组织起来，提供按类目级别进行编排、组织和检索的途径；利用内容标记，还可以评价网站、网页和内容提供者的声望。由此，PICS 在过滤网络信息、保护儿童不受有害信息侵扰、评估信息质量、加强行业自律等方面都产生了巨大而深远的影响。

2.4.5 DISCERN

2.4.5.1 DISCERN 简介

DISCERN 是由英国国家医疗服务体系(National Health Service，NHS)资助，1999 年由英国牛津大学医学研究所公众健康和初级卫生保健部研发，是首个由用户评价网络健康信息的工具，共设有 16 个问题，涉及健康信息的可靠性、与治疗方案有关的信息质量以及对健康信息的总体评价。评分采用五级量表。DISCERN 作为一项专门评价疾病治疗方案选择的工具，主要强调信息的可靠性，注重健康信息的内部特征且关注的层面更加具体，要求网站描述所有治疗的作用机制、疗效和风险，清楚地说明可能有的其他治疗选择，不治疗会发生什么，治疗选择对生活质量的影响等。

目前有许多关于治疗选择的书面消费者健康信息可从各种来源获得，包括互联网。并非所有这些信息都是高质量的，只有一小部分基于良好的证据。许多可用的出版物提供了不准确或令人困惑的建议，并且可能很难知道使用哪些信息以及丢弃哪些信息。DISCERN 是一种经过验证的健康相关网站书面信息评级工具，医疗保健专业人员和公众可以使用它来评估互联网上的内容质量[135]，同时，DISCERN 还可以促进新的、高质量的、基于证据的消费者健康信息的产生。

2.4.5.2　DISCERN 实践应用

DISCERN 评级工具由 16 个问题组成，如表 2.2 所示，前八个问题涉及内容的可靠性，后面七个问题涉及治疗选择的具体细节[136]。这些问题的评分范围为 1～5，其中，1 表示“不”，2 表示“部分”，5 表示“是”。最后一个问题是网站的整体评分，也评级为从 1(质量差)～5(质量优异)的等级。报告总分(最多 80 分)反映了评估与健康相关的信息源的质量。

表 2.2　DISCERN 标准问题

序号	问题
1	目标明确吗?
2	它实现了自己的目标吗?
3	这是相关的吗?
4	是否清楚哪些信息来源被用来编辑出版物?
5	在出版物中使用或报告的信息是什么时候产生的?
6	它是平衡和公正的吗?
7	它是否提供了其他支持和信息来源的详细信息?
8	它指的是不确定的领域吗?
9	它是否描述了每种治疗方法的工作原理?
10	它是否描述了每种治疗的好处?
11	它是否描述了每种治疗的风险?
12	它是否描述了如果不使用治疗会发生什么?
13	它是否描述了治疗选择如何影响整体生活质量?
14	是否有不止一种可能的治疗选择?
15	是否为共享决策提供支持?
16	根据以上所有问题的答案，评价作为治疗选择信息来源的出版物的整体质量

DISCERN 适用于使用或产生有关治疗选择信息的任何人。它的用途多种多样，包括：①作为个人用户的助手，不论是即将做出治疗决策的用户，还是想要了解他们正在进行的治疗进程更多信息的个人用户；②用户、病人亲属、朋友和护理人员可以使用 DISCERN 评估书面信息的质量，并通过提出问题与健康专业人士进行讨论来提高对治疗决策的参与程度；③作为筛选工具为用户提供适合的健康信息；④为健康信息的创作者提供检查表，以保证他们提供合乎需求的、科学的健康信息；⑤为医疗健康专业人员提供培训工具，以改善沟通和共享决策技能[137]。

参 考 文 献

[1] Organization for Economic Co-operation and Development. Participative Web and User-created Content (UCC): New Report from Organization for Economic Co-operation and Development. https://www.oecdilibrary.org/docserver/9789264037472-en.pdf ? expires=1566547034&id= id& accname= guest& checksum= 9B054FCFA2D1C8417933BC61F6A4C157.html, 2019.

[2] Clever N, Kirchner A, Schray D, et al. User-generated content. Münster: University of Münster, 2009.

[3] Dijck V J. Users like you? Theorizing agency in user-generated content. Media, Culture and Society, 2009, 31(1): 41-58.

[4] Shim S, Lee B. Internet portals' strategic utilization of UCC and web 2.0 ecology. Decision Support Systems, 2009, 47(4): 415-423.

[5] Zhou X, Xu Y, Li Y, et al. The state-of-the-art in personalized recommender systems for social networking. Artificial Intelligence Review, 2012, 37(2): 119-132.

[6] Östman J. Information, expression, participation: how involvement in user-generated content relates to democratic engagement among young people. New Media and Society, 2012, 14(6): 1004-1021.

[7] 赵宇翔, 范哲, 朱庆华. 用户生成内容(UGC)概念解析及研究进展. 中国图书馆学报, 2012, 38(5): 68-81.

[8] 李鹏. Web 2.0 环境中用户生成内容的自组织. 图书情报工作, 2012, 56(16): 119-126.

[9] 李贺, 张世颖. 移动互联网用户生成内容质量评价体系研究. 情报理论与实践, 2015, 38(10): 6-11, 37.

[10] 杨晶, 罗守贵. 国外用户生成内容研究热点及趋势分析——基于 2008—2016 年 EBSCOhost 数据库文献. 现代情报, 2017, 37(09): 164-170.

[11] Perugini S, Goncalves M A, Fox E A. Recommender systems research: a connection-centric survey. Journal of Intelligent Information Systems: Integrating Artificial, Intelligence and Database Technologies, 2004, 23(2): 107-143.

[12] Shriver S K, Nair H S, Hofstetter R. Social ties and user-generated content: evidence from an online social network. Management Science, 2013, 59(6): 1425-1443.

[13] Drakopoulou S. User generated content: an exploration and analysis of the temporal qualities and elements of authenticity and immediacy in UGC. Toxicology, 2011, 162(2): 81.

[14] 陈欣, 朱庆华, 赵宇翔. 基于 YouTube 的视频网站用户生成内容的特性分析. 图书馆杂志, 2009, (9): 53-58.

[15] 赵宇翔, 吴克文, 朱庆华. 基于 IPP 视角的用户生成内容特征与机理的实证研究. 情报学报, 2011, 28(3): 299-309.

[16] 朱庆华. 新一代互联网环境下用户生成内容的研究与应用. 北京: 科学出版社, 2014.

[17] Sung M, Kim Y, Lee S. The descriptive study on type of UCC and reply: focused on Pandora TV. Journal of Cybercommunication Academic Society, 2007, 23(3): 69-112.

[18] Gervais D J. The tangled web of UGC: making copyright sense of user-generated content. Journal of Entertainment and Technology Law, 2009, 11(4): 841-870.

[19] Vázquez S, Muñoz-García Ó, Campanella I, et al. A classification of user-generated content into

consumer decision journey stages. Neural Networks, 2014, 58: 68-81.

[20] Melville P, Gryc W, Bldg W, et al. Sentiment analysis of blogs by combining lexical knowledge with text classification//The 15th ACM SIGKDD International Conference on Knowledge Discovery and Data Mining, New York, 2009.

[21] Bakshy E, Karrer B, Adamic L A. Social influence and the diffusion of user-created content//The 10th ACM Conference on Electronic Commerce, California, 2009.

[22] 孙淑兰，黄翼彪. 用户产生内容(UGC)模式探究. 图书馆学研究, 2012, (13): 33-35.

[23] 程光曦. SNS 中用户生成内容和行为数据的分析与应用. 北京：北京邮电大学, 2010.

[24] Lexico. Definition of Quality in English by Oxford Dictionaries. https://en.oxforddictionaries.com/definition/quality, 2019.

[25] ASQ. The History of Quality. https://asq.org/quality-resources/history-of-quality, 2018.

[26] Jadad A R, Moore R A, Carroll D, et al. Assessing the quality of reports of randomized clinical trials: is blinding necessary. Controlled Clinical Trials, 1996, 17(1): 1-12.

[27] Zeithaml V A, Berry L L, Parasuraman A. The behavioral consequences of service quality. Journal of Marketing, 1996, 60(2): 31-46.

[28] Barlow R E, Irony T Z. Foundations of statistical quality control. Lecture Notes-Monograph Series, 1992, 17: 99-112.

[29] Goodman I F. Statistical quality control of information. Naval Research Logistics Quarterly, 1970, 17(3): 389-396.

[30] Batini C, Scannapieca M. Data Quality: Concepts, Methodologies and Techniques. Berlin: Springer, 2006.

[31] 查先进，陈明红. 信息资源质量评估研究. 中国图书馆学报, 2010, 36(2): 46-55.

[32] Marschak J. Economics of information systems. Journal of the American Statistical Association, 1971, 66(333): 192-219.

[33] Juran J M. Juran on Quality by Design: the New Steps for Planning Quality into Goods and Services. New York: The Free Press, 1992.

[34] Ballou D P, Pazer H L. Modeling data and process quality in multi-input, multi-output information systems. Management Science, 1985, 31(2): 150-162.

[35] Wang R Y, Strong D M. Beyond accuracy: what data quality means to data consumers. Journal of Management Information Systems, 1996, 12(4): 5-33.

[36] Eppler M J, Wittig D. Conceptualizing information quality: a review of information quality frame-works from the last ten years//The 5th International Conference on Information Quality, Massachusetts, 2000.

[37] Lee Y W, Strong D M, Kahn B K. AIMQ: a methodology for information quality assessment. Information and Management, 2002, 40(2): 133-146.

[38] Moghaddam G G, Moballeghi M. Total quality management in library and information sectors. Electronic Library, 2008, 26(6): 912-922.

[39] Porter M E. Towards a dynamic theory of strategy. Strategic Management Journal, 2010, 12(S2): 95-117.

[40] Shanks G, Corbitt B. Understanding data quality: social and cultural aspects//The 10th

Australasian Conference on Information System, Melbourne, 1999.
[41] Zeist R H J, Hendriks P R H. Specifying software quality with the extended ISO model. Software Quality Journal, 1996, 5(4): 273-284.
[42] Strong D M, Lee Y W, Wang R Y. Data quality in context. Communications of the ACM, 1997, 40(5): 103-110.
[43] Morris A. Web wisdom: how to evaluate and create information quality on the Web. The Electronic Library, 2000, 18(5): 372-373.
[44] Leung H K N. Quality metrics for intranet applications. Information and Management, 2001, 38(3): 137-152.
[45] Katerattanakul P, Siau K. Measuring information quality of web sites: development of an instrument//International Conference on Information Systems, Charlotte, 1999.
[46] Zhu X, Gauch S. Incorporating quality metrics in centralized/distributed information retrieval on the World Wide Web//The 23rd Annual International ACM SIGIR Conference on Research and Development in Information Retrieval, Athens, 2000.
[47] Klein B D. When do users detect information quality problems on the World Wide Web//The 8th Americas Conference on Information Systems, Dallas, 2002.
[48] Matthew B. Information quality: a conceptual framework and empirical validation. Lawrence: The University of Kansas, 2004.
[49] Liu Z, Huang X. Evaluating the credibility of scholarly information on the web: a cross cultural study. Science Direct, 2005, 37(2): 99-106.
[50] Stvilia B, Gasser L, Twidale M B, et al. A framework for information quality assessment. Journal of the American Society for Information Science and Technology, 2007, 58(12): 1720-1733.
[51] Chen J, Xu H, Whinston A B. Moderated online communities and quality of user-generated content. Journal of Management Information Systems, 2011, 28(2): 237-268.
[52] Lueg C. Social filtering and social reality//The 5th DELOS Workshop on Filtering and Collaborative Filtering, 1997.
[53] 孙兰, 李刚. 试论网络信息资源评价. 图书馆建设, 1999, (4): 66-68.
[54] 刘雁书, 方平. 网络信息质量评价指标体系及可获取性研究. 情报杂志, 2002, (6): 10-12.
[55] 赵宇翔, 朱庆华. Web 2.0 环境下用户生成视频内容质量测评框架研究. 图书馆杂志, 2010,(4): 51-57.
[56] 宋立荣. 网络信息共享环境下信息质量约束的理论思考. 情报科学, 2010, (4): 501-506.
[57] 邱昭良. 打造在线学习“好内容”. 现代企业教育, 2013, (17): 63-64.
[58] 沈旺, 国佳, 李贺. 网络社区信息质量及可靠性评价研究——基于用户视角. 数据分析与知识发现, 2013, 29(1): 69-74.
[59] Lexico. Definition of Trust in English by Oxford Dictionaries. https://en.oxforddictionaries.com/definition/trust, 2020.
[60] 陈异兵. 电子商务网站质量对网络消费者在线信任影响的研究. 合肥: 安徽大学, 2010.
[61] 王守中. 影响我国 B2C 消费者初始信任因素的实证分析. 成都: 西南交通大学, 2008.
[62] 杨丽娜. 交易虚拟社区中的信任演化与强化机制研究. 西安: 西安交通大学出版社, 2017.

[63] Deutsch M. Cooperation and Trust: Some Theoretical Notes//Jones M R. Nebraska Symposium on Motivation. Lincoln: University of Nebraska Press, 1962: 275-319.

[64] Rotter J B. A new scale for the measurement of interpersonal trust. Journal of Personality, 1967, 35(4): 651-665.

[65] Wrightsman L S. Interpersonal trust and attitudes toward human nature. Measures of Personality and Social Psychological Attitudes, 1991, 1: 373-412.

[66] Rieh S Y, Danielson D R. Credibility: a multidisciplinary framework. Annual Review of Information Science and Technology, 2010, 41(1): 307-364.

[67] Chang M K, Cheung W, Tang M. Building trust online: interactions among trust building mechanisms. Information and Management, 2013, 50(7): 439-445.

[68] Mayer R C, Davis J H, Schoorman F D. An integrative model of organizational trust. Academy of Management Review, 1995, 20(3): 709-734.

[69] Cho J H, Chan K, Adali S. A survey on trust modeling. ACM Computing Surveys, 2015, 48(2): 1-40.

[70] Yi M Y, Yoon J J, Davis J M, et al. Untangling the antecedents of initial trust in web-based health information: the roles of argument quality, source expertise, and user perceptions of information quality and risk. Decision Support Systems, 2013, 55(1): 284-295.

[71] Mui L, Mohtashemi M, Halberstadt A. A computational model of trust and reputation for e-businesses//The 35th Hawaii International Conference on System Sciences, Los Alamitos, 2002.

[72] Olmedilla S, Rana O F, Matthews B, et al. Security and trust issues in semantic grids//The Schloss Dagsthul Seminar, Semantic Grid: The Convergence of Technologies, Dagstuhl, 2005.

[73] Mpinganjira M. Precursors of trust in virtual health communities: a hierarchical investigation. Information and Management, 2018, 55(6): 686-694.

[74] von der Weth C, Böhm K. A unifying framework for behavior-based trust models//Confederated International Conference on the Move to Meaningful Internet Systems (Coopis), Montpellier, 2006.

[75] Chopra K, Wallace W A. Trust in electronic environments//The 36th Hawaii International Conference on System Sciences, Hawaii, 2003.

[76] 赵文军, 陈荣元. 社会化媒体中的在线信息可信度评估模型研究. 情报理论与实践, 2015, 38(12): 68-72.

[77] Lexico. Definition of Authority in English by Oxford Dictionaries. https://en.oxforddictionaries.com/definition/authority.html, 2020.

[78] Britannica Encyclopedia. Authority. https://www.britannica.com/topic/authority.html, 2020.

[79] Wikipedia. Authority. https://en.wikipedia.org/wiki/Authority.html, 2020.

[80] Fritch J W, Cromwell R L. Evaluating internet resources: identity, affiliation, and cognitive authority in a networked world. Journal of the American Society for Information Science and Technology, 2001, 52(6): 499-507.

[81] Rieh S Y. Judgment of information quality and cognitive authority in the web. Journal of the Association for Information Science and Technology, 2002, 53(2): 145-161.

[82] Nicholas D, Huntington P, Williams P, et al. Perceptions of the authority of health information. Health Information and Libraries Journal, 2003, 20(4): 215-224.

[83] Mai J E, Fallis D, Feinberg M, et al. Authority and trust in information. Proceedings of the American Society for Information Science and Technology, Pittsburgh, 2010, 47(1): 1-3.

[84] Alexander J E, Tate M A, Mahwah N J. Web Wisdom: How to Evaluate and Create Information Quality on the Web. Mahwah: Lawrence Erlbaum Associates, 1999.

[85] Sundin O, Julien H, Limberg L, et al. Credibility and authority of information in learning environments. Proceedings of the American Society for Information Science and Technology, 2008, 45(1): 1-5.

[86] Lexico. Definition of Credibility in English by Oxford Dictionaries. https://en.oxforddictionaries.com/ definition/credibility.html, 2002.

[87] 龚文庠. 说服学的源起和发展趋向——从亚里士多德的“信誉证明(Ethos)”、“情感证明(Pathos)”、“逻辑证明(Logos)”三手段谈起. 北京大学学报(哲学社会科学版), 1994, 31(3): 24-30.

[88] Kiousis S. Public Trust or mistrust? Perceptions of media credibility in the information age. Mass Communication and Society, 2001, 4(4): 381-403.

[89] Hovland C I, Janis I L, Kelley H H. Communication and Persuasion. London: Yale University Press, 1953.

[90] Fragale A R, Heath C. Evolving informational credentials: the (mis)attribution of believable facts to credible sources. Personality and Social Psychology Bulletin, 2004, 30(2): 225-236.

[91] Sussman S W, Siegal W S. Informational influence in organizations: an integrated approach to knowledge adoption. Information Systems Research, 2003, 14 (1): 47-65.

[92] Cheung C M K, Lee M K O. The impact of electronic word-of-mouth: the adoption of online opinions in online customer communities. Internet Research, 2008, 18(3): 229-247.

[93] 宋雪雁, 王萍. 信息采纳行为概念及影响因素研究. 情报科学, 2010, 28(5): 760-762, 767.

[94] Liu Z. Perceptions of credibility of scholarly information on the web. Information Processing and Management, 2004, 40(6): 1027-1038.

[95] Wang P. The design of document retrieval systems for academic users: implications of students on users' relevance criteria//The 60th Annual Meeting of the American Society for Information Science, Washington, 1997.

[96] Metzger M J. Making sense of credibility on the web: models for evaluating online information and recommendations for future research. Journal of the Association for Information Science and Technology, 2014, 58(13): 2078-2091.

[97] Fogg B J, Grudin J, Nielsen J, et al. Persuasive technology: using computers to change what we think and do. Gerontechnology, 2003, 5(12): 1168-1170.

[98] Savolainen R. Judging the quality and credibility of information in Internet discussion forums. Journal of the American Society for Information Science and Technology, 2011, 62(7): 1243-1256.

[99] Kim S. Questioners' Credibility Judgments of Answers in a Social Question and Answer Site. http://informationr.net/ir/15-2/paper432.html, 2010.

[100] 高明霞, 陈福荣. 基于信息融合的中文微博可信度评估方法. 计算机应用, 2016, 36(8): 2071-2075.

[101] Hu N, Bose I, Koh N S, et al. Manipulation of online reviews: an analysis of ratings, readability, and sentiments. Decision Support Systems, 2012, 52(3): 674-684.

[102] Alrubaian M, Al-Qurishi M, Al-Rakhami M, et al. Reputation-based credibility analysis of Twitter social network users. Concurrency and Computation Practice and Experience, 2017, 29(7): 1-12.

[103] Wathen C N, Burkell J. Believe it or not: factors influencing credibility on the web. Journal of the Association for Information Science and Technology, 2002, 53(2): 134-144.

[104] Lucassen T, Schraagen J M. Factual accuracy and trust in information: the role of expertise. Journal of the American Society for Information Science and Technology, 2011, 62(7): 1232-1242.

[105] Li R, Suh A. Factors influencing information credibility on social media platforms: evidence from Facebook pages. Procedia Computer Science, 2015, 72: 314-328.

[106] Pierro A, Mannetti L, Kruglanski A W, et al. Relevance override: on the reduced impact of “cues” under high-motivation conditions of persuasion studies. Journal of Personality and Social Psychology, 2004, 86(2): 251-264.

[107] Petty R E, Cacioppo J T. Source factors and the elaboration likelihood model of persuasion. Advances in Consumer Research, 1984, 11: 668-672.

[108] Bhattacherjee A, Sanford C. Influence processes for information technology acceptance: an elaboration likelihood model. MIS Quarterly, 2006, 30(4): 805-825.

[109] Filieri R, McLeay F. E-WOM and accommodation: an analysis of the factors that influence travelers’ adoption of information from online reviews. Journal of Travel Research, 2014, 53(1): 44-57.

[110] Angst C M, Agarwal R. Adoption of electronic health records in the presence of privacy concerns: the elaboration likelihood model and individual persuasion. MIS Quarterly, 2009, 33(2): 339-370.

[111] Sher P J, Lee S H. Consumer skepticism and online reviews: an elaboration likelihood model perspective. Social Behavior and Personality: An International Journal, 2009, 37(1): 137-143.

[112] Song X, Zhao Y, Song S, et al. The role of information cues on users’ perceived credibility of online health rumors//The American Society for Information Science and Technology, Melbourne, 2019.

[113] de George. The Nature and Function of Epistemic Authority. Tuscaloosa: The University of Alabama Press, 1976.

[114] Rieh S Y, Belkin N J. Understanding judgment of information quality and cognitive authority in the WWW//The 61st Annual Meeting of the American Society for Information Science, Pittsburgh, 1998.

[115] Rieh S Y, Belkin N J. Interaction on the web: scholars’ judgment of information quality and cognitive authority. Proceedings of the American Society for Information Science and Technology, 2000, 37: 25-38.

[116] Fritch J W, Cromwell R L. Delving deeper into evaluation: exploring cognitive authority on the Internet. Reference Services Review, 2002, 30(3): 242-254.
[117] Mckenzie P J. Justifying cognitive authority decisions: discursive strategies of information seekers. The Library Quarterly, 2003, 73(3): 261-288.
[118] Savolainen R. Media credibility and cognitive authority. The case of seeking orienting information. Information Research, 2007, 12(3):17.
[119] Taylor R S. Value-added processes in the information life cycle. Journal of the American Society for Information Science, 1982, 33(5): 341-346.
[120] Fogg B J. Prominence-interpretation theory: explaining how people assess credibility online//The 2003 Conference on Human Factors in Computing Systems, Florida, 2003.
[121] Rosenbaum H. Information use environments and structuration: toward an integration for Taylor and Giddens//The 56th Annual Meeting of the American Society for Information Science, 1993.
[122] Scholl H J, Eisenberg M B, Dirks L, et al. The TEDS framework for assessing information systems from a human actors' perspective: extending and repurposing Taylor's value-added model. Journal of the American Society for Information Science and Technology, 2011, 62(4): 789-804.
[123] 谢娟, 成颖, 孙建军, 等. 基于信息使用环境理论的引用行为研究: 参考文献分析的视角. 中国图书馆学报, 2018, 44(5): 61-77.
[124] Luo M. Structural equation modeling for high school principals' data-driven decision making: an analysis of information use environments. Educational Administration Quarterly, 2008, 44(5): 603-634.
[125] Zuccala A. Modeling the invisible college. Journal of the American Society for Information Science and Technology, 2006, 57(2): 152-168.
[126] Shim J, Park J H. Scholarly uses of TV content: bibliometric and content analysis of the information use environment. Journal of Documentation, 2015, 71(4): 667-690.
[127] 百度百科. TRUSTe. https://baike.baidu.com/item/TRUSTe/870428?Fr=aladdin, 2020.
[128] TrustArc. About TrustArc. https://www.trustarc.com/about, 2020.
[129] TrustArc. TrustArc Data Privacy Management Platform. https://www.trustarc.com/products/privacy-platform/, 2020.
[130] HONcode. Healthy on the Net. https://www.hon.ch/en/, 2020.
[131] HONcode. HONcode Certification. https://www.hon.ch/en/certification.html# principles, 2020.
[132] HONcode. Certification Steps. https://www.hon.ch/en/certification/certification-steps.html, 2020.
[133] W3C. Platform for Internet Content Selection (PICS). https://www.w3.org/PICS/, 2020.
[134] 黄晓斌, 邱明辉. 因特网内容选择平台研究. 图书情报工作, 2004, (2): 69-73.
[135] Alamoudi U, Hong P. Readability and quality assessment of websites related to microtia and aural atresia. International Journal of Pediatric Otorhinolaryngology, 2015 (79): 151-156.
[136] Charnock D, Shepperd S, Needham G, et al. DISCERN: an instrument for judging the quality of written consumer health information on treatment choices. Journal of Epidemiology and Community Health, 1999, 53(2): 105-111.
[137] Discern. Background to Discern. http://www.discern.org.uk/background_to_discern.php, 2020.

第3章　UGC信息质量评估的技术与方法

3.1　信息质量评估的维度

信息质量的维度是指信息质量概念的任何组成部分，信息质量维度的测度是指在合理的成本下对一个维度变量评估的能力[1]。维度是提供数据质量评估的基础，是由因素逐渐演变而来的，维度的提出最早追溯到1978年[2]。信息质量的评估维度是评估体系的主要构成，是判断、说明、评估和确定评估体系的多方位、多角度、多层次的条件，是统筹各具体评估指标的框架与脉络[3]。由于信息质量是基于情境的，所以信息质量评估的维度基于不同的目标有不同的划分标准。在信息质量评估的研究中，信息质量维度的分类标准不同，总体来说，可以概括为基于信息特征、基于平台特征和基于用户视角三种类型。

3.1.1　基于信息特征的信息质量评估维度

基于信息特征的信息质量评估需要抓住信息的核心特征，信息是事物存在的方式和运动状态的表现形式，其特征为存在的普遍性和客观性、产生的广延性和无限性、在时间上和空间上的传递性、信息对物质载体的独立性、对认识主体的相对性、对利用者的共享性、不可变换性和不可组合性、产生和利用的时效性[4]。

信息的特征在信息质量评估中表现为具体的评估指标，比如信息的存在特征表现为客观性指标，信息对利用者共享的特征表现为可获得性指标，信息的不可变换性特征表现为一致性、完整性指标。只有对信息特征进行系统、深入的了解，在对信息质量评估时才能更好地抓住评估的重点。最早对信息质量的评估，基于信息准确性本身，只用正确与错误的标准来评价，这是由于对信息片面的理解导致评估不全面，随着评估体系的全面性，评估的指标也不断丰富。在国内外对信息质量的研究中，基于信息特征的评估指标如表3.1所示[5]。

表3.1　基于信息特征的评估指标

指标	定义
可获取性	信息可获取或者易于检索的程度
可靠性	信息真实并且可信的程度
完整性	信息没有缺失，在广度和深度上足够解决问题的程度

续表

指标	定义
一致性	信息呈现格式相同的程度
无误差	信息正确并且可靠的程度
可解释性	信息采用适当的语言、符号、单位，并且定义是清晰的程度
客观性	信息公正、无偏见的程度
相关性	信息对可应用于任务、有帮助的程度
即时性	信息对任务足够新的程度
可理解性	信息容易理解的程度

基于信息特征维度的评估指标都是对信息的某一方面进行的测度，无论信息质量评估处于何种情境之下，信息本身所带有的属性和特征是信息发挥作用的基础，所以信息特征是信息的最本质特征。基于信息特征维度对信息进行评估是基于信息本身，无论信息质量评估基于何种情境下，本质特征依旧不会改变。

3.1.2　基于平台特征的信息质量评估维度

信息质量评估是基于一定的载体进行的，信息质量作为信息系统的最终产物，是信息系统成功的要素之一，也是信息系统评价的重点。在信息质量的评估中，平台的质量问题也被纳入到信息评估体系之中，这体现了对平台的质量控制的重视。

在信息系统中对信息质量进行评估时，保证信息系统的安全性与易用性是确保信息可信的前提。早年间，以 Bailey 和 Pearson 为代表的一批国内外学者从信息系统维度进行信息质量评估研究，取得了一系列的研究成果，其中多以信息系统评价为重点，从而延伸到信息系统中的信息质量元素。Bailey 和 Pearson[6]从信息系统应用和生产信息的角度提出了 39 个指标，其中不仅包括更新时间、响应时间、获取便利、数据安全、数据存档、系统整合等系统特征，也将相关性、完整性、及时性、准确性、可信性、正式性、间接性、精确性、实时性等信息特征囊括在内。Delone 和 Mclean[7]从五个方面对信息系统成功的要素进行了归纳总结，分别是系统质量(系统灵活性、系统可靠性和易学习性、直观性、复杂性和响应时间)、信息质量(相关性、可理解性、准确性、简洁性、完整性、及时性和可用性)、服务质量(响应速度、准确性、可靠性、技术能力、工作人员的同理心)、系统使用(使用数量、使用频率、使用性质、使用适当性、使用程度、使用目的)，以及用户满意度和最终收益，提出信息质量是做出良好决策和取得积极成果的基础。2003 年，Delone 和 Mclean[8]又回顾了之前提出的信息系统成功要素，对原始模型进行了应用、验证、挑战和改进，明确提出了信息系统成功由信息质量、系统质量和服务质量三方面决定，同时，进一步丰富了其中信息质量的内涵，将信息质量评估指标扩充为相关性、完整性、准确性、安全性、可理解性、差异化和多样性。Nicolaou 和 Mcknighgt[9]通过感知信息质量研究了系统设计因素如何影响使用倾向，并提出了数据交换环境下的感知信息质量的定义，具体包括相关性、完整性、准确性和实时性四个方面，排除了动态性、个性化、多样性和可解释性等相关性较弱的指标，研究发现系统设计对于用户感知交换信息质量至关重要。Wang 和 Strong[10]在对信息质量进行评估时就注意到系统质量对于评估的不可或缺性，他们认为系统必须以可以解释、容易理解、容易操作的方式呈现信息，并且简明扼要地表示信息，此外，该系统必须可以访问并且安全。从上述定义中可以看出，在信息评估过程中，在不涉及信息内容的前提下，信息系统作为一种信息载体，被要求具有可解释、易理解、简洁性、可访问、安全性等特点。从平台特征来说，虽然属于信息内容的外在特征，但是其对信息内容的展示与承载影响着信息质量。

在网络环境中，基于平台特征对信息质量进行评估主要依赖于承载信息内容的网站等平台。例如，在健康信息质量评估领域，Hong[11]对健康相关网站可信度进行检验时，将域名作为评估维度之一，通过实验证明，用户对不同的域名下所呈现出的信息内容质量表现出不同的态度，用户在检索信息时，普遍认为.gov、.edu以及国家域名下的信息具有较高可信度，并认为信息质量较高，相比较而言，.com、.cn 域名下的信息内容可信度则有待检验，并对其质量有所保留。此外，第三方认证也是一种常用的评估指标。张会会等[12]以 HONcode 为评估标准，选取目前国内具有代表性的 20 家健康类网站的认证情况、信息来源、参考文献等对网站信息质量进行评估。第三方认证机构通过自身在某领域内的权威，对其他平台进行评估认定，在一定程度上证明某平台的可靠性。在对平台进行选择时，众多的影响因素使得用户难以明确哪个平台是更适合的，除了用户依靠主观性知识进行选择之外，第三方认证是一个较为客观的评价标准。

基于平台特征的信息质量评估这一视角将关注点置于承载信息内容的平台的相关属性和特征，相对来说，平台特征维度是外在的、清晰的，可通过具体的量化指标被客观评价。基于以信息为输出的信息系统对信息质量进行评估时，需要充分考虑信息系统本身的安全性和易用性等特征，此外结合系统使用与提供服务等功能，对信息内容相关的特征的衡量也成为评估信息质量的重要方面；在互联网环境中，承载信息内容的平台变得更加具体，网站平台自身的特征及其内容数据成为信息质量评估的关注重点。基于平台特征的信息质量评估视角在评估信息内容本身质量的基础上将平台特征纳入考量，结合具体的量化指标使信息质量的衡量变得更加全面具体。

3.1.3 基于用户视角的信息质量评估维度

信息质量评估是为了使用户的需求得到满足，无论用户是个体还是组织，因此在信息质量评估的维度中，用户特征是不能被忽视的。在信息社会中，信息服务理念的发展和演化经历了“信息资源中心—信息交流中心—信息用户中心”的变化过程[13]。从资源到过程到对象的转变传达出从“信息本位”到“用户本位”的根本差异。“信息用户中心”是指以用户的需求感受为中心，根据用户的实际需求提供个性化服务。信息质量的概念处于不断的发展之中，在不同的时期体现出不同的特点，在对信息质量评估的初级阶段，以信息准确性为单一标准，仅用正确与错误作为判断，这种方法明显太过片面；Ballou 和 Pazer[14]最早提出信息质量是一个全面的概念，用全面性、完整性、准确性等多维度对信息质量进行评价；随着社会环境的发展，用户对于信息的需求越来越明显，而用户是信息资源的最终评判者，立足用户心理和行为视角探寻高质量信息的共性特征和形成线索成为解决信息质量问题的关键[15]。

用户信息需求包括获取信息的需求、发布信息的需求、信息交流需求和信息咨询需求[16]。这些需求体现了用户对信息内容的诉求。获取信息的需求在信息质量评估中体现为信息的可获取性，其中包含信息本身的客观性，对信息发布、交流、咨询的需求则是用户本身的主观需求，体现在信息交互过程中，是一个体验与接受服务的过程。在交互过程中，用户自身感受到的满意程度与完成度体现在用户的主观感受，这与用户自身的经历、背景知识有相当大的联系。在现有的理论基础上，李晶等[15]提出了基于用户视角的网络信息质量评估的整合框架 CEIA，该模型包括信息质量评估的四个层次，C 代表构念层(可信性、准确性、完整性、客观性、增值性、信誉)，E 代表外部驱动因素层(信息源及其特征)，I 代表内部驱动因素层(经历、文化、知识等)，A 代表态度与行为模式优化层(态度和行为模式)。刘冰[3]认为，在网络环境中，用户视角的信息质量是综合考虑过程和结果后对信息质量的基本认知，是一个由多重面构成的综合性概念，在此基础上，构建出了由信息内容质量、期望质量、交互质量和感知质量所构成的信息质量立体概念模型。基于用户视角的信息质量评估是一个综合性的过程，包括主观(满意度、完成度)与客观(信息客观性)两个方面的特征，这种特征表现在用户与信息的交互过程中。

根据对用户信息需求的理解，可以得出，基于用户视角的信息质量既包括信息产品本身的客观属性质量，又包括在信息交互过程中用户所体验和感知的过程质量(包括对产品属性质量的感知、对系统功能和服务性能质量的感知)，是对信息质量的整体综合认知[3]。其核心是对具有客观属性的信息内容质量的评估，但从根本上来说，对信息质量进行评估是用户的一种主观体验与感知，是指用户在交互过程中对信息体验与服务的感知程度与接收结果。由于用户的情感与思维存在差异，将用户心理、用户行为、用户情感等因素与信息质量评估的指标相联系，既能够反映出信息质量评估中理性层面的考量，又能反映出感性因素在信息质量评估中的重要作用，特别是网络环境中信息质量评估的动态性和交互性，要求评估过程必须纳入更加多元全面的考量，所以基于用户的信息质量评估是一种适应信息社会发展的全新评估视角。

3.2　信息质量评估的标准

信息质量是一个非常抽象的概念，为了在实践中能够评估这种抽象事物，需要将其操作化为可度量的变量[17]。广泛使用的信息质量的一般定义是“适合使用”，然而，对信息质量的更实用的定义通常包括一组标准或维度，它们代表了对质量的特定理解[18]。

2005 年，Tang 和 Ng[19]基于已有的框架及工具，通过焦点小组研究、质量判断实验以及文本特征提取与分析，生成了九个质量维度并将其应用于信息质量评估，这些质量评估维度包括准确性、来源的可靠性、客观性、深度、作者的可信度、可读性、简洁性、语法的正确性、多视角。

2007 年，Stvilia 等[20]基于信息质量评估模型或框架的 32 个代表性项目的分析，介绍了由信息质量方差的类型、受影响的活动、信息质量维度的全面分类和一般的度量函数，以及框架操作化方法组成的一般框架。该框架建立了可归因于潜在信息质量问题结构和活动类型的信息质量变异来源之间的因果联系，并提供了一种简单而强大的预测机制，以系统而有意义的方式研究和推理信息质量问题。通过建立相关的信息质量维度、权衡关系、相关的通用度量函数和操作方法，该框架可以作为一种有价值的知识资源和指导，用于在许多不同的设置中快速且低成本地开发特定的信息质量测量模型。表 3.2 展现了这一框架中的信息质量维度的全面分类情况，共有 22 个信息质量维度。

表 3.2　信息质量维度分类

类别	维度	定义
内在层面	准确性/有效性	根据某些稳定的参考来源(如词典或一组领域约束和规范(稳健性))，信息合法或有效的程度
	内聚性	一个对象的内容集中在一个主题上的程度
	复杂性	由某些指标衡量的信息对象的认知复杂性程度

续表

类别	维度	定义
内在层面	语义一致性	使用相同的值(词汇控制)和元素在信息对象中传递相同的概念和含义的一致性程度。这还包括对象的相同或不同组件之间语义一致性的程度
	结构一致性	使用相同的结构、格式和精度一致地表示信息对象的相似属性或元素的程度
	现时性	信息对象的时代
	信息量和冗余	信息对象中包含的信息量。在内容层，它被度量为信息性内容的大小(以词根和停止的词语衡量)与信息对象的总体大小的比率。在模式级别，它被度量为唯一元素的数量与对象中的元素总数的比率
	自然性	信息对象的模型或模式和内容通过传统的、类型化的术语和形式根据某种通用参考源表达的程度
	精密度/完整性	根据某些通用的目的，信息对象的模型或内容值的粒度或精度
关系或上下文层面	准确度	信息对象在特定活动或文化中正确地表示另一个信息对象、过程或现象的程度
	可访问性	查找和获取相对于特定活动的信息对象的速度和容易程度
	复杂性	信息对象相对于特定活动的认知复杂性程度
	自然性	信息对象的模型和内容在语义上与它们在特定活动上下文中所表示的对象、状态或过程接近的程度(根据活动或特定社区的本体进行度量)
	信息量和冗余	在特定环境下，信息活动或社区是新的或信息丰富的程度
	相关性	信息在给定的活动中适用的程度
	精度/完整性	信息对象匹配给定活动上下文所需的精度和完整性的程度
	安全性	在某一特定活动的背景下保护信息不受伤害的程度
	语义一致性	使用相同的值(词汇控制)和某些外部标准要求或建议的元素的一致性程度，以及是否为在信息对象中传达相同概念和含义的推荐实践指南
	结构一致性	信息对象的相似属性或元素以相同的结构、格式和精度被一些外部标准和推荐的实践指南所要求或建议的程度
	可验证性	在特定活动的上下文中，信息的正确性可验证或可证明的程度
	波动性	信息在特定活动上下文中保持有效的时间量
声誉层面	权威性	在特定的社区或文化中，信息对象的声誉程度

2011 年，Arazy 和 Kopak[21]旨在探索出一套统一的信息质量评估维度，包括准确性、完整性、客观性和代表性，希望通过可靠的测量，独立评估员在对这些不同维度的对象进行评级时能够达成一致。

2017 年，Kenett 和 Shmueli[17]分别对数据质量和信息质量的评估标准展开了研究。在评估数据质量层面，他们分别研究了当时几个著名组织使用的维度。其中，经济合作与发展组织提出了评估数据质量的七个维度，即相关性、准确性、及时性和准时性、可访问性、可解释性、一致性、可信度；欧洲委员会的欧盟统计局使用相关性、准确性、及时性和准时性、可访问性与清晰度、可比性、一致性这六个维度来评估调查数据的质量；美国环境保护署制定了质量保证(quality assurance, QA)项目计划，使之成为项目经理和规划者记录数据类型和质量以及环境决策所需信息的工具，该计划旨在使用环境测量的精度、准确性、代表性、完整性和可比性等维度来控制和提高数据质量；世界卫生组织基于国际货币基金组织数据质量评估框架和国际货币基金组织通用数据传播系统，建立了一个名为卫生计量网络框架的数据质量框架。该框架使用六个标准来评估卫生信息系统产生的卫生相关数据和指标的质量，即及时性、周期性、一致性、代表性、分解、数据的机密性、安全性与可访问性。以上这些评估数据质量的示例为 Kenett 和 Shmueli 研究如何评估信息质量提供了背景与基础。在如何评估信息质量层面，他们采取了一种类似于数据质量评估的方法，分别定义了以下八个评估维度，如表 3.3 所示。

表 3.3 信息质量评估维度

评估维度	维度的内涵
数据分辨率	数据分辨率是指可用数据的度量尺度和聚合度水平。数据的度量尺度应根据其对目标的适用性、要使用的分析方法以及效用度量的所需分辨率进行仔细评估。鉴于原始记录尺度，研究人员应该评估其适宜性
数据结构	数据结构与数据类型和数据特征相关，例如由研究设计或数据收集机制造成的数据损坏和缺失值
数据整合	整合多个数据源和/或类型的数据通常可以创造实现目标的新知识，从而提高信息的质量
时间相关性	从数据中获取知识的过程可以放在一个时间轴上，该时间轴包括数据收集、数据分析、研究部署周期以及这些时间段之间的时间间隔
数据和目标的年表	要收集的变量的选择、它们之间的时间关系以及它们在上下文中的含义都对信息质量产生了至关重要的影响
普遍性	通过使用数据分析方法实现给定分析目标的特定数据集的潜力的效用取决于能否将数据分析方法推广到适当的总体。它有统计性和科学性两种类型，是一个有助于澄清可再造性、可重复性和可复制性概念的维度

续表

评估维度	维度的内涵
可操作性	分析结果的可操作性分为构造可操作性和行动可操作性两类。前者是描述理论有趣现象的抽象概念，后者可以从研究提供的信息中得出具体行动
传播	分析通过使用数据分析方法实现给定分析目标的特定数据集的潜力及其效用度量的有效传播直接影响到信息质量。常见的传播媒介包括视觉、文字和口头陈述和报告

回顾国内外已有的关于信息质量评估的研究，发现评估标准主要集中在权威性、完整性、时效性、可信性、有用性、新颖性六个方面。这六项标准具有较高的代表性，受到了国内外学者的广泛关注和讨论，能够较为真实准确地反映信息质量。下面分别对这六项标准进行详细阐述和分析。

3.2.1　权威性

近年来，社交媒体的高速发展为 UGC 提供了重要场所。人们可以实时地在社交媒体上分享自己对于热点话题的看法，每天都有海量的数据产生，因此也伴随着信息出现显著的多样性问题，不同用户的权威性也表现出显著的差别。

目前已有的有关信息权威性测度的研究主要从用户特征和信息特征两方面着手。一方面，在一般情况下，具有影响能力的关键用户发布的内容相比一般用户更具权威性；另一方面，从信息本身来看，专业词汇运用与外部链接引用也会影响内容的权威性感知。

信息的权威性依赖于发布用户的行为信息，对于给定主题，旨在找出该主题的最有趣或者是最具有权威性的用户，这是一个艰巨而具有挑战性的任务。Java 等[22]把用户分为三种类型，分别是信息源、朋友和求知者。信息交换的方式依赖于用户和用户的行为信息，因此关注用户的类型也是十分有必要的[23]。Gao 等[24]运用关联迭代寻优算法识别信誉度较高的用户，首先通过商品的平均得分来判断商品的质量，寻找多次打分接近商品评分的具有高信誉度的用户，反过来利用高信誉度用户的评分来提高权重进而判断商品的质量，在这样一种反复迭代的算法中达到稳定的平衡从而判断用户的信誉度，具有一定的稳健性。

为了满足人们寻找高质量信息的迫切需求，一些学者基于链接分析和内容特征提出了质量模型，如 Bendersky 等[25]提出了进行网页搜索的质量偏好排名(quality-biased ranking，QBR)，直接将文档质量作为排名功能的一部分。为了提高检索性能，许多学者使用质量偏好特征，如 Alonso 等[26]使用众包从随机选择的推文检测“有趣”内容并报告推文中的超链接是高度相关的。

结合现实来谈，UGC 的传播范围开始走向多样化，如视频网站或直播网站中的实时评论、社交媒体中的多路径评论，这种变化对于在 UGC 中寻找具有影响力的关键人物也产生了影响。例如，可以通过社交媒体中的关注人数识别，粉丝关注量高低代表了相应程度的影响力。在社交媒体中某微博大 V 拥有自己的淘宝服装店铺，通过在社交媒体上推广自己的服装品牌，从而在“双十一”期间取得较高销量。直播平台的兴起改变了传统的营销模式，商家也希望通过邀请网红推广商品形成良好口碑，网红就是介于专家用户和普通用户之间具有高影响力的用户。艾瑞咨询[27]显示移动电商时代，用户的消费路径和习惯发生了很大的变革，消费需求场景化，移动购物模式多样。当前内容化、粉丝化和场景化成为吸引流量的新方式，各大移动电商网站纷纷布局内容营销，而粉丝化是指意见领袖的引导作用越来越大：①社交媒体发展产生双方互动，随着社交媒体的发展，消费者希望关注意见领袖或者明星网红，并且和他们产生互动；②名人身份背书产生品牌效应，作为某一领域的明星，本身具有强烈的品牌效应，通过自身的品牌背书使得消费者更容易产生购买信赖感。

此外，在线评论者等级越高，用户的感知权威性越强；其他用户跟帖、回复、点赞多的在线评论具有较高影响力和互动性，评论者影响越强用户的感知权威性越强；有追加评论的在线评论起到评论的加权效果，追加评论多用户感知权威性强；评论文本中使用领域内专业用词越多体现出评论者专业性，评论专业术语用词量多，用户感知权威性强[28]。

3.2.2　完整性

完整性是指信息无缺失的程度以及在深度及广度上适应手头任务的程度[29]。信息内容的完整性可以使得内容接收主体更加清楚内容生成主体所要表达的完整含义。生成的内容意思是否清楚、全面，对于内容接收主体所感知的内容质量至关重要。在生成内容时，需要尽量把信息所包含的全部要点体现出来，这样才能更有信服力，让受众更加清楚信息的含义，从而也在一定程度上提高用户的满意度。

社交媒体逐渐成为用户获取信息的来源，能提供完整信息可能是用户所期待的[30]。李明德和高如[31]提出，信息覆盖面是否广泛，内容形式是否多样，是否涵盖用户全面了解特定主题所需的各种信息都可能会影响微信公众号用户的使用行为。

信息表达是否完整对信息表达质量来讲非常重要，信息表达的完整性主要体现在两个方面，包括广度和深度。从广度上看，要准确地表达一种思想或描述一个事物，必须要包含所有的信息内容，不能缺少任何一个信息内容单元，广度强调信息表达的内容要全面，对一个问题的回答要全面，不全面的信息会造成信息用户的理解困难从而影响其对信息质量的感知；从深度上看，信息表达的信息量要丰富，并且信息内容中隐含的知识越多，则价值就越大，完整性越好。Delone 和 Mclean[8]认为信息完整性是信息质量非常重要的维度。Cheung 等[32]发现信息的完整性正向影响信息使用者的感知有用性和信息采纳。

方鹏程[33]进一步把信息完整性划分为广度完整性和深度完整性。广度完整性是指反映某主题涉及本领域及相关领域的范围，比如信息内容范围是否全面、广泛；是否只收本国、本民族语言文字信息；涵盖哪些学科或主题领域；学科主题范围内，广泛程度如何，是否有遗漏。深度完整性主要指反映某主题信息的详细程度，是否举例说明了相关论点。例如，问答社区的回答是否具有相关例子做支撑。如果是文档内容，所收录信息是否限制在某一特定时间范围内；是否既有文字信息，又有图像信息；是否既提供原始文献，又提供资源链接相关书目索引；是否既提供一次文献，又提供二次文献；是否包含多种形式电子文献。Mudambi 和 Schuff[34]认为评论深度能够表示出评论者评论内容的深入性，他使用评论字数来测量评论深度。评论越长，可能包含评论者对产品、服务、使用感受等更深刻的描述，通过阅读该评论，从而降低其他消费者对于产品和服务等的不确定性，能够增加评论的有用性。严建援等[35]从在线评论文本内容出发，对中国大型 B2C 电子商务网站的 221 个有效样本进行实证分析，如果在线评论内容全面涵盖消费者最期望了解的信息，比如产品质量、使用感受、服务态度和发货速度等，则该评论的有用性较强。但是，简单从感知的评论信息完整性还不能发现影响评论有用性更具体的因素，所以他们从产品实物与网站描述相符的表述丰富性、产品特性的表述丰富性、使用产品或服务后的体验感受表述丰富性三方面来验证对评论有用性的关系，经分析得出，评论深度对评论有用性有正相关关系，表述丰富性对评论有用性没有显著影响。

3.2.3　时效性

时效性是指信息只在一定时间内存在价值，因此对信息价值进行评价时，除了信息本身质量以外，还要考虑时间对其存在的影响，以期在满足用户需求的同时，体现信息的及时特征。当用户存在疑虑时可能会想要通过在在线社区中提问寻找答案，而答案本身存在一定时效性，一旦没有获得及时的信息反馈，就意味着答案本身已不再生效，从而失去了问答的价值。同时，移动互联网中存在很多过时、无效的内容，却被用户一而再，再而三地传播，增加了冗余信息量[36]。一些学者通过研究表明在线信息的时效性会影响消费者对于信息的采纳，甚至影响到他们购买商品和服务的行为[37]。

Cheung 等[32]表明在线信息的时效性正向影响消费者对于在线评论信息的感知有用性。Filieri 和 Mcleay[38]在研究旅游网站在线评论信息质量对于消费者信息采纳的影响因素研究中表明在线评论信息的时效性对于在线评论的信息采纳有正向影响，而一旦潜在消费者采纳了信息，就说明消费者对平台产生或者建立了良好的信任基础。Shah[39]对雅虎知识堂进行研究，发现在五分钟之内收到回答的问题超过 30%，在一小时内收到回答的问题占比 92%，而要收到最佳问题的回复往往需要较长的时间，因此，Shah 建议通过时间指针的设定来区分不同质量的答案；Anand 和 Vahab[40]在评估回答的质量时，引入了时间限定的概念，将时间限定于 24 小时内，统计了在此时间内获得的问题的长度、答案数和评论数的特征。方鹏程[33]认为，UGC 的时效性包含三方面的含义：一是内容的创作时间在有效期内，二是内容上传的时间在有效期内，三是内容能及时更新。具体可以通过内容制作时间、上传日期、编辑频率、最后更新或修改日期来进行大致判断，也可从网站的更新频率、版权有效期等相关信息进行推测。一般来说，一个网站更新信息的频率越快，它所提供的信息的时效性就越强，利用价值也就愈大。

每条在线评论都包含了时间因素，而信息强调时间价值。随着通信技术的飞速发展，许多信息的价值会随着时间的增加而减少。在线评论越新越具有参考价值，也会得到消费者更多的关注[41]。

3.2.4 可信性

目前 UGC 的可信性研究主要从用户特征和信息特征两个角度开展。现有的 UGC 可信度研究方法多以分析信息的文本内容特征和用户信息及传播特征等为主，运用分类或排序方法对信息可信度进行评估。

一些学者通过选择不同的信息特征或改进分析方法来评估 UGC 的可信度。Qazvinian 等[42]通过分析推特信息的浅层文本内容特征(词汇、词根等)、行为特征(用户发布或转发的推文是积极还是消极的概率)和推文元素特征(标签、URL)，构建多个贝叶斯分类器和集成分类器，以识别推文谣言。Wang[43]采用贝叶斯分类方法，分析文本内容的统计特征(最近 20 条推文内容重复的数量、外部链接数量、@符号数量、话题标签数量)和用户关系网络图的特征(粉丝数、关注数、用户声誉度)来识别推特上的垃圾信息。Al-Khalif 和 Al-Eidan[44]统计了推特的推文文本内容中是否包含链接、是否具有标签等特征，以此评估推特上阿拉伯语新闻的可信度。Castillo 等[45]提出了推特话题可信度的评估方法，通过提取热门话题下的推文消息特征(推文的长度、是否有情绪词等)、推文用户信息(年龄、粉丝数、关注数等)和推文的传播特征(推文传播树的深度)，采用决策树分类方法来预测趋势话题是否可信[46]。Ma 和 Atkin[47]对用户生成的在线健康信息的感知可信度进行了元分析。

在用户可信度研究中，李文政等[48]基于用户关注圈子的特征提出了一种新型的微博用户可信度评估算法，其利用了 People Rank 的基本思想和原理：如果某用户有被其他用户关注，该用户可能是可信用户，而如果关注该用户的其他用户是可信用户，那么该用户也是可信用户的可能性就更高了。Banerjee 等[49]认为评论者的信誉和排名会对评论的信任度产生影响，并建议企业利用评论者个人特征来鉴别信誉好的评论者并进行排序。郭国庆和李光明[50]对于消费者在线评论可信度进行了研究，结果表明评论者的资信度、评论内容的质量、评论共识性以及接收者的信任倾向对于可信度的影响最大。叶施仁等[51]首先确定一个典型的水军账号，以此为发散点按照其网络关系扩展粉丝，将出现次数频繁的用户筛选出来放到一个集合里面，水军用户之间的关系相比真实用户具有高度的聚集性，基于此特点，进一步通过 Fast Unfolding 算法进行检测，该方法可以有效地发现包含大量水军的集团；王峰[52]提出了一种由自评估模型及互评估模型组成的模型 User-Rank，该算法可用来计算用户可信度，并进一步对其可信度得分进行排序。Racherla 和 Friske[53]的研究指出，对消费者而言，当评论者声誉较高时，其发布的在线评论更能降低产品信息的不确定性，具有更高的影响力。

3.2.5　有用性

信息有用性是一种感知价值，即用户能否在众多信息中获得有价值的信息，并在主观感受上认为其有帮助[34]。字数、时间、情感倾向等特征都是信息有用性的重要影响因素。一些学者以亚马逊的评论为研究对象，从评论本身特征出发，采用支持向量机的回归方式预测在线评论的有用性[54]。Huang 等[55]认为，在线评论的字数、评论者的性格特征以及评论信息对于有用性有很大的影响。郭林方[56]基于搜索型商品，通过实证研究表明评论深度、评论时间、回应度与评论有用性呈正相关，同时，他也指出，“购买过此产品”的在线评论有用性更大一些。

在一些研究中，评论情感倾向也被称为评论情感极性，一般分正向、负向、中性三种类型。面对正向评论与负向评论哪一类的有用性更大这一问题，目前的研究依然存在争议。Bae 和 Lee[57]通过研究，认为与正向评论相比，负向评论的有用性更大一些，信息诊断性理论、前景理论以及归因理论都可以解释这一观点。Pan 和 Zhang[58]的研究表明，正向评论对有用性的影响比负向评论大，这是因为根据情感一致性理论，多数情况下，消费者对产品有购买意向时才愿意花时间精力查阅在线评论，此类消费者多在一开始就对产品持有正向情感，此时负向评论的有用性会削弱。鉴于以上差异，学者们认为可能评论情感倾向与评论有用性之间的关系受某些因素调节。比如，Willemsen 等[59]将产品分为体验品和搜索品后展开研究，其研究结果表明，消费者在购买体验品时，认为负向评论有用性更大。Chen 和 Lurie[60]提出，由于消费者往往将负向评论归因于产品本身，将正向评论归因于消费者个人特质，使负向评论有用性更大，即负性偏差效应。

可读性表示文本易于阅读与理解的程度，能通过进行可读性测试的方法对其进行度量。根据学者现有的研究成果，可读性高的评论一般更容易理解，并可以吸引更多消费者阅读，获得更多的有用性投票。如 Korfiatis 等[61]认为，在线评论的可读性越强，其有用性也越高。

评分一致性或偏离度测度都是该评论的分数与其他评论的平均分数之间的差异。有学者认为，评分偏离度负向影响在线评论有用性，如 Simon 等[62]认为评分一致性较高的评论，其有用性更高。也有学者发现，评分偏离度正向影响在线评论有用性，如 Scholz 和 Dorner[63]指出，若一条评论其评分偏离度较大，那么该评论可能被认为包含更多信息，能够弥补其他评论对产品特征描述的不足，从而被认为价值更高、更有用。

3.2.6 新颖性

从用户的角度来看，新颖的信息就是他们先前并不知道但却符合他们偏好的信息。在一个网站中实现新颖性推荐的最简单方法就是将用户已经产生过交互行为的信息过滤掉。评价信息新颖度最简单的方法就是利用信息的平均流行度，因为越不热门的信息越可能使用户感到新颖[64]。

1999 年，Baeza-Yates 和 Ribiero-Neto[65]就提出使用新颖性维度来评价信息检索的结果，信息检索的新颖性是指用户对于检索结果的相关信息知晓的比例。Konstan 等[66]认为新颖性就是指用户不知道的。Celma 和 Herrera[67]认为，推荐列表的新颖度是用户不知道的信息比例，最好的测量方式是直接采用用户调查的方式询问用户对推荐列表中的信息是否知晓。

除去未知性，信息新颖性还包含符合用户兴趣与需求这一层含义。在基于新颖性内容的推荐算法中，有研究者认为新颖的信息应该是和用户兴趣具有一定相似度，或者和用户感兴趣的主题很接近，并且包含了新信息。Zhang 等[68]列举了三种度量信息差异度的方法：基于关键词集合差的方法、基于关键词向量距离和基于关键词分布相似度。Castells 等[69]根据可观测数据的类型和有效性来定义不同的新颖性度量指标，他们将用户和信息的关系分为选择(choice)、发现(discovery)和关联(relevance)，其度量方法的本质还是基于流行度，但是加入了效用度量。

现有研究对于信息新颖性的定义主要分为两个方面。一部分研究者认为新颖的信息是用户不知道的，假设流行度越高则用户的知晓概率就越大，因而采用信息的流行度来衡量用户的知晓概率；一部分研究者主要认为新颖信息是和用户已知信息具有差异性，采用距离函数来衡量信息和用户已知信息的差异性。但是从用户的角度而言，新颖的信息首先应该是用户喜欢的，其次才是未知性和差异性。因此在测量信息对于用户的新颖性时应该同时考虑喜好性、未知性和差异性这三个特征指标[70]。

3.3　信息质量评估的方法视角

目前，国内外一些单位和个人先后推出了各自的评估体系，主要涉及的研究领域为管理信息系统、数据库、数据模型、知识管理、医疗数据管理、会计学与审计学、互联网出版物等[71]。

2009 年，中国科学院数据应用环境建设与服务项目组发布的《数据质量评测方法与指标体系(征求意见稿)》[72]中提到了定性方法、定量方法和综合方法。其中，定性方法有第三方测评、用户反馈法和专家评议法；定量方法有访问量统计和计算机辅助检查；综合方法有层次分析法和缺陷扣分法。查先进和陈明红[73]从评估技术出发，把信息质量评估分为定性、定量和半定量三种，定性评估方法有问卷法、访谈法、观察法、对比法、模拟法、同行评议等；定量评估方法有基于信息熵的信息量评估、信息计量学评估法、信息资源价值评估方法、信息资源效用评估方法等；半定量方法有层次分析法、德尔菲法、模糊综合评估法等。本节从学科领域角度出发，对上述评估方法进行梳理。

3.3.1　基于社会统计学的方法与理论

3.3.1.1　专家咨询法

(1) 德尔菲法。

德尔菲法由 Helmer 和 Gordon 在 20 世纪 40 年代首创。1946 年，美国兰德公司为避免集体讨论存在的屈从于权威或盲目服从多数的缺陷，首次将这种方法用来进行定性预测，后来该方法迅速被广泛采用，其用途也扩展到军事、商业、医疗、市场需求等各领域的预测、评价、决策、管理沟通和规划工作。

德尔菲法[74]又称专家调查法，或专家咨询法，具体来说，就是由调查者拟定调查表，按照规定程序，采用某种通信方式分别将所需解决的问题或拟定的调查表单独发送到各个专家手中，征询意见，然后回收汇总全部专家的意见，并整理出综合意见。随后将该综合意见和预测问题再分别反馈给专家，再次征询意见，各专家依据综合意见修改自己原有的意见，然后再汇总。经过几轮征询和反馈，专家们的意见逐渐收敛接近正态分析,最终取得比较一致的预测结果的决策方法。

德尔菲法依据系统的程序，采用匿名发表意见的方式，即专家之间不得互相讨论，不发生横向联系，只能与调查人员发生关系，通过多轮次调查专家对问卷所提问题的看法，经过反复征询、归纳、修改，最后汇总成专家基本一致的看法，作为预测的结果，能够比较精确地反映出专家的主观意见。这种方法最大的优点是基于专家经验进行综合评估，在缺乏足够的客观数据或者方案价值在很大程度上取决于主观因素的情况下，可以得到良好的效果。德尔菲法的主要缺点是过程比较复杂，花费时间较长，受专家主观因素影响大，结果的客观性和准确性无法保证。

德尔菲法以其独特的优点在各领域的预测、评价、决策和规划工作中得到了广泛的应用。德尔菲法本身是为长期预测需要而创建的一种定量与定性相结合的方法，但在我国德尔菲法在评价领域的应用超过了预测领域，在评价体系建立与优化、评价模型构建、评价指标的选择等中扮演着不可或缺的角色[75]。信息质量评估中，评估指标体系一直是评估工作的核心内容，是评估工作顺利完成的关键因素。构建评估指标体系有多种方法，其中通过德尔菲法构建信息质量评估指标体系已经受到了广泛的关注和应用，例如，网络健康信息质量评估指标体系[76]、应急信息质量评估体系[77]、文献信息资源评价指标体系[78]等的构建，其研究步骤主要是：首先通过文献复习或总结相关领域专家研究成果等方法初步确定评价指标；然后选择相关领域专家，进行多轮专家咨询，筛选指标并确定指标权重等；最后对参与咨询的专家进行评价，根据专家咨询结果确定最终的指标体系。德尔菲法除了在信息质量评估指标体系中的广泛应用，在国外，还有学者运用德尔菲法，根据来自欧洲 23 个不同国家的 57 名药物信息专家提供的标准，通过比较同一药品的不同信息来源和同一信息来源中不同药品的信息内容，建立起评估药物信息来源的完整性的工具[79]。

(2) 决策试验与评价实验室法(DEMATEL)。

决策试验与评价实验室法[80](decision-making trial and evaluation laboratory，DEMATEL)，也称决策实验室法，是一种运用图论和矩阵工具的系统分析的方法。利用系统中各要素之间的逻辑关系和直接影响矩阵，可以计算出每个要素对其他要素的影响度以及被影响度，从而计算出每个要素的原因度与中心度，作为构造模型的依据，确定要素间的因果关系和每个要素在系统中的地位。DEMATEL 方法是由美国 Battelle 实验室的学者 Gabus 和 Fontella 于 1971 年在日内瓦的一次会议上提出的[81]。该方法最初用于研究复杂、困难的世界性问题(如种族、饥饿、环保、能源问题等)，以增加对世界问题关联的理解，并借由此方法获得全球各区域间更好的知识交流。目前 DEMATEL 方法的应用领域非常广泛，包括因素识别、信息质量评估等[82]。

DEMATEL 方法的实施主要包括以下五个步骤。①从研究目的出发，确定研究指标或元素，量化各元素之间的相互关系，得到直接影响矩阵；②通过归一化原始关系矩阵，得到规范化直接影响矩阵；③由规范化直接影响矩阵，计算得到综合影响矩阵；④由综合影响矩阵，得到各个要素的影响度、被影响度、中心度、原因度；⑤由计算得出的中心度与原因度绘图，并做出解释，根据实际情况进行进一步的处理，如去除非核心要素，与解释结构模型(interpretative structural modeling，ISM)等系统方法联用。

DEMATEL 方法减少了系统要素的构成，并简化了系统要素之间的关系，可以用于网络信息资源的评估。Tsai 等[83]在国家公园网站的案例研究中首先构建了一个评估国家公园网站的有效模型，然后运用了此种方法来应对评估标准之间的相互依赖性。Lee 等[84]使用此方法来研究影响大学图书馆网站满意度的重要因素。刘宪立和赵昆[85]在构建在线评论有用性影响因素体系基础上，运用模糊集理论与 DEMATEL 方法，分析 15 个影响在线评论有用性因素的属性及其相互关系，并识别出其中消费者专业知识、评论者信息披露、商品涉入度、评论写作风格、评论及时性以及评论信息完整性等六个关键影响因素。张宁和袁勤俭[86]构建面向管控规则、平台技术、信息内容和信息用户四个维度的学术社交网络信息质量治理决策模型，基于 DEMETAL 方法对各个影响策略进行识别与分析，确定影响学术社交网络信息质量的关键策略。

3.3.1.2　社会调查法

社会调查法[87]是有目的、有计划、有系统地搜集有关研究对象社会现实状况或历史状况材料的方法。社会调查法是研究性学习专题研究中常用的基本研究方法，它是综合运用历史研究法、观察研究法等方法以及谈话、问卷、个案研究、测验或实验等科学方式，对有关社会现象进行有计划的、周密的、系统的了解，并对调查搜集到的大量资料进行分析、综合、比较、归纳，借以发现存在的社会问题，探索有关规律的研究方法。

问卷调查法是社会调查法中常用的一种方式，问卷调查法因其覆盖范围广，可很大程度节省时间、人力和体力；它是结构化的调查方式，调查结果易量化；由于调查结果易统计处理和分析等优点在信息质量评估领域得到了广泛的关注和应用。利用问卷调查法进行信息质量评估主要包括一方面直接对网站、互联网资源、网络信息等进行问卷调查，从而筛选出高质量的网站[88]。董小英等[89]利用问卷调查法调查学术界用户对互联网资源的评价和用户对互联网服务的期望等情况。国外有学者专门设计了通用网站评估调查表，经过测试和修订成为衡量网站质量的可靠的问卷[90]。还有学者开发了信息质量评估问卷，让医疗保健领域专家为问卷开发一组问题，问卷分为三个部分：可靠性、覆盖率和总体质量[91]。问卷调查法还被用于数字图书馆网站可用性的探索[92]、手机图书馆网站服务质量评估[93]以及企业网站排名情况[94]。另一方面，利用问卷调查法可以对已构建的信息质量评估模型、信息质量影响因素模型等进行检验与修正。叶凤云等[95]构建了一个移动社交媒体用户信息质量评估模型，提出了相应研究假设和具体的评价指标体系，然后采用问卷调查法对模型进行检验与修正。刘冰和张耀辉[96]运用问卷调查法对所提出的网络用户体验与感知视角的信息质量影响因素模型进行验证与修正。

除了问卷调查法，社会调查法还包括访谈法、实验法、用户调查等方法，这些方法在信息质量评估领域也有一定的应用，特别是各种方法的结合使用可以更好地进行信息质量评估。比如，Wang 和 Strong[10]使用用户调查的方法对信息质量维度进行了划分，将其分为了四个类别。邓胜利和赵海平[97]选取年轻用户和中老年用户为样本，以三个健康网站为实验对象，采用实验法和半结构化访谈法探索并构建网络健康信息质量评估标准框架，并使用问卷调查法对其进行修正和完善。刘冰和张文珏[98]首先采用访谈方法构建了健康信息服务质量评估关键要素的假设模型，然后运用问卷调查法对所获调查数据进行统计分析，检验并修正所提出的假设模型，构建形成基于用户视角的网络健康信息服务质量评估体系。

3.3.1.3　第三方评价法

2009 年，中国科学院数据应用环境建设与服务项目组发布的《数据质量评测方法与指标体系(征求意见稿)》[99]中提到了第三方测评法。该意见稿中指出第三方主要是相对于管理方、建库单位以及信息用户而言，该方法是由第三方根据特定的信息需求，建立符合特定信息需求的数据质量评估指标体系，按照一定的评价程序或步骤，得出数据质量评估结论。第三方评价方法目前一般采用特定评价方法,其核心在于选择合理和科学的评价指标体系,这决定了定性评价的客观性、公正性、合理性和科学性。

在网络信息资源评价中，第三方评价法主要是相对于网络信息资源的发布者(所有者)以及网络信息资源用户而言的，主要形式有：①商业性的专业网络资源评价网站。例如，Magellan Internet Guide(http://www.rnckinley.com)是一个描述、评估、评论因特网信息资源的联机指南，内容涵盖英文、法文以及德文资源，其评价的主要标准有内容的完整性、资源组织、信息的新颖性以及易用性等。Argus Clearinghouse(http://www.clearinghouse.net)是由 Argus Associates 公司制作的信息评价工具，是一个因特网信息资源指南，该指南按类组织，由专人负责资源的评估工作，评价标准主要有资源描述水平、主观评估、设计水平、组织结构、用户界面以及元信息水平等。还有经常提到的网站资源评价 Lycos Top 5%(http://point.lycos.com/categories)等，这一形式的特点在于评价的范围多侧重于综合性网络资源，面向普通网络用户，所选择的评价指标包括日访问量、网站设计的感官效果等，注重网络资源的形式而非信息内容。②图书馆所提供的网络资源评价服务，一般针对学术信息资源评价，具有专业性，采用的评价指标体系多侧重于信息内容，且考虑网络信息的权威性、学术性，是专为科学研究而服务的，如 The Social Science Information Gateway(http://www.sosig.ac.uk/)这个杰出的英国社会科学信息门户，在对学术信息资源的筛选和评价中遵循着严格的标准，提出了由内容指标(有效性、权威性、准确性等)、媒介的形式指标(易用性、支持度、合适性等)、操作指标(信息、网站的新颖性、系统的稳定性等)构成的评价标准。

第三方评价法是目前较为普遍的网络信息资源评价方法，但也存在着一些缺点，例如，评价方法的合理性和可信性问题；网络信息的易变性和动态性可能导致网络信息资源评价工作的滞后性；无法完全满足用户的个性化与特殊化信息需求等。

3.3.1.4　对应分析法

对应分析(correspondence analysis)由 Benzenci 在 1970 年提出，也称为关联分析、R-Q 型因子分析，是近年新发展起来的一种多元相依变量统计分析技术，它是一种视觉化的数据分析方法，能够将看似无任何联系的几组数据通过视觉直观地以定位图的形式展现，然后通过分析图上的坐标点与各指标属性点之间的关系判断网络的优劣势[100]。

对应分析法是在 R 型和 Q 型因子分析的基础上发展起来的一种多元统计分析方法，因此对应分析又称为 R-Q 型因子分析。在因子分析中，如果研究的对象是样品，则需采用 Q 型因子分析；如果研究的对象是变量，则需采用 R 型因子分析。但是，这两种分析方法往往是相互对立的，必须分别对样品和变量进行处理。因此，因子分析对于分析样品的属性和样品之间的内在联系就比较困难，因为样品的属性是变值，而样品却是固定的。于是就产生了对应分析法。对应分析就克服了上述缺点，它综合了 R 型和 Q 型因子分析的优点，并将它们统一起来使得由 R 型的分析结果很容易得到 Q 型的分析结果，这就克服了 Q 型分析计算量大的困难；更重要的是可以把变量和样品的载荷反映在相同的公因子轴上，这样就把变量和样品联系起来，便于解释和推断[101]。

对应分析的基本思想是将一个联列表的行和列中各元素的比例结构以点的形式在较低维的空间中表示出来。它最大特点是能把众多的样品和众多的变量同时做到同一张图解上，将样品的大类及其属性在图上直观而又明了地表示出来，具有直观性。另外，还省去了因子选择和因子轴旋转等复杂的数学运算及中间过程，可以从因子载荷图上对样品进行直观的分类，而且能够指示分类的主要参数(主因子)以及分类的依据，是一种直观、简单、方便的多元统计方法。

对应分析法可以揭示同一变量中各个类别之间的差异，以及不同变量各个类别之间的对应关系。因此，能较好地评估网站定位问题和判别网站区分度。但是，其对不同类型的网站存在适用性差异，更适用于企业网站等充分竞争的网站，对评价非充分竞争的网站如学术研究型网站的作用不大。此外，对应分析法主要侧重的是网站的定位和客观的属性，对于网站技术和内容则涉及较少，需采用其他辅助方法加以弥补。Berthon 等[102]运用此方法对世界上 15 家电信公司网站进行了评价并指出对应分析法能够较好地评估网站的定位问题，能够较准确地评价出网站之间的区分度；Jowkar 和 Didegah[103]运用对应分析法对伊朗 24 家报纸网站进行了评价研究。国内学者引入对应分析法，分别对 30 个中国新闻类媒体网站和中国大学网站定量地进行评测和分析，并且将评测结果进行对比分析，以期促进我国网站建设和网络信息资源的规划和构建[104]；此外，Shen 等[105]也进行了类似评价。

3.3.2 基于心理学的方法与理论

3.3.2.1 SERVOUAL 评价法

SERVQUAL 是 Service Quality 的缩写，是由美国市场营销学家 Parasuraman 等于 1988 年提出的服务质量评估模型[106]。该评价法依据全面质量管理(total quality management，TQM)理论，其理论核心是“服务质量差距模型”，即面对一项服务，用户会有一定的期望值，而用户切身感受到的服务水平却又是另外一个值，服务质量取决于这两个值的差异程度，通常又称“期望—感知”模型。该模型认为顾客的感知服务质量高低决定了顾客对服务质量的评估，而顾客的感知服务质量取决于服务过程中顾客的感受与顾客对服务的期望之间的差异程度。当感知值高于期望值时，他们的感知服务质量就好，对服务质量的评价就高；反之，顾客对服务质量的评价就低[107]。

SERVQUAL 模型将服务质量影响因素归纳为五类，即有形性(tangibles)、可靠性(reliability)、响应性(responsiveness)、保证性(assurance)、移情性(empathy)，并设计了 22 个衡量项目，建立了 SERVQUAL 感知质量评估方法。随着网络的发展，越来越多的学者根据已有的理论结合现实情况对该模型进行了改进，提出了各种新的关于基于网络的服务质量的理论。比如，Li 等[108]为基于网络的信息系统提出评价其服务质量的模式和框架，除了可靠性、响应性、保证性，它将有形性细化为更多的指标，并且突出了用户使用时的效率，比如可获取性(access)、导航的简易(ease of navigation)、网站美观(site aesthetics)，强调了效率(efficiency)和安全性(security)，并针对信息服务主要提供信息这个产品的特点提出了定制/个性化(customization/personalization)和信息的质量(quality of information)这两个指标。

该模型以用户主观意识为中心的思想与信息服务质量评估注重用户感知的理念相契合，因此，SERVQUAL 评价法也被广泛运用在信息质量评估领域，特别是在信息服务质量评估中有不少应用，主要集中在图书馆领域的研究中。如宋秀梅[109]把 SERVQUAL 引入图书馆服务质量测评中，构建了高校图书馆服务质量的评价模型，并以广州铁路职业技术学院图书馆的实际调查为例，对模型进行验证。张珍连[110]在对 SERVQUAL 模型进行改善的基础上，构建了评价网络信息服务质量的指标体系，并采用问卷调查法与乘积标度法的评价方法，探索对网络信息服务机构服务质量评估的实现。张静等[111]引入 SERVQUAL 评价法，首先分析该方法用于信息服务质量评估的可行性，然后将此方法引入到信息机构的信息服务质量评估中，并初步构建了信息服务质量评估指标体系。美国研究图书馆协会[112](Association of Research Library，ARL)从 1974 年开始利用服务数据统计来对会员图书馆进行评价，这一评价方法随着图书馆服务内容的不断扩展，已经形成了完整的服务质量评估方法体系：SERVQUAL、LibQUAL+TM、DigiQual 和 MINES，这一评估体系是诸多图书馆信息服务评价中应用众多、影响最大的信息服务度量指标。基于 SERVOUAL 而建立的信息质量评估方法，为人们从用户满意度角度评价信息服务质量提供了新思路。

3.3.2.2 FMRI 技术

功能磁共振成像(functional magnetic resonance imaging，FMRI)技术的原理是通过特定任务影响大脑的状态，以使氧的摄取和血流之间产生不平衡，通过检验血流进入脑细胞的磁场变化，同时采用对磁场不均匀性敏感的 MR(magnetic resonance)成像序列，在脑皮层血管周围得到特定任务引起大脑相关区域状态信号的变化，从而实现脑功能成像，显示在执行特定任务时大脑相关区域的兴奋状况，使我们对人类大脑的功能定位和认知网络有更加直观、充分的认识。FMRI 技术使投身各种活动的个体回应的测量成为可能，为用户应激反应、信息处理、决策制定以及用户行为等复杂问题研究提供了新的思路。

由于人体大脑的功能定位涉及感知领域、情感与意志等心理活动，同时还包括为达到一定目的而进行的信息加工过程和高级心理活动，人类的心理活动及其行为受大脑的支配，FMRI 技术对人体无损伤、空间分辨率高，为研究引起各类心理与行为障碍的脑功能变化提供了新途径，已在心理学研究中得到了广泛的运用[113]。神经经济学家从自利理性人假设出发，将人际间的信任归结于一种风险投资行为，并将该行为与个人的风险态度偏好密切相关，随着脑成像技术的高速发展，神经经济学家利用 FMRI 技术，针对信任和风险的本质进行了大脑神经功能层面的研究，发现在人们做出信任与风险决策时，其大脑神经区域的激活情况及两种行为的神经调节机制之间均存在明显的差异[114,115]。

在信息质量与信任的有关研究中，Dimoka 和 Davis[116]提出，FMRI 技术有着增强对信息系统理论理解的潜力，并通过识别用户与不同有用性和易用性的网站交互时激活的大脑区域，来揭示技术采用背后的神经关联。认知神经科学在揭示认知、情感和社会过程的神经基础方面取得巨大进展，并提供了对信息技术与消费者、组织和市场中的信息处理、决策和行为之间复杂的相互作用的见解。信息技术极大地改变了经济交易的环境[117]，越来越多的交易是以计算机为媒介的，网上交易的增长越来越依赖于基于互联网的信息交流，由于信任和风险形成与自动信息处理机制有关，所以通过 FMRI 技术可以还原电商网站提供的信任保障服务所关联的潜在大脑活动机制，从而揭示不同类型的互联网信息服务所传达的信任心理来源[118]。在在线信息来源识别和信息过滤任务中，Meservy 等[119]借鉴认知神经科学和神经信息系统领域的研究，就内容和上下文线索在网络论坛信息过滤任务中的作用、不同类型的上下文线索的比较和互动效应，以及与过滤过程相关的神经功能等问题，使用 FMRI 技术进行了实验探究，该实验捕捉了论坛关注信息过滤行为，测量了解决方案内容和上下文线索评估所涉及的神经相关因素，从而为个人识别在线论坛中的有用或准确信息提供帮助。由于 FMRI 监测的生理数据或者大脑数据是人类不自觉产生的，无法进行操纵和篡改，同时也不易受主观偏见、社会期许偏见等因素的影响，所以将其用于特定情境中用户对信息质量的评估将具备较大的可靠性和准确性优势。但使用 FMRI 技术专业程度要求较高，花耗较大，且实验情境需要人为设定，存在缺陷。

3.3.3 基于信息科学的方法与理论

3.3.3.1 网络链接分析法

对于网络信息而言，网站或网页十分重要，网站自身组织方式、运作模式、管理水平等因素，对其发布信息的质量水平、数据准确性、可靠性有着极大影响，因此网络信息质量评估既要考虑传统的信息内容特征也要考虑外部特征，如网站、网页稳定性、安全性、外观设计等[120]。网络链接分析法将信息计量学中的引文分析法应用于网络信息计量中，该方法运用数据库、数学分析软件等工具，对网络链接自身的属性、链接对象、链接网络等进行分析，计算网络影响因子，揭示其数量特征和内在规律。网络链接反映了网络信息间的引证关系，在一定程度上反映了信息的价值，因此利用网络链接分析法可以评估信息的影响力、可信度等，为网络信息资源评价提供依据[121]。

网络链接分析法的核心在于网络影响因子的测算，1998 年，Ingwersen[122]受到文献计量学中期刊影响因子概念启发提出网络影响因子，通过分析一定时期内相对关注的网站或网页平均被引情况来评价网站在网上的影响力[123]。网络链接分析法是一种定量分析方法，具有操作简便、结果客观等优点，被广泛应用于网站影响力评估的研究中。Kemp 等[124]通过网络链接法调查特定主题的信息在网络上的可访问性和显著性。Yi 和 Jin[125]通过网络链接分析了七个加拿大图书情报学学校网站的外部可见性，并对网页内容进行了分组，研究了最可见的内容和最不可见的内容。段宇峰和邱均平[126]对指向网站的网页数和网络影响因子两种链接分析方法进行了比较，指出网络影响因子对评价网站质量和测定核心网站具有重要价值。丁楠和潘有能[127]统计了图书馆网站和省级图书馆网站的网页数和内链数，并计算了网站影响因子，对高校图书馆网站与省图书馆网站的影响力大小和差异进行了分析。黄贺方和孙建军[128]测度了腾讯、新浪、网易和搜狐四大网站的网页总数、链接总数、外部链接数，计算了网络影响因子和链接效率，以此分析网站的被利用情况和影响力大小；同时通过相关性分析发现外部链接数与人均页面访问量显著相关。于丰园[129]选取总网页数、总链接数、网络影响因子等八个链接指标，结合两个网页权重指标对教育智库网站进行评价。

3.3.3.2　层次分析法

层次分析法是由美国著名的运筹学家 Saaty 于 20 世纪 70 年代提出的一种决策方法，被广泛应用于计划、资源聚合、纠纷解决、最优选择、优化等领域[130]。其基本思路是结合定性和定量分析方法，利用人的分析、判断和综合能力，把一个复杂的问题分解成若干层次和因素，对这些因素重要性进行两两比较做出判断，确定不同因素的权重，为最佳方案的选择提供依据。

层次分析法是一种多指标的决策工具，是一种配对(pair-wise)比较的特征值方法，也提供了一种用于校准定量测量和定性性能的数据标度。在一系列标度方法中，最早提出且应用最广泛的是 1～9 标度。利用层次分析法解决问题包括以下步骤：①明确问题；②扩展问题的对象或考虑所有的因素；③明确影响行为的指标；④在层次结构中构建问题；⑤两两比较因素，构造一次性判断矩阵；⑥执行计算以找到每个指标的最大特征值、一致性指数(consistency index，CI)、一致性比率(consistency ratio，CR)以及归一化值；⑦如果最大特征值、CI 和 CR 是满意的，则基于归一化值进行决策，否则重复该过程直到这些值位于期望的范围内。

层次分析法能够将复杂问题条理化，且具有系统性、简洁性优点，适用于结构复杂、决策准则多且不易量化的决策问题[131]。信息资源评价往往比较复杂，需要从多个维度进行考虑，包含大量指标，在评估中应当理清各指标的关系和重要程度，建立层级指标体系。在信息资源评价中，运用层次分析法可以比较指标重要程度，从而确定指标权重，构建信息资源评价的层次结构模型和评价体系。

Madhikermi 等[132]利用层次分析法集成各种数据质量维度和专家意见，构建了维修报告信息质量评估体系，用于评估制造业维修部门维修数据报告的信息质量，并以一个芬兰跨国设备制造公司为例，说明如何运用该评估体系评估和提高报告质量。Rorissa 和 Demissie[133]利用层次分析法对非洲 582 个电子政务服务网站从网站类型、服务和功能以及电子政务服务的发展水平等方面进行了综合分析，并计算电子政务指数制作电子政务排名，通过与上一次排名比较得到发展状况，并就非洲的电子政务服务提出了建议。莫祖英等[134]从微博信息量、微博内容质量、信息来源质量和信息利用指标四个方面来构建指标体系，并细化成下一级指标，然后运用层次分析法，通过各层次指标重要性的两两对比构建判断矩阵，确定各指标权重，构建了微博信息质量评估模型，对客观准确评价微博信息质量，实现微博质量控制有重要意义。王小云和蓝少华[135]运用层次分析法对档案信息评价指标进行单层和层次间的权重计算和排序，建立了总体评价模型和具体评价步骤，并利用该模型对“海西记忆工程”进行案例分析。王伟红等[136]运用层次分析法，将信息披露质量相关影响因素划分为三个层次，确定各层次指标权重，构建了公益基金会在线信息披露的评估体系，并利用该体系进行信息披露评估和分析。

3.3.3.3 模糊综合评估法

模糊集理论是一个相对较新的软计算分析工具，用来分析对象的模糊描述。“模糊”可指代信息质量，是指信息粒化后产生的不一致性或模糊性。针对信息资源质量评估指标中概念边界不清晰、质性没有确切界定等模糊问题，该方法突破精确数学的逻辑和语言限制，以模糊数学为基础，应用模糊关系合成原理，通过构造登记模糊子集、量化评估对象的模糊指标，定量化边界不清、不易定量的因素进而进行综合评估。利用模糊综合评估法评估信息资源质量，就是对信息资源质量的多个模糊参数进行评估，首先通过建立因素(指标)集、评语集、权重集和评估矩阵进行单因素评价，在此基础上，从低层次到高层次(自下而上)把每层的评估结果作为上一层的输入，逐层计算，直到最终得到总的模糊评估结果[137]，该方法有效处理了信息质量评估中的不确定性问题，能客观评价信息资源质量的真实值。

(1) 模糊层次分析法。

前面我们探讨了层次分析法在信息评估领域的应用，随着层次分析法的发展和实际应用的需要，模糊思想和方法被引入层次分析法中，由此提出了模糊层次分析法(fuzzy analytic hierarchy process，FAHP)。FAHP 方法是在模糊数学中的综合评判法的基础上，在权重集的构建上使用基于层次分析法的思想引入的模糊一致性矩阵，对网络信息资源进行评价的一种方法，相较于传统层次分析法更为客观。

肖琼等[138]运用 FAHP 方法评价网络信息资源，提出了改进的 FAHP 评价模型，其中所建立的判断矩阵采用客观赋权法，即通过各指标值的差异程度来确定各个指标的权重，最后以网络期刊全文数据库为例进行了综合评价。Khalil 等[139]采用 FAHP 方法对医院信息系统中影响护士满意度的因素进行排序，通过回顾相关文献选择可能的因素，开发了一个包含 3 个主要因素和 22 个子因素的层次分析过程框架，运用模糊程度分析法计算这些因素的权重并对它们进行排序。Chen 等[140]针对网络舆情趋势预测与评价的不足，运用粗糙集理论对网络舆情监测指标体系的属性进行约简，并结合现实生活构建了更加科学的网络舆情监测指标体系，运用层次分析法确定指标权重，从定量和定性两方面提出了一种基于模糊综合评价模型的网络舆情趋势预测与评价方法。Jasmine 等[141]采用 FAHP 方法对个人博客、评论网站、社交网站和即时通信网站中的电影评论电子口碑进行评价，并根据信息质量和来源可信度两个全球标准对其进行评价，FAHP 方法提供了一种无偏见和透明的评估方法，可以对平台进行排名，并确定个人在接收信息时喜欢的平台。

(2) 熵权模糊综合评估法。

熵权模糊综合评估法将“熵权”概念引入模糊综合评估法中，用于修正指标的权重系数，是一种结合信息熵理论与模糊数学方法的方法。传统的模糊综合评估法，指标的权重是基于所研究领域专家意见确定的，具有一定的主观性，引入“熵权”概念，通过计算选择的指标的信息熵来确定各层指标的权重，并与指标的主观权重相结合，可以降低模糊评价模型中的主观影响，增加评价的可信度[142]。

在信息质量评估领域，张国海等[143]引入“熵权”概念，提出了基于熵权的高校图书馆网站模糊综合评判的基本步骤：①确定评判对象因素集；②建立评判对象的评语集；③进行单因素评判，确定模糊评判矩阵；④结合主观判定权值和客观熵权权重，确定单因素综合权重值；⑤计算模糊综合评判值。根据这些步骤，他以高校图书馆网站为例，验证了该方法相较于传统方法更为客观、合理。Nagpal 等[144]提出了一种主客观相结合的评价可用性的新方法，分别用模糊层次分析法和熵法对网站可用性进行评价，所提出的指标包括专家意见和用户经验等，指标体系较为完整准确。Qiao 等[145]指出信息的可靠性影响决策的质量，Zadeh 提出的 Z-数同时考虑了决策信息的模糊约束和可靠性约束，但基本运算仍然存在一些问题，因此他们定义了模糊约束的交叉熵和 Z-数的可靠性，并构造了一个综合加权交叉熵，从信息熵的角度对两个离散的 Z-数进行比较，在此基础上提出了一种基于相似理想解方法的订单偏好扩展技术，以解决离散 Z 环境下的多准则决策问题。Cheng 等[146]将模糊综合评价与信息熵相结合，运用风险度来衡量整个信息系统的风险程度，由于对风险发生的概率和影响的评价是模糊的，因此采用模糊综合评价法对风险因素进行评价，并利用熵权系数来确定各风险的权重，克服了专家指派的主观性。

(3) Vague 集方法。

模糊综合评估法是当前工业、管理评价领域常用的一种方法，它的评价结果比较全面和客观，适合于多主体、多层次、多类指标评价。但是该方法本身具有一定限制，其隶属度是一个单值，无法同时表示支持和反对的证据[147]。Vague 集理论是 Gau 和 Buehrer[148]于 1993 年提出的一种新型的处理模糊信息的模糊理论，该理论弥补了模糊集中隶属函数的不足，定义了真隶属函数与假隶属函数两个值，能更好地描述模糊、不确定信息，改进信息丢失问题。

Vague 集方法可以运用到评价工作中，李金铭和郑鹏[149]在模糊综合评价的基础上建立了 Vague 综合评价模型，其一般步骤为：①建立指标集，确定每个指标的正负两方面影响因素；②建立评语集，考虑各指标对质量正面或负面影响的程度；③建立真假评价矩阵；④运用频数统计法给出每个指标的权重，给出正负两组模糊权重向量；⑤Vague 综合评价；⑥归一处理或等级量化。

在信息质量评估中，Vague 集方法的优势在于可以同时考虑正负两方面影响因素，对不确定信息的处理更为客观科学，运用该方法可以计算各级指标分值、真隶属度、假隶属度以及与最理想状态的加权距离，得到各层评估结果和综合评估结果并进行分析。陈朝蓬等[150]研究了基于 Vague 集的信息质量评估方法，阐述了 Vague 集的概念，应用 Vague 集进行模糊数据融合，描述了基于 Vague 集的模糊数据融合处理的过程，同时还选取某单位决策控制信息质量评估作为实例，研究发现该方法得出的评估结果较传统模糊综合评估方法包含更多的信息量，论证了方法的可行性，为传统模糊综合评估法提供了有益补充。Fu 等[151]基于 Vague 值的三维表示和模糊集运算，给出了 Vague 集之间相似性度量的三组公式，提出了一种基于 Vague 集相似性度量的网络信息过滤与搜索方法，并通过实例表明公式是实用的。Feng 等[152]将模糊数据处理中的 Vague 集和 Rough 集相结合，提出了一种在不确定环境下提取知识的 Vague-Rough 集方法，在 Vague 决策信息系统中，利用 Vague 粗糙下近似分布、属性约简的概念和区分矩阵，计算所有属性约简，为不确定模糊知识的获取提供了新的途径。

3.3.3.4　数据包络分析法

数据包络分析法(data envelopment analysis，DEA)，是 1978 年 Charnes 等[153]在相对效率的基础上提出的一种系统分析方法，涉及运筹学、管理学和数理经济学[154]。它是一种按照多指标的投入和产出，对多个相同类型对象，即决策单元，进行有效性或效益性评价的非参数统计分析方法[155]。运用 DEA 方法一般包括以下步骤：①确定评价目的；②选择决策单元；③建立输入输出指标体系；④选择 DEA 模型；⑤评价和分析结果；⑥调整输入输出指标体系；⑦给出综合分析并评价结论。

信息质量评估需要从多维角度入手进行评价，对信息质量进行测度的指标十分庞杂,因此如何选择评价指标,判断指标必要性成为亟待解决的问题。运用 DEA 方法可以根据预先选择的指标建立 DEA 模型，然后计算剔除某一变量后各评估单元相对效率的变化，以此为依据判断在模型中对该变量的取舍[156]。利用该方法对评价指标进行筛选，可以建立精简高效的信息质量评估指标体系。

Bendoly 等[157]采用 DEA 方法，分析了从制造商企业资源系统收集的企业信息使用数据，来衡量信息使用效率，并与三年后从同一家公司收集的战略绩效数据相匹配，研究了制造商在战略实现过程中，对不同类型的企业信息使用的不同强调方式对其绩效的影响。Mahmood[158]运用 DEA 方法，研究了信息技术投资与经济绩效的关系，使用了八个 IT 投资指标作为输入，十个组织战略和经济绩效比率作为输出，研究发现在信息技术投资、组织战略和经济绩效方面，高效集团和低效集团之间存在着明显的区别。刘健等[159]运用模糊 DEA 方法，通过选择微博信息传播效果评价指标，建立模糊 DEA 模型，并借助回归分析中的后退法，计算剔除某变量后相对效率的欧氏距离对初步选择的投入指标和产出指标进行筛选，最终保留了 20 个指标，建立了微博信息传播评价指标体系，为衡量微博舆情传播效果提供了理论依据。李中梅等[160]也运用模糊 DEA 方法对初步选取的智库信息传播效果评价指标进行了筛选，剔除了对综合绩效评价影响较小的指标，最终构建了包括 7 个一级指标、17 个二级指标的新媒体环境下的智库信息传播效果评价指标体系。

3.3.3.5　基于监督学习的方法

机器学习是计算机领域最热门的技术之一，目前被广泛应用于文本分类、图像识别、自然语言处理、网络安全和金融交易等领域。1997 年，Mitchell[161]将机器学习定义为“计算机利用经验改善系统自身性能的行为”，机器学习预测、分类和模拟人脑的能力使其适用于信息质量的分类与评估，理性的算法和数理模型也使得信息质量评估更加准确、客观。针对传统信息资源质量评估过程中存在的评估指标概念边界不清晰、评估方法不够客观等问题，许多研究学者们开始探索机器学习的分类模型和人脑模拟在优化信息质量评估模型和方法中的应用，并取得了一定成果。就目前而言，根据训练数据集有无标识可将机器学习分为三类：监督学习、半监督学习和无监督学习。其中，监督学习是指利用一组已知类别的训练样本调整分类器的参数，使其达到所要求性能。常见的机器学习算法诸如支持向量机、贝叶斯分类、决策树、神经网络等，均在信息质量评估领域有着成功的应用。

(1) 支持向量机。

支持向量机是二元分类算法，由 Vapnik[162]于 1997 年提出。其基本思想是：给定一组两种类型的 N 维的地方点，SVM 产生一个(N−1)维超平面到这些点分成两组。假设有两种类型的点，且它们是线性可分的。SVM 将找到一条直线将这些点分成两种类型，并且这条直线会尽可能地远离所有的点。SVM 算法结构简单，具有较好的泛化能力，对小样本的自动分类有着较好的分类结果，目前使用 SVM 算法的领域包括显示广告、人类剪接位点识别、基于图像的性别检测和大规模的图像分类等。

SVM 方法采用结构风险最小化原则代替传统统计学中基于大样本的经验风险

最小化原则，避免了局部最优解，对于小样本情况下的质量评估问题有较好的学习分类能力和推广能力，同时 SVM 在排序问题上优于其他方法，如朴素贝叶斯和决策树等，因此在信息质量评估领域具有应用前景。Ferretti 等[163]利用多种机器学习方法对包含西班牙语维基百科中两种最常见的可验证性缺陷的文章进行了质量缺陷预测研究，实验证明偏置 SVM 和基于中心的平衡 SVM 等新方法的性能优于已有的方法。Wang 等[164]构建了一种基于文本特征的基于页面证据的垃圾邮件检测算法的内容信任模型，将 Web 垃圾邮件检测任务作为排序问题，利用 SVM 算法解决分类问题，验证了 SVM 垃圾邮件检测算法的有效性。管军[165]基于水质监测数据的特点，引入 SVM 算法，构建了基于地面检测数据的 SVM 水质状况识别模型，分析长江口水质状况，证明了 SVM 方法的可行性和较好的分类能力。朱晓玲等[166]提出了一种基于 SVM 算法的无参考遥感图像质量评估方法，通过建立遥感图像主观评价库，利用 SVM 将图像的失真类型分为三类，并对每类进行单项评价，再通过加权得到遥感图像的总评分与评价库进行比对。实验证明 SVM 方法能客观地评价遥感图像的质量，其结果与人眼视觉感受相符。

(2) 朴素贝叶斯分类器。

贝叶斯分类是一种在已知先验概率和类条件概率情况下的模式分类算法，是一种简单的线性分类器，最简单的贝叶斯分类器是朴素贝叶斯分类器(naive bayesian classifier，NBC)。NBC 的“朴素”是指它的条件独立性假设，即假设样本的非类别属性在给定类别的条件下相互独立，虽然在许多不满足独立性假设的情况下其仍然可能获得较好的结果。它在很多领域的应用中都表现出良好的性能。

Niwas[167]为了解决时域前段光学相干断层扫描(anterior segment optical coherence tomography，AS-OCT)图像质量评估问题，定义了一种基于复杂小波的局部二值特征图像评价方法，使用 NBC 汇集这些特征以获得最终的质量参数，并将评价结果与专家评价结果进行比较，与专家评价结果相似，验证了该方法具有自动客观定量评估 AS-OCT 图像质量的能力。为了提高 NBC 的性能，大量研究通过改进 NBC 模型增强 NBC 网络结构或者重新构建样本属性集，改进模型包括：中树增广的 NBC、增广贝叶斯网的 NBC、贝叶斯多网分类器等。其中，树增广的 NBC 的结构允许各属性节点之间构成树形结构，即若去掉根节点到各属性节点之间的有向弧，各属性节点之间形成树形结构，通过该模型容易看出各属性节点的条件互信息，判断变量的影响程度，适用于信息质量评估。方鹏程[33]以百度文库中采集的数据为例，采用树增广的 NBC 方法构建交互评价模型对内容质量进行评价，与专家评估结果进行比较，实验准确率达到 95%以上。邵军[168]在贝叶斯网络与随机森林算法的基础上提出组合贝叶斯网络分类模型，对场景进行分类，通过场景分类对图像质量进行评估，实验证明该方法在不同种类的图像中都可以取得理想的分类效果。

(3) 决策树。

决策树是一个决策支持工具，它采用树形图、决策模型以及序列可能性自顶向下递归的方式构造决策树。从商务决策的角度来看，大部分情况下，决策树是一个人为了评估做出正确决定的概率需要问的是否问题的最小数值。决策树最早起源于概念学习系统(concept learning system，CLS)，它是最早的决策树算法[169]，后来 Quinlan 于 1986 年提出的 ID3(interactive dicremiser version3)算法让决策树成为机器学习主流算法之一[170]，掀起了决策树研究的高潮。此后，Quinlan 和不少学者还提出了改进的方法，如 ID4(interactive dicremiser version4)、ID5(interactive dicremiser version5)、SLIQ(supervised learning in quest)等算法。

决策树算法利用信息论原理对大量样本的属性进行分析和归纳，采用自上而下的迭代策略,可对样本的条件属性进行分类和权重排序,适用于信息质量评估。Erik 等[171]构建了一个决策树模型,基于决策树模型提出了四个关于职业卫生数据质量的规范标准，即职业卫生信息的可用性、可变性和精确性问题、内部有效性和外部有效性，决策树最终产生三种质量类别，即提供充分信息的暴露数据、补充信息和应从暴露评估过程中排除的数据。Pham 和 Nguyen[172]运用决策树模型和 Weka 分析软件分析越南四大商业银行客户数据,将网站质量评估分为信息质量、视觉外观、可访问性和交互性四个方面的属性。Sun 等[173]同样利用决策树和 Weka 工具，识别出了在访问旅行社网站时影响客户体验质量水平的关键属性。但决策树算法在较深层次的样本划分中忽略了各类样本的整体分布情况，造成了对噪声的敏感。通过决策树剪枝技术可以克服噪声，同时也使决策树得到简化。所以，潘旭等[174]提出一种智能配电网多维数据质量评估方法,通过关联数据改进的决策树实现对数据准确度的判别，利用 ID3 算法和关联分析算法对某地区智能配电台区数据的准确度、完整度、冗余度、及时度和一致度进行分析和评估，验证了决策树方法信息质量评估的实用性。

(4) BP 神经网络。

误差方向传播算法(back propagation，BP)神经网络是人工神经网络的一种，由以 Rummelhart 和 McCelland 为首的科学家小组于 1986 年提出[175],它是一种按照误差逆传播算法训练的多层前馈神经网络，被广泛应用于股票预测、评价、金融以及物流分类等领域。典型的 BP 神经网络结构主要由输入层、中间隐含层和输出层三个层次构成，通过层间向前信息传递计算出输出值，再通过输出值和期望输出的误差不断反复训练缩小误差达到最小。BP 神经网络具有自学习、自我组织、分布式处理和大规模并行的特点，能够有效提高评价的准确性，减少主观因素的影响。但其存在训练时间长、计算结果精确度不高，期望结果与实际结果存在一定误差等问题。

BP 神经网络通过不断反复训练对网络结构进行调整直至最优状态，误差小，并且可以消除人为因素，保持结果的客观性；同时，神经网络的自学习性和自适应性特点可以实现动态学习和动态跟踪，不仅克服传统信息质量评估中主观性的缺陷，也能满足信息质量评估与时俱进、不断更新的需求，BP 神经网络是目前信息质量评估领域应用最广泛的人工神经网络之一。Orcik 等[176]提出了一种基于模块化探针的 IP 电话基础设施语音质量监控和评估系统，该系统动态测量语音质量并在中央服务器上采集结果，采用四态马尔可夫模型来模拟网络损伤对语音质量的影响，然后采用弹性 BP 算法对神经网络进行训练，以自动生成的图形和表格的形式显示语音质量的信息。他们提出的解决方案已在选定的编解码器上进行了测试，并进一步推广了 IP 环境下语音质量估计的概念。赵伟等[177]利用 BP 算法对网络信息资源的有效性进行评价，证明了BP算法信息评价的可行性和有效性。李全喜等[178]基于 BP 神经网络构建了短租类共享服务平台资源信息质量评估模型，使用 MATLAB2018a 软件对采集的 100 组样本数据进行训练和仿真验证，实验证明其较强的非线性映射能力使评价模型和用户实际评价过程相对吻合，具有较高的准确性和实用性。耿聪慧[179]引入人工神经网络构建会计信息质量评估模型，对选取的上市公司 400 组样本进行训练和测试，最终误差在规定的范围内，证明了 BP 神经网络会计质量评估模型的准确性。

3.3.3.6 基于无监督学习的方法

传统的机器学习方法在一定时间内其性能会随着数据的增加而增加，但由于监督学习方法形成的模型无法处理海量数据，在一段时间后，其性能会进入瓶颈期。在此基础上，大量的科学研究引入了无监督学习的方法。无监督学习是一种机器学习的训练方式，它是在没有标注的数据里发现潜在结构的一种训练方式，在计算机视觉、语音识别、自然语言处理等其他领域都有着广泛的应用。其应用于信息质量评估的主要技术方法有卷积神经网络(convolution neural network，CNN)和生成对抗网络(generative adversarial network，GAN)等。

(1) 卷积神经网络。

CNN 是一类包含卷积计算且具有深度结构的前馈神经网络，其网络结构中包含了卷积层和池化层，可用于自动学习输入数据的特征，进行无监督学习，在图像和语音识别方面具有很强的优势。

CNN 具有参数少、分类精度高、噪声数据分析能力强以及全局优化、自动设计特征提取模块的特点，在图像质量评估中具有很强的优势，被广泛应用于图像质量评估。Kang 等[180]构建了一个浅层的 CNN 模型来进行图像质量评估，同时将这种方法改进为多任务网络，在进行质量评估的同时学习失真类型。Bianco 等[181]通过 CNN 提取图像特征，同时利用支持向量回归(support vector regression，SVR)回归质量分数的方法来计算图像的预测分数。Kao 等[182]将图像分为场景、对象和纹理三类，每个类别都训练一个 CNN 来学习相关类别的审美特征。对于每个 CNN，分别开发分类和回归模型来预测审美等级，并给审美评分。实验证明该方法在每个类别上都能超过目前最先进的图像审美评估方法。但 CNN 也存在训练数量不足、局部图像块失真等问题，林根巧[183]针对这些问题提出基于信息熵的卷积网络 IQA-CNN_weight 模型，进行无参考图像质量评估，实验证明该方法能很好地评价失真图像的质量，接近人类视觉感知，具有较好的预测结果。张纯阳[184]也提出基于局部方差的 CNN 训练方法和基于密度估计的 CNN 训练方法，分别利用局部方差和密度估计的方法，对 CNN 进行改进，具有很好的图像质量评估效果。

(2) 生成对抗网络。

生成对抗网络是由 Goodfellow 于 2014 年首先提出来的一种学习框架[185]，受启发于博弈论中的二人零和博弈理论，其独特的对抗训练思想能生成高质量的样本，具有比传统机器学习算法更加强大的特征学习和特征表达能力[186]。其主要思想是同时训练生成网络和判别网络，生成网络的任务是“欺骗”判别网络，而判别网络需要判别生成网络的真实性，二者构成了一个动态的博弈过程，这样就构成了生成对抗网络模型。GAN 作为一种新的无监督学习算法框架已经成为当下的一个研究热点，目前被广泛应用于图像的超分辨率重建、语义分割等领域。

GAN 通过生成缺少的视觉感知差异信息来模拟人眼视觉系统，以失真图像产生感知差异图像，从而进行图像质量评估，具有较大的灵活性和可行性。针对现有质量评估方法不适合唐卡图像修复的问题和现有数据库中唐卡图像的不足的问题，Hu 等[187]利用 GAN 来生成大量可用的唐卡图像，通过模型与预测原始区域结构特征的差异，展示了模型对唐卡图像的主观评价得分，该方法形成了一个与人类视觉类似的唐卡图像修复质量指标。刘海等[188]引入 GAN，提出了一种基于生成视觉感知差异的无参考图像质量评估模型，通过 GAN 产生与失真图像相对应的视觉感知差异图像，再将其与失真图像输入质量评估网络进行进一步学习图像的失真信息，达到评估图像质量的目的。实验在 TID2008 和 TID2013 数据库上对失真图像质量预测准确度的提升都达到 1%以上，证明了 GAN 在图像质量评估中具有良好的优越性能。

3.3.3.7 基于半监督学习的方法

在机器学习的实际应用中，很容易出现大量无类标签的样本，这些样本需要花费大量时间和特殊设备进行人工标记才可以得到有类标签的样本，由此产生了少量的有类标签样本和大量的无类标签样本[189]。因此，研究者们尝试把无类标签样本加入有类标签样本中一起训练学习，由此产生了半监督学习[190]。半监督学习侧重关注在训练集中大部分数据的类别信息缺失的情况下，如何训练能够训练得到学习性能良好的学习器。它避免了数据和资源的浪费，同时解决了监督学习的模型泛化能力不强和无监督模型的模型不精确等问题。不少学者开始通过结合大量无类标号数据和少量有类标号数据构建分类模型，进而进行信息质量评估。

(1) 半监督支持向量机。

半监督支持向量机(semi-supervised support vector machine，S3VM)由直推学习支持向量机(transductive support vector machines，TSVM)变化而来，和 SVM 的原理相似，同时它使用带有标记和不带标记的数据来寻找一个拥有最大类间距的分类面，适用于解决缺少大量有输出的输入情况，缓解了只使用单一回归模型造成的错误累加，提高了回归模型的泛化能力。

Lei 和 Wang[191]构建了基于 SVM 协同训练的半监督回归模型，使用两个 SVM 回归模型进行协同训练。Ferretti 等[163]对包含西班牙语维基百科中两个最常见的可验证性缺陷的文章进行了质量缺陷预测研究。胡海峰[192]在分析了基于传统分类方法中的 SVM 模型和 logistic 回归模型等主流方法在社区问答系统中用户生成答案质量评估问题中的不足之后，提出了分别基于随机特征子空间和基于内容结构与社会化信息的两种协同训练方法，实验表明只需要少量的标注样本就能取得和监督学习方法相当甚至更好的答案质量评估性能。

(2) SOM 聚类。

自组织映射神经网络(self-organizing feature map，SOM)由 Kohonen 于 1981 年提出[193]。SOM 聚类是一种基于模型的聚类方法，可进行半监督学习，在信息分析领域具有广泛的应用。SOM 神经网络能“仿照”人脑神经系统的自组织特征映射的功能，它不像 BP 网络那样具有三层结构，它只包含输入层和输出层(或称作映射层)，将输入的 N 维空间数据映射到一个较低的维度，因为没有中间的隐藏层，所以保持了数据原有的拓扑结构，SOM 神经网络也因该优点被广泛应用于数据处理。

SOM 神经网络具有自组织概率性质和自组织排序性质，能够根据样本出现在输入空间的概率密度自组织、自适应地形成和改变这个概率分布密度相对应的神经元空间分布的密度关系，同时对输出样本进行聚类排序，可以比较好地建立信息产品的质量评估模型。Astudillo 等[194]利用基于树状拓扑结构的 SOM(tree-based topology oriented SOM，TTOSOM)进行半监督模式分类，实验发现该模型即使只有少量的神经元也可以与最先进监督学习的分类方案所获得的分类能力相当。王茜[195]根据神经网络的信息处理特性，提出了利用 SOM 网络进行信息产品质量评估的研究思路，并给出了相关模型。胡欣杰[196]提出了基于 SOM 模型为每个输出神经元增加一个阈值的改进方法，实验验证了 SOM 模型用于网络信息分类和评价的有效性，为网络舆情信息分类建模提供了有益的解决方案。王晨安等[197]引入 SOM 神经网络来提高影像分类的精度，针对神经网络中神经元距离选择问题，提出迭代训练方式来确定阈值的方法，以 Landsat5 遥感卫星数据作为实验材料，实验 Kappa 系数达到 0.9，精度能够满足遥感影像分类要求，实验结果验证了该方法在图像分类和评价应用上的准确性。

(3) 因子分解机。

因子分解机(factorization machine，FM)模型是由 Rendle 于 2010 年提出的一种基于矩阵分解的机器学习算法，旨在解决数据稀疏的情况下如何进行特征组合的问题[198]。目前被广泛地应用于广告预估模型中。

FM 模型对稀疏数据有很好的学习能力，通过交互项可以学习特征之间的关联关系，并且保证了学习效率和预估能力，可以处理回归、分类和排序问题，可以很好地应用于信息质量评估。Zhang 等[199]提出了一种基于服务功能聚类和服务质量的 Web APIs 推荐方法。首先利用 Doc2Vec 对 Web APIs 的描述文档进行聚类，获得功能聚类，然后利用深度 FM 模型提取服务的多维质量属性，挖掘它们之间的高阶组合交互关系，最后在可编程 Web 数据集上进行了对比实验，实验结果表明该方法在精度、召回率、纯度、熵等方面显著提高了 Web API 推荐性能。胡泽[200]针对在线问诊服务回答数据中存在大量未标注短文本数据，引入隐 FM 并建立了一个可以挖掘嵌入在未标注短回答文本中的高度非线性语义知识，俘获同一深度视角内不同特征间的非独立交互关系以及俘获不同视角间的高度非线性关系的深度协同训练框架，实现了对大量未标注的特征稀疏短文本回答的自动化标注以及对回答质量预测评价性能的提升。

参 考 文 献

[1] Stvilia B, Gasser L, Twidale M B, et al. A framework for information quality assessment. Journal of the American Society for Information Science and Technology, 2007, 58(12): 1720-1733.

[2] 袁满, 刘峰, 曾超, 等. 数据质量维度与框架研究综述. 吉林大学学报(信息科学版), 2018, (4): 444-451.

[3] 刘冰. 网络环境中基于用户视角的信息质量评价研究. 北京: 中国社会科学出版社, 2015.

[4] 马费成, 宋恩梅. 信息管理学基础. 2 版. 武汉: 武汉大学出版社, 2011.

[5] Kahn B K, Strong D M, Wang R Y. Information quality benchmarks: product and service performance. Communications of the ACM, 2002, 45(45): 184-192.

[6] Bailey J E, Pearson S W. Development of a tool for measuring and analyzing computer user satisfaction. Management Science, 1983, 29(5): 530-545.

[7] Delone W H, Mclean E R. Information systems success: the quest for the dependent variable. Information Systems Research, 1992, 3(1): 60-95.

[8] Delone W H, Mclean E R. The DeLone and McLean model of information systems success: a ten-year update. Journal of Management Information Systems, 2003, 19(4): 9-30.

[9] Nicolaou A I, Mcknight D H. Perceived information quality in data exchanges: effects on risk, trust, and intention to use. Information Systems Research, 2006, 17(4): 332-351.

[10] Wang R Y, Strong D M. Beyond accuracy: what data quality means to data consumers. Journal of

Management Information Systems, 1996, 12(4): 5-33.

[11] Hong T. The influence of structural and message features on web site credibility. Journal of the American Society for Information Science and Technology, 2006, 57(1): 114-127.

[12] 张会会, 马敬东, 蒋春红, 等. 健康类网站信息质量的评估研究. 医学信息学杂志, 2013, 34(7): 2-6.

[13] 王知津, 徐芳. 论信息服务十大走向. 中国图书馆学报, 2009, 35(1): 52-58.

[14] Ballou D P, Pazer H L. Modeling data and process quality in multi-input, multi-output information systems. Management Science, 1985, 31(2): 150-162.

[15] 李晶, 卢小莉, 王文韬. 基于用户视角的网络信息质量评价模型研究. 图书馆学研究, 2017, (9): 38-42.

[16] 胡昌平. 论网络化环境下的用户信息需求. 情报科学, 1998, 16(1):16-23.

[17] Kenett R S, Shmueli G. Information Quality: the Potential of Data and Analytics to Generate Knowledge. Hoboken: John Wiley and Sons, 2017.

[18] Stvilia B, Twidale M B, Smith L C, et al. Information quality work organization in Wikipedia. Journal of the American Society for Information Science and Technology, 2008, 59(6): 983-1001.

[19] Tang R, Ng K B, Strzalkowski T, et al. Toward machine understanding of information quality. Proceedings of the American Society for Information Science and Technology, 2003, 40(1): 213-220.

[20] Stvilia B, Gasser L, Twidale M B, et al. A framework for information quality assessment. Journal of the American Society for Information Science and Technology, 2007, 58(12): 1720-1733.

[21] Arazy O, Kopak R. On the measurability of information quality. Journal of the American Society for Information Science and Technology, 2011, 62(1): 89-99.

[22] Java A, Song X, Finin T, et al. Why we Twitter: understanding microblogging usage and communities// The 9th WebKDD and 1st SNA-KDD Workshop on Web Mining and Social Network Analysis, California, 2007.

[23] 危艳华. 面向信息检索的微博帖权威性计算方法研究. 武汉: 华中师范大学, 2017.

[24] Gao J, Dong Y W, Shang M S, et al. Group-based ranking method for online rating systems with spamming attacks. Europhysics Letters, 2015, 110(2): 28003.

[25] Bendersky M, Croft W B, Diao Y. Quality-biased ranking of web documents//The 4th International Conference on Web Search and Web Data Mining, Hong Kong, 2011.

[26] Alonso O, Carson C, Gerster D, et al. Detecting uninteresting content in text streams//The SIGIR Workshop on Crowdsourcing for Search Evaluation, Geneva, 2010.

[27] 艾瑞咨询.2017-2018 中国移动电商行业研究报告.https://www.iimedia.cn/c400/61300.html, 2018.

[28] 陶易. 在线评论有用性影响因素的实证研究. 哈尔滨: 黑龙江大学, 2018.

[29] Katerattanakul P, Siau K. Measuring information quality of web sites: development of an instrument//The 20th International Conference on Information Systems, Charlotte, 1999.

[30] 郭爱芳, 章丹, 李小芳, 等. 微信公众号持续关注度影响因素的实证分析: 基于信息特性视角. 情报杂志, 2017,(1): 131-135.

[31] 李明德, 高如. 媒体微信公众号传播力评价研究——基于 20 个陕西媒体微信公众号的考

察. 情报杂志, 2015, 34(7): 141-147.
[32] Cheung C M K, Lee M K O, Rabjohn N. The impact of electronic word-of-mouth: the adoption of online opinions in online customer communities. Internet Research, 2008, 18(3): 229-247.
[33] 方鹏程. 用户贡献内容质量评价研究. 北京: 北京邮电大学, 2011.
[34] Mudambi S M, Schuff D. What makes a helpful online review? A study of customer reviews on Amazon.com. Management Information Systems Quarterly, 2010, 1(34): 185-200.
[35] 严建援, 张丽, 张蕾. 电子商务中在线评论内容对评论有用性影响的实证研究. 情报科学, 2012, 30(5): 713-716, 719.
[36] 张世颖. 移动互联网用户生成内容动机分析与质量评价研究. 吉林: 吉林大学, 2014.
[37] 焦丽娜. 问答式在线评论信息质量对平台使用意愿的影响研究. 大连: 东北财经大学, 2018.
[38] Filieri R, Mcleay F. E-WOM and accommodation: an analysis of the factors that influence travelers' adoption of information from online reviews. Journal of Travel Research, 2013, 53(1): 44-57.
[39] Shah C. Measuring effectiveness and user satisfaction in Yahoo! Answers. First Monday, 2011, 16(2).
[40] Anand D, Vahab F A. Predicting post importance in question answer forums based on topic-wise user expertise//International Conference on Distributed Computing and Internet Technology, Bhubaneswar, 2015.
[41] 王军, 丁丹丹. 在线评论有用性与时间距离和社会距离关系的研究. 情报理论与实践, 2016, 39(2): 73-77, 81.
[42] Qazvinian V, Rosengren E, Radev D R, et al. Rumor has it: identifying misinformation in microblogs//The Conference on Empirical Methods in Natural Language Processing, Edinburgh, 2011.
[43] Wang A H. Don't follow me-spam detection in Twitter//The International Conference on Security and Cryptography, Athens, 2010.
[44] Al-Khalifa H S, Al-Eidan R M. An experimental system for measuring the credibility of news content in Twitter. International Journal of Web Information Systems, 2011, 7(2): 130-151.
[45] Castillo C, Mendoza M, Poblete B. Information credibility on Twitter//The 20th International Conference on World Wide Web, Hyderabad, 2011.
[46] 蒋盛益, 陈东沂, 庞观松, 等. 微博信息可信度分析研究综述. 图书情报工作, 2013, 57(12): 136-142.
[47] Ma T, Atkin D. User generated content and credibility evaluation of online health information: a meta analytic study. Telematics and Informatics, 2016, 34(5): 472-486.
[48] 李文政, 张云飞, 周思琪, 等. 基于 Peoplerank 的微博用户可信度排序算法. 微型电脑应用, 2017, 33(5): 4-7.
[49] Banerjee S, Bhattacharyya S, Bose I. Whose online reviews to trust? Understanding reviewer trustworthiness and its impact on business. Decision Support Systems, 2017, 96: 17-26.
[50] 郭国庆, 李光明. 购物网站交互性对消费者体验价值和满意度的影响. 中国流通经济, 2012, (2): 112-118.

[51] 叶施仁, 叶仁明, 朱明峰. 基于网络关系的微博水军集团发现方法. 计算机工程与应用, 2017, (6): 96-100.
[52] 王峰, 余伟, 李石君. 新浪微博平台上的用户可信度评估. 计算机科学与探索, 2013, (12): 1125-1134.
[53] Racherla P, Friske W. Perceived 'usefulness' of online consumer reviews: an exploratory investigation across three services categories. Electronic Commerce Research and Applications, 2012, 11(6): 548-559.
[54] Kim S M, Pantel P, Chklovski T, et al. Automatically assessing review helpfulness//The 2006 Conference on Empirical Methods in Natural Language Processing, Sydney, 2006.
[55] Huang A H, Chen K, Yen D C, et al. A study of factors that contribute to online review helpfulness. Computers in Human Behavior, 2015, 23(2): 17-27.
[56] 郭林方. 影响在线评论有用性的相关因素研究. 大连: 东北财经大学, 2012.
[57] Bae S, Lee T. Gender differences in consumers' perception of online consumer reviews. Electronic Commerce Research, 2011, 11(2): 201-214.
[58] Pan Y, Zhang J Q. Born unequal: a study of the helpfulness of user-generated product reviews. Journal of Retailing, 2011, 87(4): 598-612.
[59] Willemsen L M, Neijens P C, Bronner F, et al. "Highly Recommended!" the content characteristics and perceived usefulness of online consumer reviews. Journal of Computer-Mediated Communication, 2011, 17(1): 19-38.
[60] Chen Z, Lurie N H. Temporal contiguity and negativity bias in the impact of online word of mouth. Journal of Marketing Research, 2013, 50(4): 463-476.
[61] Korfiatis N, Garcia-Bariocanal E, Sanchez-Alonso S. Evaluating content quality and helpfulness of online product reviews: the interplay of review helpfulness vs. review content. Electronic Commerce Research and Applications, 2012, 11(3): 205-217.
[62] Simon Q, Mario P, Iris V. When consistency matters: the effect of valence consistency on review helpfulness. Journal of Computer-Mediated Communication, 2015, 20(2): 136-152.
[63] Scholz M, Dorner V. The recipe for the perfect review?. Business and Information Systems Engineering, 2013, 5(3): 141-151.
[64] Lü L, Medo M, Yeung C H, et al. Recommender systems. Physics Reports, 2012, 519(1): 1-49.
[65] Baeza-Yates R, Ribeiro-Neto B. Modern Information Retrieval. Beijing: China Machine Press, 2004.
[66] Konstan J A, McNee S M, Ziegler C N, et al. Lessons on applying automated recommender systems to information-seeking tasks//The 21st National Conference on Artificial Intelligence and the 18th Innovative Applications of Artificial Intelligence Conference, Boston, 2006.
[67] Celma Ò, Herrera P. A new approach to evaluating novel recommendations//The ACM Conference on Recommender systems, Lausanne, 2008.
[68] Zhang Y, Callan J, Minka T. Novelty and redundancy detection in adaptive filtering//The 25th Annual International ACM SIGIR Conference on Research and Development in Information Retrieval, Tampere, 2002.
[69] Castells P, Hurley N J, Vargas S. Novelty and Diversity in Recommender Systems//Kantor P, Ricci

F, Rokach L, et al. Recommender Systems Handbook. Boston: Springer, 2015: 881-918.
[70] 张亮. 网络推荐系统中基于时间信息的新颖性研究. 厦门: 厦门大学, 2017.
[71] 马小闳, 龚国伟. 信息质量评估研究. 情报杂志, 2006, 25(5): 19-21.
[72] 百度文库. 数据质量评测方法与指标体系. https://wenku.baidu.com/view/539d20adf605cc1755270722192e453610665bcf. html, 2018.
[73] 查先进, 陈明红. 信息资源质量评估研究. 中国图书馆学报, 2010, 36(2): 46-55.
[74] 百度百科. 德尔菲法. https://baike.baidu.com/item/%E5%BE%B7%E5%B0%94%E8%8F%B2%E6%B3%95#7.html, 2019.
[75] 袁勤俭, 宗乾进, 沈洪洲. 德尔菲法在我国的发展及应用研究——南京大学知识图谱研究组系列论文. 现代情报, 2011, 31(5): 3-7.
[76] 赵玉遂, 许燕, 吴青青, 等. 应用德尔菲法构建网络健康信息质量评价指标体系. 预防医学, 2018, 30(2): 121-124.
[77] 徐文强. 大数据环境下应急信息质量评估体系研究. 南昌: 南昌大学, 2019.
[78] 杜占江, 王金娜, 肖丹. 构建基于德尔菲法与层次分析法的文献信息资源评价指标体系. 现代情报, 2011, 31(10): 9-14.
[79] Arguello B, Salgado T M, Laekeman G, et al. Development of a tool to assess the completeness of drug information sources for health care professionals: a Delphi study. Regulatory Toxicology and Pharmacology, 2017, 90: 87-94.
[80] 百度百科. 决策试验和评价试验法. https://baike.baidu.com/item/%E5%86%B3%E7%AD%96%E8%AF%95%E9%AA%8C%E5%92%8C%E8%AF%84%E4%BB%B7%E8%AF%95%E9%AA%8C%E6%B3%95.html, 2019.
[81] Gabus A, Fontella E. Perceptions of the World Problematique: Communication Procedure and Communicating with those Bearing Collective Responsibility. Geneva: Battelle Geneva Research Centre, 1973.
[82] 刘春荣, 周武忠. 产品创新设计策略开发. 上海: 上海交通大学出版社, 2015.
[83] Tsai W H, Chou W C, Lai C W. An effective evaluation model and improvement analysis for national park websites: a case study of Taiwan. Tourism Management, 2010, 31(6): 936-952.
[84] Lee Y C, Hsieh Y F, Guo Y B. Construct DTPB model by using DEMATEL: a study of a university library website. Program: Electronic Library and Information Systems, 2013, 47(2): 155-169.
[85] 刘宪立, 赵昆. 在线评论有用性关键影响因素识别研究. 现代情报, 2017, 37(1): 94-99, 105.
[86] 张宁, 袁勤俭. 学术社交网络信息质量的治理和提升. 图书情报工作, 2019, 63(23): 79-86.
[87] 百度百科. 社会调查法. https://baike.baidu.com/item/%E7%A4%BE%E4%BC%9A%E8%B0%83%E6%9F%A5%E6%B3%95.html, 2016.
[88] 陈文静, 陈耀盛. 网络信息资源评价研究述评. 四川图书馆学报, 2004, (1): 25-31.
[89] 董小英, 张本波, 陶锦, 等. 中国学术界用户对互联网信息的利用及其评价. 图书情报工作, 2002, (10): 29-40.
[90] Elling S, Lentz L, Jong M D. Website evaluation questionnaire: development of a research-based tool for evaluating informational websites//The 6th International Conference on Electronic Government, Regensburg, 2007.
[91] Charnock D, Shepperd S, Needham G, et al. DISCERN: an instrument for judging the quality of

written consumer health information on treatment choices. Journal of Epidemiology and Community Health, 1999, 53(2): 105-111.

[92] Zimmerman D, Paschal D B. An exploratory usability evaluation of Colorado State University Libraries' digital collections and the Western Waters Digital Library Web sites. Journal of Academic Librarianship, 2009, 35(3): 227-240.

[93] Wang C Y, Ke H R, Lu W C. Design and performance evaluation of mobile web services in libraries: a case study of the Oriental Institute of Technology Library. Electronic Library, 2012, 30(1): 33-50.

[94] Oppenheim C, Ward L. Evaluation of websites for B2C e-commerce. Aslib Proceedings, 2006, 58(3): 237-260.

[95] 叶凤云, 邵艳丽, 张弘. 基于行为过程的移动社交媒体用户信息质量评价实证研究. 情报理论与实践, 2016, 39(4): 71-77.

[96] 刘冰, 张耀辉. 基于网络用户体验与感知的信息质量影响因素模型实证研究. 情报学报, 2013, 32(6): 663-672.

[97] 邓胜利, 赵海平. 用户视角下网络健康信息质量评价标准框架构建研究. 图书情报工作, 2017, 61(21): 30-39.

[98] 刘冰, 张文珏. 基于用户视角的网络健康信息服务质量评价体系构建研究. 情报科学, 2019, 37(12): 40-46.

[99] 中国科学院数据应用环境建设与服务项目组. 中国科学院数据应用环境建设与服务数据质量评测方法与指标体系(征求意见稿). http://www.csdb.cn/upload/101205/1012052021536150.pdf.html, 2009.

[100] 百度百科. 对应分析法. http://baike.baidu.com/view/26923.html, 2020.

[101] 高惠璇. 应用多元统计分析. 北京: 北京大学出版社, 2005.

[102] Berthon P R, Pitt L F, Ewing M, et al. Positioning in cyberspace: evaluating telecom web sites using correspondence analysis. Information Resources Management Journal, 2001, 14(1): 13-21.

[103] Jowkar A, Didegah F. Evaluating Iranian newspapers' web sites using correspondence analysis. Library Hi Tech, 2010, 28(1): 119-130.

[104] 马费成, 李东旻. 对应分析法对差异性网站评价的比较研究. 情报科学, 2005, 23(3): 321-328.

[105] Shen X, Li D, Shen C. Evaluating China's university library web sites using correspondence analysis. Journal of the American Society for Information Science and Technology, 2006, 57(4): 493-500.

[106] Parasuraman A, Zeithaml V A, Berry L L. SERVQUAL: a multiple-item scale for measuring consumer perceptions of service quality. Journal of Retailing, 1988, 64(1): 12-40.

[107] Parasuraman A, Zeithaml V A, Berry L L. Delivering Quality Service: Balancing Customer Perceptions and Expectations. New York: The Free Press, 1990.

[108] Li Y N, Tan K C, Xie M. Factor analysis of service quality dimension shifts in the information age. Management Auditing Journal, 2003, 18(4): 297-302.

[109] 宋秀梅. 基于 SERVQUAL 模型改进的图书馆服务质量评价模型构建. 高校图书馆工作, 2013, 33(4): 52-55.

[110] 张珍连. 网络信息服务质量评价指标研究. 情报杂志, 2005, (2): 82-83, 86.
[111] 张静, 锅艳玲, 李静. SERVQUAL 评价法在信息机构的信息服务质量评价工作中的应用研究. 河北省科学院学报, 2011, 28(2): 10-14.
[112] 施国洪, 王治敏. 图书馆服务质量评价研究回顾与展望. 中国图书馆学报, 2009, 35(5): 91-98.
[113] Uddin L Q, Davies M S, Scott A A, et al. Neural basis of self and other representation in autism: an fMRI study of self-face recognition. Plos One, 2008, 3(10): 3526.
[114] Mccabe K, Houser D, Ryan L, et al. A functional imaging study of cooperation in two-person reciprocal exchange. MPRA Paper, 2001, 98(20): 11832-11835.
[115] Aimone J A, Houser D, Weber B. Neural signatures of betrayal aversion: an fMRI study of trust. Proceedings of the Royal Society B Biological Sciences, 2014, 281(1782): 2013-2127.
[116] Dimoka A, Davis F D. Where does TAM reside in the brain? The neural mechanisms underlying technology adoption//International Conference on Information Systems, Algarve, 2008.
[117] Riedl R, Kenning P, Mohr P, et al. Trusting humans and avatars: behavioral and neural evidence//The 32nd International Conference on Information Systems, Shanghai, 2011.
[118] Casado-Aranda L A, Dimoka A, Sanchez-Fernandez J. Consumer processing of online trust signals: a neuroimaging study. Journal of Interactive Marketing, 2019, 47: 159-180.
[119] Meservy T O, Fadel K J, Kirwan C B, et al. An fMRI exploration of information processing in electronic networks of practice. MIS Quarterly, 2019, 43(3): 851-872.
[120] 李琰. 网络信息资源评价综述. 中国科技信息, 2008, (11): 120-122.
[121] 潘浩. 网络链接分析法基本原理. 科技情报开发与经济, 2009, 19(1): 116-117.
[122] Ingwersen P. The calculation of web impact factors. Journal of Documentation, 1998, 54: 236-243.
[123] 张洋, 邱均平, 文庭孝. 网络链接分析研究进展. 图书情报知识, 2004, (6): 3-8.
[124] Kemp C G, Collings S C. Hyperlinked suicide. Crisis, 2011, 32(3): 143-151.
[125] Yi K, Jin T. Hyperlink analysis of the visibility of Canadian library and information science school web sites. Online Information Review, 2008, 32(3): 325-347.
[126] 段宇锋, 邱均平. 基于链接分析的网站评价研究. 中国图书馆学报, 2005, (4): 19-23, 41.
[127] 丁楠, 潘有能. 基于链接的公共图书馆与高校图书馆网站影响力比较研究. 图书馆学研究, 2010, (7): 41-46.
[128] 黄贺方, 孙建军. 基于链接分析的网站评价实证研究——以四大门户网站为例. 情报杂志, 2011, 30(1): 74-77.
[129] 于丰园. 基于链接分析法的中国教育智库网站影响力评价研究. 江西科技师范大学学报, 2019, (1): 96-103.
[130] Saaty T L. How to make a decision: the analytic hierarchy process. European Journal of Operational Research, 1994, 48(1): 9-26.
[131] 吕静, 邹小筑. 国内网络信息资源评价研究综述. 图书馆学研究, 2010, (8): 8-10, 80.
[132] Madhikermi M, Kubler S, Robert J, et al. Data quality assessment of maintenance reporting procedures. Expert Systems With Applications, 2016, 63: 145-164.
[133] Rorissa A, Demissie D. An analysis of African e-Government service websites. Government

Information Quarterly, 2010, 27(2): 161-169.
[134] 莫祖英, 马费成, 罗毅. 微博信息质量评价模型构建研究. 信息资源管理学报, 2013, 3(2): 12-18.
[135] 王小云, 蓝少华. 档案信息质量评价之指标权重分析及运用——基于层次分析法. 档案学通讯, 2010, (1): 41-45.
[136] 王伟红, 徐玉楠, 朱蒙雅. 层次分析法在信息披露质量评估中的应用——以公益基金会为例. 中国资产评估, 2020, (4): 35-42.
[137] 查先进. 信息分析与预测. 武汉: 武汉大学出版社, 2000.
[138] 肖琼, 汪春华, 肖君. 基于模糊层次分析法的网络信息资源综合评价. 情报杂志, 2006, (3): 63-65.
[139] Kimiafar K, Sadoughi F, Sheikhtaheri A, et al. Prioritizing factors influencing nurses' satisfaction with hospital information systems. Computers Informatics Nursing, 2014, 32(4): 174-181.
[140] Chen X G, Duan S, Wang L D. Research on trend prediction and evaluation of network public opinion. Concurrency and Computation: Practice and Experience, 2017, 29(24): e4212.
[141] Jasmine A L, Ignatius J, Ramayah T. Determining consumers' most preferred eWOM platform for movie reviews: a fuzzy analytic hierarchy process approach. Computers in Human Behavior, 2014, 31: 250-258.
[142] 吴昌钱, 郑宗汉. 基于信息熵的模糊综合评价算法研究. 计算机科学, 2013, 40(1): 208-210.
[143] 张国海, 马晓英, 刘秀梅. 高校图书馆网站的熵权模糊综合评判. 情报杂志, 2007, (2): 121-122.
[144] Nagpal R, Mehrotra D, Bhatia P K. Usability evaluation of website using combined weighted method: fuzzy AHP and entropy approach. International Journal of System Assurance Engineering and Management, 2016, 7(4): 408-417.
[145] Qiao D, Wang X, Wang J, et al. Cross entropy for discrete Z-numbers and its application in multi-criteria decision-making. International Journal of Fuzzy Systems, 2019, 21(6): 1786-1800.
[146] Cheng Y D, He J D, Hu F G. Quantitative risk analysis method of information security-combining fuzzy comprehensive analysis with information entropy. Journal of Discrete Mathematical Sciences and Cryptography, 2017, 20(1): 149-165.
[147] 张东风, 张金隆, 窦亚玲. Vague 综合评判方法. 计算机工程与应用, 2009, 45(9): 154-156.
[148] Gau W L, Buehrer D J. Vague sets. IEEE Transactions on Systems Man and Cybernetics, 1993, 23(2): 610-614.
[149] 李金铭, 郑鹏. 基于 Vague 集的软件质量综合评价. 计算机应用与软件, 2009, 26(1): 281-284.
[150] 陈朝蓬, 李兴兵, 肖巍. 基于 Vague 集的信息质量评估方法研究. 信息系统工程, 2012, (5): 122-124.
[151] Fu X F, Liu M, Chen J. Application of similarity measure between vague sets in network information filtering//The 1st International Conference on Information Sciences, Machinery, Materials and Energy, Chongqing, 2015.
[152] Feng L, Li T, Ruan D, et al. A vague-rough set approach for uncertain knowledge acquisition. Knowledge-Based Systems, 2011, 24(6): 837-843.

[153] Charnes A W, Cooper W W, Rhodes E L. Measuring the efficiency of decision making units. European Journal of Operational Research, 1978, 2(6): 429-444.
[154] 盛晨, 庞娟. 数据包络分析(DEA)方法综述. 科技经济导刊, 2016,(20): 8-10+5.
[155] 傅传永. 国内网络信息资源评价研究综述. 内江科技, 2016, 37(1): 77-78.
[156] 娄冬华, 易洪刚, 于浩, 等. 综合绩效分析指标筛选的数据包络分析法. 现代预防医学, 2009, 36(9): 1612-1614.
[157] Bendoly E, Rosenzweig E D, Stratman J K. The efficient use of enterprise information for strategic advantage: a data envelopment analysis. Journal of Operations Management, 2009, 27(4): 310-323.
[158] Mahmood M A. Evaluating organizational efficiency resulting from information technology investment: an application of data envelopment analysis. Information Systems Journal, 1994, 4(2): 93-115.
[159] 刘健, 毕强, 李瑞. 微博舆情信息传播效果评价指标体系构建研究——基于模糊数据包络分析法. 情报理论与实践, 2016, 39(12): 31-38.
[160] 李中梅, 张向先, 陶兴, 等. 新媒体环境下智库信息传播效果评价指标体系构建研究. 情报科学, 2020, 38(2): 59-67.
[161] Mitchell T M. Machine Learning. New York: McGraw-Hill, 1997.
[162] Vapnik V N. The nature of statistical learning theory. IEEE Transactions on Neural Networks, 1997, 8(6): 1564.
[163] Ferretti E, Cagnina L, Paiz V, et al. Quality flaw prediction in Spanish Wikipedia: a case of study with verifiability flaws. Information Processing and Management, 2018, 54(6): 1169-1181.
[164] Wang W, Zeng G, Tang D. Using evidence based content trust model for spam detection. Expert Systems with Applications, 2010, 37(8): 5599-5606.
[165] 管军. 支持向量机在水质监测信息融合与评价中的应用研究. 南京: 河海大学, 2006.
[166] 朱晓玲, 许妙忠, 丛铭. 基于支持向量机的无参考遥感图像质量评价方法. 航天返回与遥感, 2014, 35(6): 83-90.
[167] Niwas S I, Jakhetiya V, Lin W, et al. Complex wavelet based quality assessment for AS-OCT images with application to angle closure glaucoma diagnosis. Computer Methods and Programs in Biomedicine, 2016, 130: 13-21.
[168] 邵军. 基于场景分类的图像质量评价. 上海: 上海交通大学, 2013.
[169] Hunt E B, Marin J, Stone P T. Experiments in Induction. New York: Academic Press, 1966.
[170] Quinlan J R. Induction of decision trees. Machine Learning, 1986, 1(1): 81-106.
[171] Erik T, Hans M, Johan D C, et al. A proposal for evaluation of exposure data. The Annals of Occupational Hygiene, 2002, 46(3): 287-297.
[172] Pham T T X, Nguyen T N. Key attributes of banking website quality in Vietnam: a decision tree approach//The International Conference of the Korea Distribution Science Association, 2017.
[173] Sun P, Cárdenas D A, Harrill R. Chinese customers' evaluation of travel website quality: a decision-tree analysis. Journal of Hospitality Marketing and Management, 2016, 25(4): 476-497.
[174] 潘旭, 王金丽, 赵晓龙, 等. 智能配电网多维数据质量评价方法. 中国电机工程学报, 2018, 38(5): 1375-1384.

[175] Rummelhart D E, Hinton G E, Williams R J. Learning internal representations by error propagation. Readings in Cognitive Science, 1986, 323(2): 318-362.

[176] Orcik L, Voznak M, Rozhon J, et al. Prediction of speech quality based on resilient backpropagation artificial neural network. Wireless Personal Communications, 2017, 96(4): 5375-5389.

[177] 赵伟, 张秀华, 张晓青. 基于BP算法的网络信息资源有效性评价研究. 现代图书情报技术, 2006, (7): 52-55.

[178] 李全喜, 徐嘉徽, 魏骏巍, 等. 基于 BP 神经网络的共享服务平台资源信息质量评价研究——以短租类共享服务平台为例. 图书情报工作, 2019, 63(10): 125-133.

[179] 耿聪慧. 基于BP神经网络的会计信息质量评价. 财会通讯, 2019, (31): 107-111.

[180] Kang L, Ye P, Li Y, et al. Convolutional neural networks for no-reference image quality Assessment//The IEEE Conference on Computer Vision and Pattern Recognition, Columbus, 2014.

[181] Bianco S, Celona L, Napoletano P, et al. On the use of deep learning for blind image quality assessment. Signal, Image and Video Processing, 2018, 12: 355-362.

[182] Kao Y, Huang K, Maybank S. Hierarchical aesthetic quality assessment using deep convolutional neural networks. Signal Processing: Image Communication, 2016, 47: 500-510.

[183] 林根巧. 基于信息熵和深度学习的无参考图像质量评价算法研究. 上海: 上海海洋大学, 2019.

[184] 张纯阳. 基于卷积神经网络的图像质量评价. 武汉: 华中科技大学, 2017.

[185] Goodfellow L J. Generative adversarial nets//Conference and Workshop on Neural Information Processing Systems, Montreal, 2014.

[186] 淦艳, 叶茂, 曾凡玉. 生成对抗网络及其应用研究综述. 小型微型计算机系统, 2020, 41(6): 1133-1139.

[187] Hu W, Ye Y, Zeng F, et al. A new method of Thangka image inpainting quality assessment. Journal of Visual Communication and Image Representation. 2019, 59: 292-299.

[188] 刘海, 杨环, 潘振宽, 等. 基于生成感知差异的无参考图像质量评价模型. 计算机工程, https://doi.org/10.19678/j.issn.1000-3428.0057740, 2020.

[189] Yarowsky D. Unsupervised word sense disambiguation rivaling supervised methods//The 33rd Annual Meeting of the Association for Computational Linguistics, Cambridge, 1995.

[190] Zhu X. Semi-supervised learning literature survey. Madison: University of Wisconsin, 2006.

[191] Lei M A, Wang X. Semi-supervised regression based on support vector machine co-training. Computer Engineering and Application, 2011, 47(3): 177-180.

[192] 胡海峰. 用户生成答案质量评价中的特征表示及融合研究. 哈尔滨: 哈尔滨工业大学, 2013.

[193] Kohonen T. Automatic formation of topological maps in self-organizing systems//The 2nd Scandinavian Conference on Image Analysis, Espoo, 1981.

[194] Astudillo C A, Oommen B J. On achieving semi-supervised pattern recognition by utilizing tree-based SOMs. Pattern Recognition, 2013, 46(1): 293-304.

[195] 王茜. 基于 SOM 聚类的信息产品质量评价模型. 大众科技, 2007, (5): 54, 64.

[196] 胡欣杰, 路川, 齐斌. 基于 SOM 神经网络的网络舆情信息分类模型. 兵器装备工程学报,

2019, 40(3): 108-111.
[197] 王晨安, 李浩, 李靖. 基于改进自组织神经网络的遥感图像分类研究. 地理空间信息, 2019, 17(2): 51-53, 86.
[198] Rendle S. Factorization machines//The IEEE International Conference on Data Mining, Sydney, 2010.
[199] Zhang X P, Liu J X, Cao B Q. Web service recommendation via combining Doc2Vec-based functionality clustering and DeepFM-based score prediction//The 16th IEEE International Symposium on Parallel and Distributed Processing with Applications, Sydney, 2018.
[200] 胡泽. 在线问诊服务回答质量评价方法研究. 哈尔滨: 哈尔滨工业大学, 2019.

第 4 章　信任视角下社交媒体用户的信息使用行为研究

4.1　问题的提出

互联网的飞速发展创新了人们获取和接收新闻信息的方式，社交媒体凭借其易用性、便利性、互动性、信息多样性等优势迅速成为了用户获取新闻信息的主要来源。中国互联网络信息中心发布的第 46 次《中国互联网络发展状况统计报告》显示，截至 2020 年 6 月，我国网民规模达 9.4 亿，网络新闻用户规模达 7.25 亿，微博使用率为 40.4%[1]。越来越多的新闻信息在社交媒体平台上产生和传播，并吸引着越来越多的在线新闻用户参与到新闻流中[2]。皮尤研究中心在 2018 年 9 月的一项调查显示，约三分之二(68%)的美国成年人表示，他们会在社交媒体上看新闻[3]。但社交媒体的使用开放性与用户多元化使得任何用户都可以在社交媒体中发布和传播信息，由此引发信息质量问题，谣言、虚假信息、无价值信息充斥社交媒体[4]，进而影响用户对社交媒体的信任和使用[5]。谣言涉及的是公众利益事件的传播与解释，既没有公开证实也没有官方反驳，这可能使谣言很快地通过各种渠道传播[6,7]。谣言事件本身具有高度的敏感性，尤其在社交媒体环境下，其传播速度比以往任何时候都要快。如新冠肺炎疫情期间，一条关于“孝感公园停放私家车系车主因疫情去世”的新闻，一经发出就被多家媒体报道转载，相关视频点击量过亿，相关词条阅读量超 3 亿[8]。信息自由的网络时代缺少对新闻来源的约束，使得用户对社交媒体信息质量产生质疑，一定程度上也损害了用户对社交媒体新闻的信任。在危机情况下，公众对社交媒体谣言信息的错误信任和不理性使用，对个人和社会都会产生严重的后果[9]。在皮尤研究中心的调查中，有超过半数的用户对社交媒体新闻信息的可信度持怀疑态度[3]。有许多研究已经开始关注人们对社交媒体谣言信息的信任[10,11]和使用[12,13]的问题。

在传统媒体环境下，新闻信息往往经过专业记者的筛选与整理后发布，记者在传播新闻报道中扮演着守门人的角色。而在社交媒体中，信息受众同样能参与到对信息的筛选中来[14]。与此同时，传统的信息守门人，即记者，也将社交媒体纳入到日常工作中，作为提供实时报道、与观众互动、进行新闻调查的有效方式[15,16]。虽然社交媒体中的很多新闻信息是未经专业记者审核即发出的，但以在线记者为代表的社交媒体新闻信息守门人仍是社交媒体新闻中的意见领袖，他们依旧拥有广泛的影响力[17]，尤其是官方在线记者的网络行为对谣言的传播发挥着重要作用[18]。有研究表明，尽管用户可以通过社交媒体自主获得大量新闻信息，但主流媒体仍然是可靠和有价值的信息守门人[19]。大众仍然保持着对承担传统媒介新闻守门人角色的新闻工作者的认同，对于社交媒体上无法控制和核实真假或重要的新闻信息，他们仍然会选择通过在线新闻记者等具有较强媒介权威的发声进行印证[16]。在线记者所代表的意见领袖作为社交媒体新闻信息的守门人，是普通公众面对谣言信息时寻求准确信息的信任对象[19]。

在社交媒体新闻环境中，有两类重要群体，他们分别是通过社交媒体获取新闻信息的普通用户和以在线记者为代表的社交媒体新闻信息守门人。有学者研究了普通公众对社交媒体谣言信息的信任和使用情况[20,21]，也有学者研究了以在线记者为代表的社交媒体上的新闻守门人等意见领袖对谣言信息的信任和使用问题[19-22]。但是这些研究将社交媒体新闻用户划分为了意见领袖和一般性用户这两个群体，忽略了存在于二元划分之外的一个重要群体，即那些具有社交媒体普通新闻用户视角和在线记者视角双重视角的特殊群体，学习新闻学专业且具备记者实习经历的学生就是具备这种双重视角的用户的典型。一方面，学习新闻学专业的学生在社交媒体谣言新闻环境中具备普通公众的视角。据统计，在校学生是社交媒体新闻的最主要消费群体之一[23]，学习新闻学专业的学生也是社交媒体新闻的活跃用户。但这些处于教育阶段的学生还未成为真正的职业在线记者，他们的专业实践和技能方面还存在不足，在社交媒体中仍然具有普通公众的视角。另一方面，学习新闻学专业的学生在社交媒体谣言新闻环境中具有潜在的在线记者的视角。他们进入大学后被系统地教育和培训所重塑[24]，逐渐积累专业记者的技能[25]，同时构建起了对守门人身份和守门人意识的认同感[26]。他们拥有着比普通用户更强的调查、分析和传播能力，会成为自己所联系的一部分社交媒体新闻用户的意见领袖，拥有广泛的影响力[17]。本章关注的就是学习新闻学专业的学生这个拥有着普通用户和潜在记者双重视角的特殊群体。

关注这个在社交媒体谣言新闻环境中具有双重视角的群体是很有意义的。一方面，这些新闻学专业的学生在面对社交媒体谣言新闻时做出信任判断的表现水平，展现了一个未来的潜在记者在教育阶段的专业水平。新闻学教育对职业发展的重要意义不言而喻[27]，专业教育机构在技能、知识、价值观的传递和发展方面的作用至关重要[28]，学校可以对他们新闻素养的偏差进行及时的纠正[29]。新闻学专业的学生是社交媒体新闻中具有双重视角的典型，对这类群体展开研究，能够为新闻学专业教育以及未来新闻业合格的守门人培养提供支持。另一方面，这些新闻学专业的学生在仍接受教育阶段面对社交媒体谣言新闻的信任判断表现，可以体现出社交媒体普通新闻用户的一面，通过对这些学生展开研究，可以为更广泛地社交媒体新闻用户新闻素养教育提供支持。

本章旨在论证社交媒体新闻环境下具有普通公众和潜在记者双重视角的用户对社交媒体谣言的信任以及使用情况。从拥有中国顶尖新闻学专业教育的高校选取了 234 名新闻学专业的学生，将信任构建过程划分为从信任信念深化为信任行为的两个不同层面，引入自我效能这一心理学变量作为信任的重要影响因素，研究具有社交媒体普通新闻用户视角和潜在记者视角双重视角的特殊群体的自我效能与谣言信任的不同阶段之间的关系，以及这个特殊群体对谣言信任的发展深化如何影响他们对社交媒体谣言信息的表达性使用和客观性使用。

4.2　理论基础与模型构建

4.2.1　研究假设的提出

4.2.1.1　守门人及守门人理论

作为社交媒体中权威的代表，在线记者在选择给公众呈现什么信息的过程中扮演者重要角色。长久以来，作为重要社会信息的知情提供者，记者一直充当着新闻守门人的角色[30]，即，在信息传播过程中，对信息进行选择并决定传播内容[19]。守门人理论的一个主要观点，是有力量可以抑制或帮助某些新闻项目通过“大门”[31]。读者、用户、听众和观众选择相信新闻业作为一种制度规范较强的行业，其以新闻机构和记者等为代表的新闻媒体所报道的问题和事件是真实可靠的[32]。无论是线下还是线上的新闻业都是建立在信任的基础上。在面对社交媒体新闻中的谣言时，记者的守门人身份由线下转移到了线上。在线记者作为社交媒体新闻的守门人也会处于谣言信息环境中，甚至由于工作需要，他们会比普通社交媒体用户更加深入地接触社交媒体谣言信息。作为专业人员，他们是普通用户主要的参照，被期望能够选择、跟踪，并在大量混乱的信息中解释相关新闻。在这个过程中，他们对谣言做出自我信任判断，并将他们判断为可信的新闻传递给普通用户。而作为公众信任的新闻来源，在线记者对谣言信息的信任判断非常重要，研究在线记者这一特殊群体在面临社交媒体谣言信息时如何做出信任判断是必要的，他们的信任判断影响着他们在社交媒体上的新闻实践，从而影响着更广泛的用户群体，对整个社交媒体的新闻生态有重要的示范和引领作用。同时，在新的信息环境下，社交媒体的兴起使普通用户能够积极参与到新闻的创作和传播过程中，几乎任何人都可以向世界各地发送新闻和观点[33]，每个用户都可以创建或传递信息给他们自己的追随者网络[34]。记者不再是唯一的守门人，守门不再是记者的特权，普通公众也越来越多地参与到其中，他们利用谣言事件的地理位置等优势发布一手的新闻信息，在公共网络中构建自己的话语权和影响力。

4.2.1.2　信任

目前复杂的社会组织的有效性中最突出的因素之一是社会单位中一个或多个个体愿意信任他人。社会群体的效率、调整甚至生存都与信任密切相关[35]。社交网络上了解新闻也会谈论到是否信任这条新闻的问题。社交媒体中有海量的动态信息，不仅是社交媒体新闻的普通用户越来越依赖从社交媒体中获取新闻信息[2]，记者们也越来越将社交网络视为重要的信息来源，并开始将其中发布的信息解读为可靠的数据或公开声明[36,37]。围绕使用社交媒体作为新闻信息源的一个主要问题就是人们如何评估这些信息的可信度[2]。社交媒体谣言信息的信任研究对于社交媒体普通新闻用户和在线记者都很重要。

关于信任，没有一个普遍的定义。Mcallister[38]将信任划分为认知信任和情感信任，认知信任是基于对另一方的能力、责任和可靠性的理性评估，而情感信任则是因为人与人之间建立了一种情感纽带，他们能够超越理性的预测，从而迈出使信任得到兑现的一步。Rotter[35]认为“人际信任”可以被定义为个体或群体持有的一种期望，这种期望可以依赖于另一个个体或群体的话语、承诺、口头或书面陈述。Mayer 等[39]将信任定义为一方基于对另一方的期望而愿意对另一方的行为表现出脆弱性。尽管这些定义各不相同，但它们的描述中都体现出了信任的一个重要构建过程。Luhrnann[40]也提出，信任不仅包括人们对他人的信念，还包括他们愿意将这些判断作为行动的基础。McKnight 等[41]发展了一种信任类型，并将信任概念化为包含信任信念和信任行为在内的动态发展过程。本章为了研究具有双重视角的社交媒体新闻用户对社交媒体谣言信息的信任发展过程，选择了信任信念和信任行为这两个信任动态过程中的重要层面。已有许多研究在对信任的层级划分中包含了这两个概念[42,43]。信任信念是对可信赖性的积极期望[44,45]，信任信念意味着相信对方具有一个或多个对自己有利的特征[46]，是对可信度的判断[47]。信任行为可以以一种自我实现的方式增强信任[48]，它是由信任而表现出的对他人依赖的行为[42]；从信任信念到信任行为，是具有双重视角的社交媒体新闻用户对谣言信息的信任由心理层面的判断上升为决定是否依赖谣言信息作为已有知识展开社交网络活动的过程。

越来越多的研究开始将信任作为一个重要的影响因素[49,50]。Canini 等[51]发现专业领域因素对可信度判断的影响较大，Shariff 等[20]也发现，教育背景与可信度判断之间有显著的关系，拥有经验的用户在对微博信息进行可信度判断时会更加谨慎。在对社交媒体信息的不同研究中，学者们大多依赖于社交媒体中信息的来源[52,53]、内容相关特征[54,55]及社交线索[56,57]来评估信息的可信度。关于在线记者对社交媒体谣言信息的信任问题，Hermida 等[19]研究了在线记者对社交媒体上一部分核心用户作为信息源的信任，也有学者研究了在线日报记者如何看待在线新闻信息的可信度，发现新闻工作者的专业角色概念对于这一看法的影响最大，在线日报记者的网络依赖性对信任在线新闻有较强的正向预测作用[30]。Tylor[29]研究发现来源可信度和网站设计是新闻学专业学生判断网络信息可信度的重要因素。已有研究关注了普通用户和在线记者对社交媒体、网站等渠道的在线新闻信息的信任判断问题，但是对于拥有普通用户和潜在在线记者双重视角的社交媒体新闻用户的研究还很少。此外，已有的研究中，将对于社交媒体新闻信息的信任作为一个整体因素进行研究，而忽视了信任不是一个静态的现象——无论是普通用户还是在线记者对于社交媒体新闻信息的信任都是处于包括信任信念和信任行为在内的动态发展过程中的[41]，应该关注信任构建过程的不同阶段。

同时，对于社交媒体新闻信息的普通用户以及在线记者的信任研究大多聚焦于对信息特征和用户特征的区分上，而忽略了心理因素的作用。由于信任他人是由大脑结构控制的心理活动，所以心理模型可以解释信任是如何通过同时处理个人决策的认知和非认知机制以及意识和潜意识机制而产生的[58]。虽然 Hocevar 等[59]研究了自我效能与社交媒体信息信任之间的关系，但并没有考虑信任这一复杂因素的构建过程。本章关注信任信念和信任行为这两个信任构建过程中的重要层面，并在社交媒体谣言新闻环境下对具有普通用户和潜在记者双重视角的社交媒体新闻用户这一特殊群体展开研究。

4.2.1.3 自我效能

Bandura[60]将自我效能描述为个体对自己成功完成任务的能力的信念，自我效能感可以在教育成就、运动表现、健康促进行为等方面表现出来。这一定义被多数学者所采纳[61,62]。自我效能感既不是一个人的技能，也不是他的能力，而是个体对于完成某个特定任务所具有的能力的自信程度[63]，反映了个人认为他们能用自己拥有的技能做什么[64]。应用在社交媒体的环境中，Hocevar 等[59]将社交媒体使用中的自我效能发展为一个人对自己在社交媒体环境中具体执行所需功能的能力的信念。本章改编了这一定义，探讨的是拥有普通用户和潜在记者双重视角的社交媒体新闻用户在社交媒体中做出社交媒体谣言新闻信任判断时，对自身能够做出准确判断的能力的信念。

Bandura[65]认为自我效能感是个体在不同环境下的自我感知，而不是一种可以用单一综合量表来衡量的整体情况。Bandura 的信息来源理论提供了评价社交媒体自我效能的几个方面。其中包含三个重要方面：①社交媒体技能；②对成功地在网上找到信息的能力的信心；③社交媒体内容制作的水平。将 Bandura 对社交媒体自我效能评价的其中三个重要方面应用于本章的场景下，本章认为，具有普通公众和潜在记者双重视角的社交媒体新闻用户在社交媒体中对谣言信息做出信任判断的自我效能来源于：①使用社交媒体的技能(the perceived social media skill，PSMS)；②对成功在社交媒体上找到信息的能力的信心(confidence in finding information，CIFI)；③社交媒体内容制作的水平(level of content production，LOCP)。

自 Bandura 提出自我效能理论以来，人们引入自我效能对医疗、商业等多个领域内个体行为的内在驱动展开了研究[66]，自我效能是解释个体行为动机、行为和选择动机的重要因素，是信任的重要前因[67]。有学者的研究说明了自我效能与信任之间存在正相关的关系[68]，Wu 等[69]的研究中，自我效能对用户在社交媒体中的社交信任有正向影响，Hocevar 等[59]的研究表明用户的自我效能越高，越相信社交媒体上的信息。已有的研究较多关注自我效能与作为整体意义的信任之间的关系，而忽略了信任这一复杂的动态现象具有不同的层面，学者们对于自我效能与信任构建过程的不同层面之间的关系的关注还较少，分别研究自我效能对信任信念、信任行为的影响有助于更深层次地理解自我效能这一重要心理前因作用于信任的深层机制。同时，关于在线记者的自我效能与社交媒体谣言信息信任的研究还很少，本章通过对具有普通公众和潜在记者双重视角的社交媒体新闻用户的自我效能与信任之间的关系进行研究，可以更好地理解具有普通公众和潜在记者双重视角的社交媒体新闻用户对社交媒体谣言信息做出信任判断的心理机制，因为潜在记者具备着成熟在线记者的某些视角，本章也在一定程度上补充了在线记者自我效能与信任关系研究的空白。

有多个研究发现从低级目标到高级目标的发展过程中，自我效能与目标绩效之间存在负相关的关系。尽管高自我效能可以激励个人采用高水平的目标，但它可能会在目标水平内降低动机[70]。一方面，人们放弃对更高目标的尝试是因为他们缺乏实现所需行为的有效性[60]，另一方面，他们对自己的能力有信心却放弃尝试是因为他们期望自己的行为不会对反应迟钝的环境产生影响，或者会受到持续的惩罚。由于本章中的信任是一个从信任信念向信任行为发展的动态信任过程，信任行为是具有普通公众和潜在记者双重视角的社交媒体新闻用户对信赖的新闻信息做出社交行为层面的信任宣告，是比信任信念更高层次的信任判断，在同等自我效能条件下，具有双重视角的社交媒体新闻用户对社交媒体谣言信息做信任行为这一更高层次的信任判断时，可能会产生与做信任信念这一较低层次的信任判断相反的结果。

因此，本章在这里做出如下假设。

H1：具有普通公众和潜在记者双重视角的社交媒体新闻用户的自我效能感与他们对谣言信息的信任信念呈正相关；

H2：具有普通公众和潜在记者双重视角的社交媒体新闻用户的自我效能感与他们对谣言信息的信任行为呈负相关。

4.2.1.4　表达性使用和消费性使用

社交媒体提供了数量众多、种类丰富、高速传输的信息，大量证据表明社交媒体成为了在线记者和普通公众获取新闻信息的重要途径，普通公众通过社交媒体了解新闻信息，而在线记者通过社交媒体获取线索和内容[71,72]。普通公众和以在线记者为代表的意见领袖对于社交媒体谣言信息不同的使用方式对于谣言信息的传播有重要影响，对谣言信息不理性的使用往往会给危机情况下的信息环境造成更大的混乱。有学者在研究中，将用户对社交媒体的使用行为分为表达性使用和消费性使用[12,13]。在本章的社交媒体谣言环境中，采用了表达性使用和消费性使用来描述具有普通公众和潜在记者双重视角的社交媒体新闻用户对于社交媒体谣言信息的使用方式。

消费性使用涉及的是用户仅仅阅读或仅仅浏览谣言信息的相对被动的体验，相对地，用户针对谣言信息展开互动和讨论等表达性使用则显得更加活跃[12,13]。事实上，相比对谣言信息的消费性使用，评论和交换想法可能会引起社交媒体新闻用户更深层次的个人思考和推理过程[73]，纯粹的消费性社交媒体使用实际上是一种选择性接触或关注，只阅读社交媒体谣言新闻的用户可能不像其他针对谣言发布微博或其他在微博有互动行为的社交媒体新闻用户那样深层次地参与谣言信息环境。Lee 等[13]研究了记者如何使用 Twitter，研究显示记者的态度、主观规范和感知行为控制与表达和消费 Twitter 的使用模式有不同的关联。已有许多研究证实了信任与使用之间显著的相关性[74,75]。在社交媒体领域关于信任和使用的关系也已经有了一些研究，社交媒体新闻用户对谣言信息的信任在信任信念和信任行为这两个不同层面间具有动态性，一些学者已经关注到了信任信念与使用之间存在着正相关的关系[76,77]。有研究指出在社交媒体的医患互动中，消费者对医生的信任影响着消费者对健康信息的寻求和使用意愿[78]。Heravi 和 Harrower[72]指出信任是记者使用社交媒体获取新闻线索和内容的主要障碍。出于对权威来源的信任，在线新闻工作者往往会使用那些来自于“精英”的信息[19]。Lee 等[13]的研究也发现记者对 Twitter 信息的可信度与表达性使用之间存在正相关的关系。已有研究讨论了社交媒体的普通用户和在线记者的信任与他们对社交媒体信息使用之间的关系，然而仍然存在一些不足。第一，对于展现出兼具普通用户和潜在记者双重视角的特殊用户的关注却很少；第二，很少有研究关注信任信念、信任行为作为社交媒体新闻用户对谣言信息信任的不同层面与表达性使用、消费性使用作为社交媒体新闻用户使用社交媒体的不同方式之间的关系机制；第三，信任行为作为具有双重视角的社交媒体新闻用户的信任构建过程中更高的信任层次与表达性使用、消费性使用之间的关系还有待进一步研究。

有学者在对新技术的使用决策的研究中提出了两种认知系统，系统 1 被视为广义的信念，对使用有直接的影响，而系统 2 提供了更深思熟虑和理性的认知反应[79]，系统 2 的介入会导致使用的减少[80]。在本章中，从信任信念到信任行为是具有双重视角的社交媒体新闻用户对社交媒体谣言信息的信任判断逐渐深入的过程。与信任信念相比，本章认为信任行为具有更多的理性因素，是比信任信念更加深思熟虑的认知反应，信任行为与使用之间可能存在负相关的关系。

信任信念与信任行为是信任构建过程的两个重要层面，分别从社交媒体新闻用户信任构建的不同层面出发，研究信任判断的不断深入对于社交媒体谣言新闻的表达性使用和消费性使用的影响是很有意义的，能够更深入地了解社交媒体谣言新闻信任构建过程与不同使用方式之间的关系，为能够理性地使用谣言提供支持。

因此，在这里做出如下假设。

H3：具有普通公众和潜在记者双重视角的社交媒体新闻用户的信任信念与他们对社交媒体谣言信息的表达性使用呈正相关；

H4：具有普通公众和潜在记者双重视角的社交媒体新闻用户的信任信念与他们对社交媒体谣言信息的消费性使用呈正相关；

H5：具有普通公众和潜在记者双重视角的社交媒体新闻用户的信任行为与他们对社交媒体谣言信息的表达性使用呈负相关；

H6：具有普通公众和潜在记者双重视角的社交媒体新闻用户的信任行为与他们对社交媒体谣言信息的消费性使用呈负相关。

4.2.2　理论模型的构建

根据上述假设，本章依托守门人理论，结合社交媒体使用情境提出研究假设和理论模型，如图 4.1 所示。

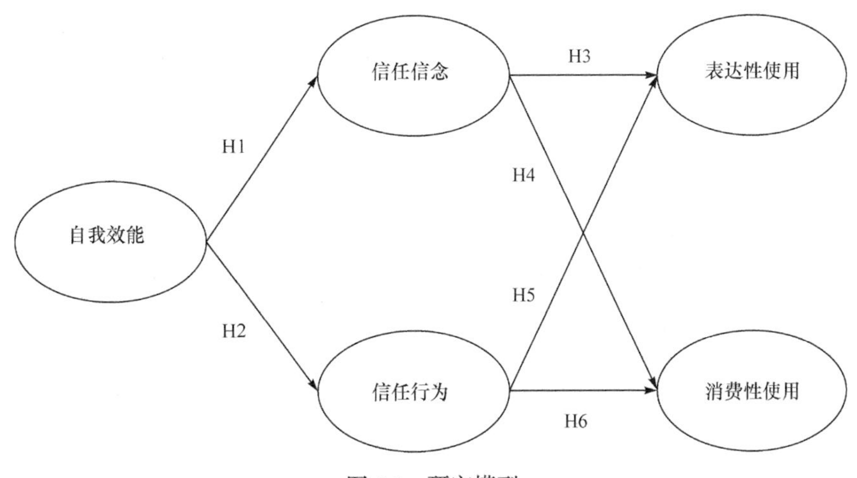

图 4.1　研究模型

图 4.1 显示了自我效能与信任信念、信任行为之间，信任信念、信任行为和表达性使用、消费性使用之间的关系和相互作用机理。

4.3 研究方法及过程

4.3.1 样本获取

调查采用发放线上和线下问卷的方式，调查时间为 2019 年 3 月 1 日～2019 年 4 月 15 日。为了研究兼具社交媒体普通新闻用户和潜在记者双重视角的特殊群体对社交媒体谣言信息的信任构建过程，以及他们对社交媒体谣言信息的使用情况，本章选取了在五所提供中国顶尖新闻学教育的高校中接受新闻学教育的学生作为潜在参与者，并选择新浪微博作为本章的社交媒体新闻平台。选择这些接受着中国顶尖的新闻学教育的学生作为调查对象有以下几个原因。首先，与所有接受新闻学专业教育的学生一样，这些中国顶尖的新闻学专业教育中的学生也是社交媒体新闻的活跃用户，他们高度活跃在社交媒体谣言信息环境下，在社交媒体中面对谣言信息时具有普通公众的视角。其次，作为接受中国顶尖新闻学专业教育的学生，他们已经初步迈入了新闻业这个专业的领域。尽管这些学生作为新手还未成为成熟的职业在线记者，但通过接受顶尖的高校提供的新闻学教育，他们作为新闻人的思维和意识得到了较好的培养[81]，在面对社交媒体谣言信息时，他们身上体现出了经过更为规范专业的教学和培训而产生的潜在记者的视角。所以，选择正在接受中国顶尖的新闻学教育的学生作为研究对象是非常合适的，作为一个被忽略的特殊群体，他们具有普通公众和潜在记者的双重视角，可以很好表现作为普通新闻用户和未来在线记者在面对社交媒体谣言信息时的自我效能与信任构建之间的关系，以及信任构建过程中的不同层面与谣言信息使用模式之间的关系。本章选择新浪微博作为本章的社交媒体平台有以下几个原因。第一，新浪微博作为中国最大的社交媒体平台之一，是除了微信之外，用户浏览新闻最多的平台，同时因为新浪微博具有很强的开放性，即使是陌生人都可以浏览对方发布的信息，所以成为深受公众喜爱的自由表达和新闻探索的场所。第二，微博提供了民主化的新闻阵地，其中的新闻信息良莠不齐，经常发生谣言事件，微博平台甚至需要定期发布辟谣专栏净化平台的新闻环境[82]。第三，根据中国互联网信息中心 2017 年公布的数据，有一半的微博用户年龄在 20～29 岁区间内，这与本章的调查对象的年龄分布相符合。由此可见，微博为本章提供了一个非常合适的谣言新闻环境。在确定了调查对象和平台之后，本章使用了随机抽样的方法收集数据。

本章问卷由人口统计变量和测量项两部分构成。为了保证信度与效度，本章的所有测量项都来自前人已有的研究，问卷针对谣言信息环境这一情境，对这些问题进行了改编。被测试者在范围从 1= “非常不同意” 到 5= “非常同意” 的五分量表中回答所有的问题。基于前人对信任构建的研究[35,38,83-86]，有七个题目测量参与者对微博社区内谣言信息的信任。其中有四道题目被用来测量信任信念；三道题目被用来测量信任行为。TA1、TA2、TA3 被反向计分。根据由 Schwarzer 和 Jerusalem 编制,被广泛认可和使用的一般自我效能量表[87]以及 Hocevar 等针对社交媒体自我效能设计的量表[59]，参与者在微博社区面对谣言信息时所感知到的自己具体判断谣言可信度的能力的信念使用其中七个题目测量。自我效能分为三个子量表：社交媒体技能、对成功地在网上找到信息的能力的信心、社交媒体内容制作的水平。借鉴学者对社交媒体使用的研究[13,16]，问卷中使用了七道题目测量微博社区在线记者对谣言信息的使用。其中有四道题目测量表达性使用(例如，“我在微博上陈述我对重要和有争议的问题的看法”)，三道题目测量消费性使用(例如，“我仅仅浏览别人或组织发布的谣言信息”)。问卷中变量测量项如表 4.1 所示。

表 4.1　问卷项目

变量	测量项	测度项
自我效能[59,87]	PSMS1	我拥有在微博上浏览、查询、获取与谣言相关的信息的技能
	PSMS2	考虑到我在专业领域的学习，我对微博谣言虚实的判断非常熟练
	CIFI1	如果有人反对我对谣言的观点，我可以在微博上找到支持我观点的信息
	CIFI2	我能够在自己的微博上创建或更新与谣言或辟谣有关的信息
	LOCP1	我可以在面对谣言时保持冷静，因为我可以依靠我对谣言的辨别能力
	LOCP2	作为记者，如果我付出必要的努力，我可以做好守门人
	LOCP3	在微博上坚持并完成我的守门人工作很简单
信任信念 (trust belief，TB)[38,83,84]	TB1	我可以信任社交媒体用户会以较高的网络素质来规范自己在社交媒体社区的言论和行为
	TB2	我可以相信社交媒体用户以慎重和严肃的态度对待自己转发、评论、发布的信息
	TB3	我可以指望社交媒体用户关系营造端正的网络环境.
	TB4	我相信“社交媒体社区管理规定”的高标准对社交媒体传谣起到了很好的抑制作用
信任行为 (trust action，TA)[35,85,86]	TA1	在微博上使用、转发公众传播的谣言信息时再小心也不为过
	TA2	在我想要转发谣言或者将其应用道我的报道中时，我对谣言信息证据的证明力要求高
	TA3	与其他获取消息的渠道相比，使用微博平台面对广泛传播的消息时再小心也不为过

续表

变量	测量项	测度项
表达性使用 (expressive use，EU)[13,16]	EU1	我在微博上陈述我对重要和有争议的问题的看法
	EU2	我在微博上积极讨论关于谣言问题的看法
	EU3	我通过微博与同事、组织和微博用户就正在传播的谣言问题进行互动
	EU4	我使用微博主要是为了表达我对别人或组织发布的谣言信息的看法
消费性使用 (consumptive use，CU) [13,16]	CU1	我通常不会转发任何可能对我自己或我的组织不利的谣言
	CU2	我尽量避免在转发谣言信息时附加自己的评论
	CU3	我仅仅浏览别人或组织发布的谣言信息

4.3.2 样本特征

在有新闻学专业背景或记者实习经历的 342 个填答者中，删除了填答不完整的数据，最后的结果样本中包含了 234 份学生数据。表 4.2 展示了详细的人口统计信息。

表 4.2 样本描述统计

	基本信息	频率	百分比/%
性别	男	39	16.7
	女	195	83.3
年龄	16～20 岁	120	51.3
	21～25 岁	108	46.2
	26～30 岁	4	1.7
	30 岁以上	2	0.9
学历	本科	176	75.2
	硕士	54	23.1
	博士	4	1.7

4.4 模型验证

为了分析潜在变量之间的关系，本章采用了结构方程模型的方法分析所收集到的调研数据。在分析数据时，结构方程模型的建模过程遵循 Anderson 和

Gerbing[88]的建议，采用两阶段过程：测量模型评估和结构模型评估。

在评估测量模型和结构模型时，本章主要使用了以下指标：χ^2/df、比较拟合指数(comparison fitting index，CFI)、拟合优度指数(goodness of fit index，GFI)、调整拟合优度指数(adjust the goodness of fit index，AGFI)、近似误差均方根(approximate error root mean square，RMSEA)、Tucker-Lewis 系数(Tucker-Lewis index，TLI)。

4.4.1　测量模型评估

对测量模型进行评估，各项指标均达到推荐水平，表明是数据的一个可接受的适合模型：χ^2/df=1.86，CFI=0.92，GFI=0.91，AGFI=0.88，RMSEA=0.06，TLI=0.91。为了评估模型的信度，对各变量的 Cronbach's α、组合信度(combination reliability，CR)和平均方差提取量(average variance extracted，AVE)进行了测量，如表 4.3 所示，其中，所有变量的 CR 值均高于阈值 0.7，符合推荐性水平[89]。五个变量中除了自我效能(AVE=0.49)均大于阈值 0.5[90]的推荐性水平。通过综合考虑各种指标与其他变量的表现，认为测量模型是可以接受的。表明该结构具有良好的内部一致性和结构可靠性。为了评估收敛效度，测量了以下指标：标准化因子载荷、CR、AVE，当它们大于 0.5，认为收敛效度是可以接受的，测量结果达到了推荐性水平，如表 4.4 所示。

表 4.3　结构方程模型的拟合指标

指标	推荐值
χ^2/df[91]	<3.00
CFI[92]	>0.90
GFI	>0.90
AGFI	>0.80
RMSEA	<0.08
TLI[93]	>0.90

表 4.4　测量模型

变量和测量项	标准化因子载荷	临界比值	α值	CR	AVE
自我效能			0.69	0.74	0.49
PSMS	0.85	6.81			
CIFI	0.58	4.01			
LOCP	0.65	N/A			

续表

变量和测量项	标准化因子载荷	临界比值	α值	CR	AVE
信任信念			0.78	0.81	0.52
TB 1	0.77	8.83			
TB 2	0.83	8.98			
TB 3	0.65	7.92			
TB 4	0.62	N/A			
信任行为			0.72	0.76	0.52
TA 1	0.58	N/A			
TA 2	0.85	5.01			
TA 3	0.71	4.92			
表达性使用			0.82	0.84	0.57
EU 1	0.79	N/A			
EU 2	0.93	13.72			
EU 3	0.66	10.41			
EU 4	0.60	9.06			
消费性使用			0.71	0.78	0.56
CU 1	0.86	2.64			
CU 2	0.79	2.73			
CU 3	0.55	N/A			

为了评估区别效度，一个构造的 AVE 平方根值应该大于其他构造的相关估计[90]。如表 4.5 所示，平均方差满足这些要求，表明区别效度是可以接受的。

表 4.5　区别效度矩阵

	自我效能	信任行为	信任信念	表达性使用	消费性使用
自我效能	0.70				
信任行为	–0.42	0.72			
信任信念	0.33	–0.14	0.72		
表达性使用	0.18	–0.19	0.40	0.75	
消费性使用	0.15	–0.31	0.11	0.09	0.75

4.4.2　结构模型评估

在确保整体测量模型有效和可接受后，对结构模型进行测试：χ^2/df=1.86，CFI=0.92，GFI=0.91，AGFI=0.88，RMSEA=0.06，TLI=0.91。根据表 4.3，所有的值都符合推荐值。对结构路径系数进行了进一步的研究，除了 H4 的其他 5 条路径全部得到了支持，如图 4.2 所示。

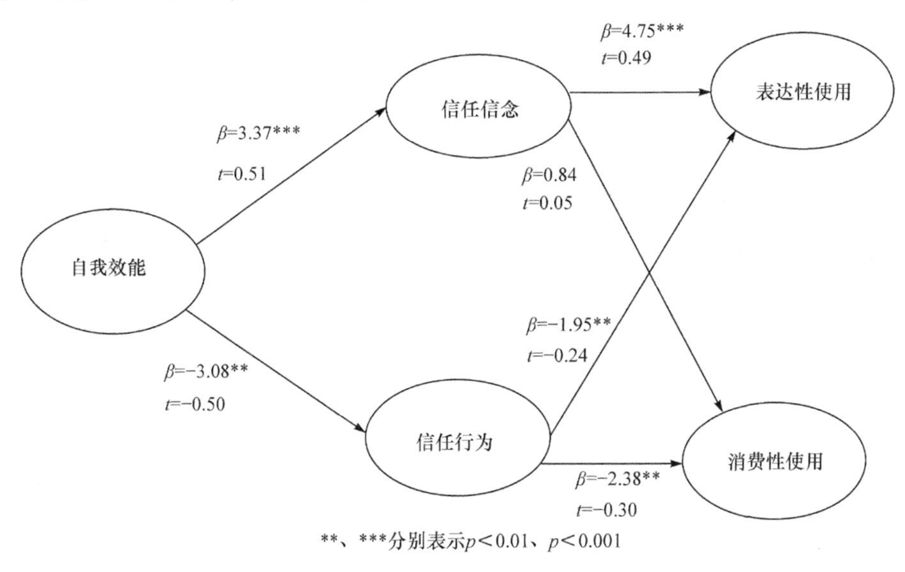

图 4.2　研究模型结果

在这个研究中发现，学生记者的自我效能与他们对谣言信息的信任信念呈正相关(β=3.37，p<0.001)，学生记者的自我效能与他们对谣言信息的信任行为呈负相关(β=−3.08，p<0.01)，因此 H1 和 H2 是成立的。学生记者的信任信念与表达性使用呈正相关(β=4.75，p<0.001)。因此，H3 是成立的。然而，数据没有支持 H4，H4 是不成立的。学生记者的信任行为与表达性使用呈负相关(β=−1.95，p<0.01)，学生记者的信任行为与消费性使用呈负相关(β=−2.38，p<0.01)，因此，H5 和 H6 是成立的。

4.5　结论与讨论

本章考察了新闻学专业的学生面对社交媒体上的谣言信息时的自我效能与他们对社交媒体谣言信息信任、社交媒体谣言信息信任对使用社交媒体的不同模式之间的关系。并通过区分信任构建的两个层面，即信任信念和信任行为，研究自我效能与它们之间不同的关系，随着信任程度的加深，探讨了不同层次的信任对谣言信息使用的影响。

4.5.1　研究结果分析

本章的第一个发现是随着新闻学专业的学生对社交媒体谣言信息的信任判断

程度的加深，自我效能对各个信任层级的影响具有差异，可能的原因是从信任信念到信任行为是信任由低级向高级发展的过程[94]。在线学生记者的自我效能对社交媒体的信任信念有正向影响，H1 成立，这与之前的研究结论一致[67,69]。新闻学专业学生的信任信念是他们相信社交媒体谣言信息具备对自己有利的各方面特征[32]，自我效能作为信任的重要前因，能够强化新闻学专业学生对自己这一判断的信心[68]。在线学生记者的自我效能对社交媒体新闻信息的信任行为有负向影响，H2 成立。这一结果表明，新闻学专业的学生的高自我效能并不能推动新闻学专业的学生产生将社交媒体谣言应用到自己的在线报道中等信任行为的倾向。可说明当新闻学专业学生将对谣言信息的信任由心中的信念进一步上升为对外的表现行为时的影响因素可能变得更为复杂。有研究发现在强制性的抑制或强加的社会和身体约束下，个体不愿意按照他们的自我效能信念行事[95]。新闻学专业的学生的自我效能与信任行为之间受到了某种外力的影响，使得他们对自己抱有信赖态度的谣言信息做谨慎的保留处理。理性行为理论模型中，人的行为是由行为意向引起的，行为意向由个体对行为的态度和关于行为的主观规范两个因素共同决定。态度由个体对行为结果的信念决定，主观规范由标准信念和个体遵守标准信念的动机决定，其中，标准信念是参考群体认为个体应不应该做某个行为。由此可见，新闻学专业的学生对谣言信息的信任信念外化为信任行为的过程中，不仅会受到信任信念带来的态度的影响，还会受到主观规范等因素的影响。Kim[96]的研究也证实了在线记者采用微博信息时会受到他们感知到的社会规范的影响。Shoemaker 等[97]在研究中也提到了一系列影响记者决策的外部因素。

本章的第二个发现是新闻学专业的学生对社交媒体谣言信息的信任信念和信任行为与社交媒体不同的使用模式之间有不同的关系。关于信任信念与使用之间的联系，本章发现信任信念对表达性使用有正向影响，H3 被证实了。新闻学专业学生对社交媒体谣言信息的信任信念越强，他们就会越愿意对他们认为可信的谣言信息做出参与讨论、转发等表达性行为，对社交媒体谣言信息的表达性使用增强。信任信念对消费性使用的正相关关系并不显著，数据并没有支持 H4。这可能是因为新闻学专业学生对社交媒体谣言信息的信任信念越强，就会对谣言信息的可信度有更高的把握，就不会有额外的证据寻求需要，也就不会再去阅读、浏览更多的相关信息，所以这些学生对社交媒体谣言信息的信任信念与消费性使用之间的正相关关系并不显著。

关于信任行为与使用之间的联系，本章发现信任行为对表达性使用和消费性使用有负向影响，H5 和 H6 被证实了。结果表明，随着信任层次的提高，这些新闻学专业的学生越想要做出对外表现自己信任谣言的相关行为时，他们实际上对社交媒体谣言信息的表达性使用和客观性使用就都会越少，这种行为倾向和实际行为的区别，也可以通过上述理性行为理论模型来解释，当新闻学专业学生对社交媒体谣言信息的信任朝着更高层次发展，强烈地想要对社交媒体谣言信息做出信任的行为举动时，环境、态度、主观规范等复杂因素就会介入，综合考虑各方面因素带来的压力和焦虑，从而对实际上谣言信息的使用产生抑制性，他们会减少对社交媒体谣言信息的阅读和讨论，消费性使用和表达性使用都会下降。

4.5.2　理论意义

将自我效能与信任联系起来并不是一个新观点，许多其他场景下的研究中对自我效能与信任之间的关系进行了探索[59,68]。但是本章的创新点是：首先，自我效能感在拥有不同背景的主体上的表现有所不同[98]，本章将自我效能的探索着眼于尚处在新闻学职业教育阶段的学生这一主体上，这些学生既是在社交媒体上获取新闻的高度活跃的普通用户，又是通过接受专业的新闻学教育从而潜意识中拥有了记者思维模式的特殊群体，关注这一具有双重视角的特殊主体的自我效能与信任之间的关系的研究还很少。同时，本章将自我效能聚焦于充斥着复杂谣言新闻的社交媒体这一特殊环境。Zimmerman[99]指出，自我效能水平是指个体对某一特定任务难度的依赖程度，是与不同的情境相对应的，自我效能感具有领域特异性。也就是说，作为拥有普通公众和潜在记者双重视角的新闻学专业的学生在不同的领域或特定的功能情境中所拥有的自我效能感是不同的[100]。很少有研究将自我效能与社交媒体谣言新闻的信任判断这一情境联系起来，本章将自我效能应用在了与新闻学专业教育下的学生这一特殊群体相对应的特殊情境，即充斥着复杂谣言新闻的社交媒体，以此来探究新闻学专业教育阶段的学生的自我效能与社交媒体谣言新闻信任之间的关系，为能够调节信任这一抽象的理论行为提供了具体的心理学方法。

其次，本章通过将信任划分为信任信念和信任行为两个信任构建过程中重要的不同层面，试图来解释有关于自我效能与信任之间不同关系结论的深层机制，发展了社交网络环境下新闻学专业的学生对谣言信息信任的理论，增加了人们对这个现象的认知与理解。已有的关于自我效能与信任之间的关系的研究中，将信任作为了一个总体变量，而通过那些对信任的研究可以发现，信任的构建是一个复杂的过程，无论是成熟的专业在线记者还是教育阶段的学生记者，对谣言信息的信任构建过程同样是可以划分为信任信念和信任行为两个重要层面的。本章增强了对新闻学专业的学生的自我效能作用于信任构建过程中的两个不同层面(即信任行为和信任信念)时存在的不同内部机制的理解。

最后，本章将微博用户的使用行为划分为表达性使用和消费性使用，来解释用户对于谣言使用更为复杂的使用层次，试图来解决信任和使用在社交媒体环境下不同层次之间的关系，加深对社交媒体用户由信任发展至使用这个过程的理解。社交媒体环境下，用户对在线信息的使用行为往往更加复杂，对不同行为一概而论，往往难以发现用户深层的行为机制。本章对信任信念、信任行为和表达性使用、消费性使用之间关系的探究，为理解新闻专业学生在社交媒体谣言环境下更复杂的信任发展机制，以及他们在信任发展过程中对微博谣言信息使用行为策略选择提供了支持。

4.5.3 实践意义

第一，本章为大学中对新闻学专业学生中未来记者的教育及新闻业或新闻组织中对青年记者的培训有实践意义。近年来的许多研究都致力于将自我效能作为教育环节的重要因素。但是对处于教育及培训中的新闻学专业的学生和青年记者的自我效能进行心理干预的研究还很少[101]，尤其是对处于社交媒体谣言信息环境下开展在线新闻实践的新闻学专业的学生和青年记者。一方面，新闻学专业的一部分学生是未来的在线记者。大学的专业教育要对这些学生的社交媒体自我效能进行干预，引导他们在信任的判断过程中综合考虑多方面因素，深化信任的层次，理性地使用谣言信息。另一方面，从新闻学专业毕业的学生记者进入到新闻记者行业之后，身份由学生记者转变为了青年记者，在成长为成熟记者之前，这些最初入职的新手很可能会在谣言虚实的判断上犯错误。针对这种情况，新闻业可以通过完善对在线记者的工作培训，进而有效避免青年在线记者的守门失误，不断提升在线记者的专业水平和整个新闻业的信任建设。

第二，本章为培养新闻学专业学生成为社交媒体谣言新闻中的理性用户提供了支持。对于那些没有打算从事在线记者工作的新闻学专业学生来说，在教育阶段对他们进行自我效能的干预，引导信任的深化判断以及对谣言信息的理性使用，可以为未来的社交媒体谣言新闻环境培训出更具理性思维、能够更加严谨地使用谣言信息的意见领袖，使他们在判断是否能够信任社交媒体谣言信息的过程中可以摆脱自身信任信念的感性主导，并综合考虑各方面因素做更深层次的信任判断，为提升网络信息质量做出贡献。

第三，对于新闻学专业学生的结论也可以扩展应用到对所有学生的通识教育中。已经有鼓励发展那些致力于提高学生批判分析新闻信息能力的媒介素养教育[102]。本章为深化这一素养教育的设计提供了支持。因为新闻学专业的学生也具有普通公众的视角，且学生是社交媒体新闻中的活跃主体，所以可以借鉴新闻学专业教育中干预学生的自我效能、引导学生对谣言信息进行深化的信任判断以及理性地使用谣言信息的教学策略，对大学内的各个学科的学生进行新闻学的通识教育。由于这些学生本身具有多样的学科背景属性，他们能够对极具专业性的谣言新闻做出专业的判断。通过提升学生群体在数字时代的网络新闻素养，可以培养出一代更具理性思维和态度的社交媒体新闻用户。

4.6 小　　结

本章关注了兼具普通活跃用户视角和潜在记者视角双重视角的社交媒体新闻用户群体，使用结构方程模型方法对收集的来自中国顶尖新闻学专业教育的高校中的 234 位新闻学专业学生的调查数据进行了分析。本章通过将信任划分为信任信念和信任行为两个信任不断深化的层面，探索了新闻学专业学生的自我效能与对社交媒体谣言信息的不同层次的信任之间的关系，以及不同层次的信任与他们对社交媒体谣言信息的不同使用模式之间的关系。研究发现随着信任程度的不断深化，新闻学专业的学生的信任判断由信任信念主导的感性状态转变为能够综合考虑多方面因素进行判断的理性状态，研究结果为培养合格的未来记者以及能够理性使用谣言信息的普通社交媒体新闻用户提供了支持。

参 考 文 献

[1] 中国互联网络信息中心. 第 46 次《中国互联网络发展状况统计报告》. http://www.cnnic.net.cn/hlwfzyj/hlwxzbg/hlwtjbg/202009/P020200929546215182514.pdf, 2020.
[2] Westerman D, Spence P R, Brandon V D H. Social media as information source: recency of updates and credibility of information. Journal of Computer-Mediated Communication, 2014, 19(2): 171-183.
[3] PEW. News Use Across Social Media Platforms 2018. https://www.journalism.org/2018/09/10/news-use-across-social-media-platforms-2018, 2018.
[4] 冯缨, 王娟. 社会化媒体环境下的信息质量影响因素研究. 图书馆学研究, 2017, (7): 2-8.
[5] 金燕, 翟丽辉. 社交媒体环境下用户转发行为对信息质量影响的调查与分析. 图书馆理论与实践, 2016, (9): 91-95.
[6] Hu Y, Pan Q, Hou W, et al. Rumor spreading model with the different attitudes towards rumors. Physica A: Statistical Mechanics and its Applications, 2018, 502: 331-344.
[7] Lee J, Choi Y. Informed public against false rumor in the social media era: focusing on social media dependency. Telematics and Informatics, 2017, 35(5): 1071-1081.
[8] 复兴新媒体大数据. 造谣车主因疫情去世，谣言治理亟需重视. https://baijiahao.baidu.com/s?id=1670904946147719146&wfr=spider&for=pc, 2020.
[9] Zubiaga A, Ji H. Tweet, but verify: epistemic study of information verification on Twitter. Social Network Analysis and Mining, 2014, 4(1): 163.
[10] Principe G F, Haines B, Adkins A, et al. False rumors and true belief: memory processes underlying children's errant reports of rumored events. Journal of Experimental Child Psychology, 2010, 107(4): 407-422.
[11] Hagar C. Crisis informatics: perspectives of trust: is social media a mixed blessing?. School of Information Student Research Journal, 2013, 2(2): 2.
[12] de Zuniga H G, Bachmann I, Hsu S H, et al. Expressive versus consumptive blog use: implica-

tions for interpersonal discussion and political participation. International Journal of Communication, 2013, 7(2): 1538-1559.

[13] Lee N Y, Kim Y, Sang Y. How do journalists leverage Twitter? Expressive and consumptive use of Twitter. The Social Science Journal, 2017, 54(2): 139-147.

[14] 马昕晨. 新媒体信息质量的影响因素研究. 镇江: 江苏大学, 2017.

[15] Farhi P. The Twitter explosion. American Journalism Review, 2009, 31(3): 26-32.

[16] Molyneux L. What journalists retweet: opinion, humor, and brand development on Twitter. Journalism: Theory, Practice and Criticism, 2015, 16(7): 920-935.

[17] Uzunoğlu E, Kip S M. Brand communication through digital influencers: leveraging blogger engagement. International Journal of Information Management, 2014, 34(5): 592-602.

[18] Andrews C, Fichet E, Ding Y, et al. Keeping up with the tweet-dashians: the impact of 'official' accounts on online rumoring//The 19th ACM Conference on Computer-Supported Cooperative Work and Social Computing, San Francisco, 2016.

[19] Hermida A, Lewis S C, Zamith R. Sourcing the Arab Spring: a case study of Andy Carvin's sources on Twitter during the Tunisian and Egyptian revolutions. Journal of Computer-Mediated Communication, 2014, 19(3): 479-499.

[20] Shariff S M, Zhang X, Sanderson M. On the credibility perception of news on Twitter: readers, topics and features. Computers in Human Behavior, 2017, 75: 785-796.

[21] Hermida A, Fletcher F, Korell D, et al. Share, like, recommend: decoding the social media news consumer. Journalism Studies, 2012, 13(5-6): 815-824.

[22] Ruggiero T E, Winch S P. The media downing of Pierre Salinger: journalistic mistrust of the internet as a news source. Journal of Computer-Mediated Communication, 2005, 10(2): 1026.

[23] 中华人民共和国国家互联网信息办公室. 2016 年中国互联网新闻市场研究报告. http://www.cac.gov.cn/2017-01/12/c_1121534556.htm, 2016.

[24] Wu W, Weaver D H. Making Chinese journalists for the next millennium: the professionalization of Chinese journalism students. Gazette, 1998, 60(6): 513-529.

[25] de Burgh H. Skills are not enough: the case for journalism as an academic discipline. Journalism, 2003, 4(1): 95-112.

[26] Hanusch F. Moulding industry's image: journalism education's impact on students' professional views. Media International Australia, 2013, 146(1): 48-59.

[27] Burns L S. Reflections: development of Australian journalism education. Asia Pacific Media Educator, 2003, 1(14): 57-75.

[28] Splichal S, Sparks C. Journalists for the 21st Century: Tendencies of Professionalization among First-Year Students in 22 Countries. Norwood: Ablex, 1994.

[29] Tylor J. An examination of how student journalists seek information and evaluate online sources during the newsgathering process. New Media and Society, 2015, 17(8): 1277-1298.

[30] Cassidy W P. Online news credibility: an examination of the perceptions of newspaper journalists. Journal of Computer-Mediated Communication, 2007, 12(2): 478-498.

[31] Shoemaker P J, Eichholz M, Kim E, et al. Individual and routine forces in gatekeeping. Journalism and Mass Communication Quarterly, 2001, 78(2): 233-246.

[32] Wintterlin F, Blöbaum B. Examining journalist's trust in sources: an analytical model capturing a key problem in journalism. Trust and Communication in a Digitized World, 2016: 75-90.

[33] Singer J B. The political j-blogger: 'Normalizing' a new media form to fit old norms and practices. Journalism, 2005, 6(2): 173-198.

[34] Kwon K H, Agrawal M, Oh O, et al. Audience gatekeeping in the Twitter service: an investigation of tweets about the 2009 gaza conflict. AIS Transactions on Human-Computer Interaction, 2012, 4(4): 212-229.

[35] Rotter J B. A new scale for the measurement of interpersonal trust. Journal of Personality, 1967, 35(4): 651-665.

[36] Jian G W, Liu T. Journalist social media practice in China: a review and synthesis. Journalism, 2018, 19(9-10): 1417-1434.

[37] Lee J. The double-edged sword: the effects of journalists' social media activities on audience perceptions of journalists and their news products. Journal of Computer-Mediated Communication, 2015, 20(3): 312-329.

[38] Mcallister D J. Affect- and cognition- based trust as foundations for interpersonal cooperation in organizations. Academy of Management Journal, 1995, 38(1): 24-59.

[39] Mayer R C, Davis J H, Schoorman F D. An integrative model of organizational trust. Academy of Management Review, 1995, 20(3): 709-734.

[40] Luhrnann N. Trust and Power. Chichester: John Wiley and Sons, 1979.

[41] McKnight D H, Choudhury V, Kacmar C. Developing and validating trust measures for e-commerce: an integrative typology. Information Systems Research, 2002, 13(3): 334-359.

[42] Alarcon G M, Lyons J B, Christensen J C, et al. The role of propensity to trust and the five factor model across the trust process. Journal of Research in Personality, 2018, 75: 69-82.

[43] 张仙锋. B to C 交易中消费者信任的生成机理研究. 山西财经大学学报, 2006, (3): 58-63.

[44] Ferrin D L, Dirks K T, Shah P P. Direct and indirect effects of third-party relationships on interpersonal trust. Journal of Applied Psychology, 2006, 91(4): 870-883.

[45] Dirks F K T. The use of rewards to increase and decrease trust: mediating processes and differential effects. Organization Science, 2003, 14(1): 18-31.

[46] 郭零兵, 罗新星, 朱名勋. 移动商务用户信任行为影响因素及建立路径. 系统工程, 2013, 31(7): 120-126.

[47] Colquitt J A, Scott B A, Lepine J A. Trust, trustworthiness, and trust propensity: a meta-analytic test of their unique relationships with risk taking and job performance. Journal of Applied Psychology, 2007, 92(4): 909-927.

[48] Jarvenpaa S L, Leidner D E. Communication and trust in global virtual teams. Organization Science, 1999, 10(6): 693-815.

[49] Matzat U, Snijders C. Rebuilding trust in online shops on consumer review sites: sellers responses to user-generated complaints. Journal of Computer-Mediated Communication, 2012, 18(1): 62-79.

[50] 姚琦, 崔丽娟, 王彦, 等. 社交媒体信任对重大突发公共卫生事件中公众网络谣言自治行为的影响. 心理科学, 2020, 43(2): 481-487.

[51] Canini K R, Suh B, Pirolli P L. Finding credible information sources in social networks based on content and social structure//The 3rd IEEE International Conference on Privacy, Security, Risk and Trust and the 3rd IEEE International Conference on Social Computing, Boston, 2011.

[52] Wang Y, Mark G. Trust in online news: comparing social media and official media use by Chinese citizens//The Conference on Computer Supported Cooperative Work, San Antonio, 2013.

[53] Dekker R, Engbersen G, Klaver J. et al. Smart refugees: how Syrian asylum migrants use social media information in migration decision-making. Social Media+ Society, 2018, 4(1): 1-11.

[54] 孙晓阳, 李丹钰. 移动社交媒体中健康信息可信度的影响因素研究——以微信为例. 情报探索, 2020, (6): 1-12.

[55] Tsfati Y. Online news exposure and trust in the mainstream media: exploring possible associations. American Behavioral Scientist, 2010, 54(1): 22-42.

[56] Borah P, Xiao X. The importance of 'likes': the interplay of message framing, source, and social endorsement on credibility perceptions of health information on Facebook. Journal of Health Communication, 2018, 23(4): 399-411.

[57] Gao Q, Tian Y, Tu M. Exploring factors influencing Chinese user's perceived credibility of health and safety information on Weibo. Computers in Human Behavior, 2015, 45: 21-31.

[58] Tamilina L, Tamilina N. Trust as a skill: applying psychological models of skill acquisition to explain the social trust formation process. Psychology and Developing Societies, 2018, 30(1): 44-80.

[59] Hocevar K P, Flanagin A J, Metzger M J. Social media self-efficacy and information evaluation online. Computers in Human Behavior, 2014, 39: 254-262.

[60] Bandura A. Self-efficacy: toward a unifying theory of behavioral change. Psychology Review, 1977, 84(2):191-215.

[61] Hong T. The Internet and tobacco cessation: the roles of Internet self-efficacy and search task on the information-seeking process. Journal of Computer-Mediated Communication, 2006, 11(2): 536-556.

[62] Deandrea D C, Ellison N B, Larose R, et al. Serious social media: on the use of social media for improving students' adjustment to college. The Internet and Higher Education, 2012, 15(1): 15-23.

[63] 周文霞, 郭桂萍. 自我效能感: 概念、理论和应用. 中国人民大学学报, 2006,(1): 91-97.

[64] Eastin M S, Larose R. Internet self-efficacy and the psychology of the digital divide. Journal of Computer-Mediated Communication, 2006, 6(1).

[65] Bandura A. Self-efficacy: the Exercise of Control. New York: W.H. Freeman and Company, 1997.

[66] Rosique-Blasco M, Madrid-Guijarro A, García-Pérez-de-Lema D. The effects of personal abilities and self-efficacy on entrepreneurial intentions. International Entrepreneurship and Management Journal, 2018, 14(4): 1025-1052.

[67] Kim Y H, Kim D J. A study of online transaction self-efficacy, consumer trust, and uncertainty reduction in electronic commerce transaction//The 38th Annual Hawaii International Conference

on System Sciences, Hawaii, 2005.

[68] Kim Y H, Kim D J, Hwang Y. Exploring online transaction self-efficacy in trust building in B2C e-commerce. Journal of Organizational and End User Computing, 2009, 21(1): 37-59.

[69] Wu S Y, Wang S T, Liu F, et al. The influences of social self-efficacy on social trust and social capital-a case study of Facebook. Turkish Online Journal of Educational Technology, 2012, 11(2): 246-254.

[70] Vancouver J B, Thompson C M, Tischner E C, et al. Two studies examining the negative effect of self-efficacy on performance. Journal of Applied Psychology, 2002, 87(3): 506.

[71] Barthel M, Shearer E, Gottfried J, et al. The evolving role of news on Twitter and Facebook. Pew Research Center: Media and Journalism, 2015: 19-21.

[72] Heravi B R, Harrower N. Twitter journalism in Ireland: Sourcing and trust in the age of social media. Information, Communication and Society, 2016, 19(9): 1194-1213.

[73] Cho J, Shah D V, Mcleod J M, et al. Campaigns, reflection, and deliberation: advancing an O-S-R-O-R model of communication effects. Communication Theory, 2009, 19(1): 66-88.

[74] Rhee K Y, Kim W. The adoption and use of the internet in South Korea. Journal of Computer-Mediated Communication, 2006, 9(4).

[75] Kaur K, Rampersad G. Trust in driverless cars: investigating key factors influencing the adoption of driverless cars. Journal of Engineering and Technology Management, 2018: 87-96.

[76] Tsai M T, Chin C W, Chen C C. The effect of trust belief and salesperson's expertise on consumer's intention to purchase nutraceuticals: applying the theory of reasoned action. Social Behavior and Personality: An International Journal, 2010, 38(2): 273-287.

[77] Kim B, Han I. The role of trust belief and its antecedents in a community-driven knowledge environment. Journal of the American Society for Information Science and Technology, 2009, 60(5): 1012-1026.

[78] Wu T, Deng Z, Zhang D, et al. Seeking and using intention of health information from doctors in social media: the effect of doctor-consumer interaction. International Journal of Medical Informatics, 2018: 106-113.

[79] Khatri V, Samuel B M, Dennis A R. System 1 and System 2 cognition in the decision to adopt and use a new technology. Information and Management, 2018, 55(6): 709-724.

[80] Sheeran P. Intention-behavior relations: a conceptual and empirical review. European Review of Social Psychology, 2002, 12(1): 1-36.

[81] Hanusch F, Mellado C. Journalism students' professional views in eight countries: the role of motivations, education, and gender. International Journal of Communication, 2014, 8: 1156-1173.

[82] Yang F, Liu Y, Yu X, et al. Automatic detection of rumor on Sina Weibo//The ACM SIGKDD Workshop on Mining Data Semantics, Beijing, 2012.

[83] Kaplan S E, Nieschwietz R J. A web assurance services model of trust for B2C e-commerce. International Journal of Accounting Information Systems, 2003, 4(2): 95-114.

[84] Holmes J G, Rempel J K. Trust in close relationships. Journal of Personality and Social Psychology, 1985, 49(1): 95-112.

[85] Tokuda Y, Jimba M, Yanai H, et al. Interpersonal trust and quality-of-life: a cross-sectional study in Japan. Plos One, 2008, 3(12): 103-122.

[86] Rosenberg M. Misanthropy and political ideology. American Sociological Review, 1956, 21(6): 690-695.

[87] Schwarzer R, Jerusalem M. Generalized Self-efficacy Scale//Weinman J, Wright S, Johnston M. Measures in Health Psychology: A User's Portfolio, Causal and Control Beliefs. Windsor: NFER-Nelson, 1995: 35-37.

[88] Anderson J C, Gerbing D W. Structural equation modeling in practice: a review and recommended two-step approach. Psychological Bulletin, 1988, 103(3): 411.

[89] Hatcher L. A step-by-step approach to using the SAS system for factor analysis and structural equation modeling. Technometrics, 1994, 38(3): 296-297.

[90] Fornell C, Larcker D F. Evaluating structural equation models with unobservable variables and measurement error. Journal of Marketing Research, 1981, 18(1): 39-50.

[91] Bagozzi R P, Yi Y. On the evaluation of structural equation models. Journal of the Academy of Marketing Science, 1988, 16(1): 74-94.

[92] Hu L, Bentler P M. Cutoff criteria for fit indexes in covariance structure analysis: conventional criteria versus new alternatives. Structural Equation Modeling, 1999, 6(1): 1-55.

[93] Hair J F, Black W C, Babin B J, et al. Multivariate Data Analysis. Englewood Cliffs: Prentice Hall, 2010.

[94] Kong D T. Examining a climatoeconomic contextualization of generalized social trust mediated by uncertainty avoidance. Journal of Cross-Cultural Psychology, 2013, 44(4): 574-588.

[95] Bandura A. On the functional properties of perceived self-efficacy revisited. Journal of Management, 2012, 38(1):9-44.

[96] Kim Y. Understanding j-blog adoption: factors influencing Korean journalists' blog adoption. Asian Journal of Communication, 2011, 21(1): 25-46.

[97] Shoemaker P J, Vos T P, Reese S D. Journalists as Gatekeepers//Shoemaker P J, Vos T P, Reese S D. The Handbook of Journalism Studies. London: Routledge, 2009: 93-107.

[98] Dunlap J C. Problem-based learning and self-efficacy: how a capstone course prepares students for a profession. Educational Technology Research and Development, 2005, 53(1): 65-83.

[99] Zimmerman B J. Self-efficacy: an essential motive to learn. Contemporary Educational Psychology, 2000, 25(1): 82-91.

[100] Schwarzer R, Hallum S. Perceived teacher self-efficacy as a predictor of job stress and burnout: mediation analyses. Applied Psychology, 2008, 57: 152-171.

[101] Collins S J, Bissell K L. Student self-efficacy in a media writing course. Journalism and Mass Communication Educator, 2001, 56(4): 19-36.

[102] Fleming J. "Truthiness" and Trust: News Media Literacy Strategies in the Digital Age//Tyner K. Media Literacy. London: Routledge, 2009: 136-158.

第5章　基于扎根理论的网络问答社区答案质量影响因素研究

5.1　问题的提出

5.1.1　研究背景

随着Web2.0技术的大规模应用，以用户为中心的信息共享模式成为了新的知识交流方式，根据中国互联网络信息中心发布的第46次《中国互联网络发展状况统计报告》[1]显示，截至2020年6月，中国网民规模达9.4亿，互联网普及率为67%，手机网民规模已达9.32亿，网民通过手机接入互联网的比例逾99%。为满足日益增长的网络用户知识共享与交流的需求，网络问答社区随之兴起，为人们寻求更高质量的信息与知识提供了更为便捷的渠道。目前国内外各大网络问答社区的用户数量呈现出激增的态势，截至2019年11月，国内问答平台“百度知道”已经累计解决用户提问5.5亿，参与答题的用户超过1.8亿；截至2019年1月，国内最大的网络问答社区平台“知乎”的用户数量已突破2.2亿；截至2019年第二季度，美国最大点评网站Yelp已拥有超过1.9亿条用户群体评论，同样作为知识问答社区的Quora每个月的用户访问量已接近7亿次。

而在此过程中，由于用户群体的广泛性、社区流量的膨胀性及平台建设的待优化性等因素，网络问答社区中的答案质量呈现出参差不齐的状况，例如，2018年8月，知乎爆出网络问答社区传播违法信息事件等，折射出网络问答社区内容质量的短板。如何更好地实现UGC质量的提升，保证用户获取信息的真实性与可靠性，满足用户更加多样化的知识共享需求，实现由用户数量驱动增长向用户价值驱动增长的转变，成为了各大社会问答平台关注的焦点。根据现有研究，学者们从数据挖掘、统计分析及量化建模等角度对知乎用户行为刻画、知乎社区内容建设等做了较为丰富的探讨，但从用户感知角度运用质性研究方法探讨知乎答案质量的研究相对较少，因此本章在现有研究基础上，从用户感知角度出发，利用扎根理论这一方法挖掘用户访谈语句中隐藏的内容信息，探讨网络问答社区中的答案质量，提高社区的网络问答服务体系建设能力，从而更好地实现UGC的交流共享，促进问答社区的优化建设。

5.1.2　研究目标

网络问答社区的低门槛准入、群体分层化等特征造成了问题答案的质量差异，而用户搜寻与采纳行为受到答案质量的影响较大。因此，本章通过扎根理论的研究方法，以知乎用户为调研对象，从用户感知的角度对知乎社区的答案质量进行测评，以期提高用户的社区知识体验，促进知乎社区内容质量的提升，为网络问答社区在内容质量建设方面提供一定的建议，促进社区知识共享与知识创新。

5.2　研 究 现 状

网络问答社区集合了群体知识与智慧，通过网络问题提出、回答、反馈和再反馈的互动模式，促进了 UGC 在网络平台的共享，构建了多元化的问答机制。经过调研发现，目前国内外学者关于网络问答社区内容质量的研究主要围绕着网络问答社区质量评估标准建设、影响因素及用户行为展开，不同学者基于内容分析探究答案质量的影响因素，并构建评价标准体系，同时也有学者根据已有指标模型，对国内外问答社区进行内容质量的实证研究，而随着问答社区用户数量的激增，越来越多的学者开始采用机器学习、神经网络模型等自动评估方法，从量化角度提高对内容质量评估的准确度。

5.2.1　基于内容分析的答案质量影响因素研究

目前国内外对于问答社区的内容质量影响因素研究已有一定的成果，主要采用内容分析法，对用户评论进行分析来表征信息质量。曹高辉等[2]从统计定量分析的角度，提出基于外部线索构建网络问答社区的信息质量感知模型，为问答平台的答案质量评估提供了理论基础。李翔宇等[3]结合专家评分法及三角模糊加权平均 G1 法，构建了网络问答社区答案质量评测指标体系，从而优化问答平台发展和用户体验。吴雅威等[4]利用信息构建理论从用户生成答案、用户和社区三个维度构建包括 11 个一级指标、29 个二级指标的评价体系，并结合情绪理论、认知理论、用户行为和知识传播等理论对指标进行阐释，提出以用户感知下的答案、用户本身和社区为视角建立指标体系可以较客观地对学术问答社区用户生成答案质量进行评价，以提高知识聚合质量和效率。陈娟和邓胜利[5]通过采集人大经济论坛上 1964 条帖子数据，运用 SmartPLS 软件对数据进行分析，构建了影响答案认可度的理论模型，结论表明用户活跃度可以分别影响个人影响力和答案质量，进而影响答案认可度，答案质量也会对个人影响力造成影响。

Kim 等[6]研究发现雅虎问答用户选取和采纳最佳答案时会考虑社会性情感、内容及效用相关的评价标准，并且不同话题的评价标准也存在差异。Oh 等[7]构建了包括信息准确性、完整性、相关性等 10 个答案质量评价标准，并对比分析了不同职业人员对问答社区答案质量的评估差异。Ishikawa 等[8]研究了雅虎中的日文数据，使评估者将答案标记为简单的三种形式(满意答案、部分相关、完全无关)并解释原因，通过对用户文档进行分析，构建了包括回答者经验、证据来源、礼貌程度、详细程度、意见、相关性、具体化程度、全面性等 12 个维度的问答社区答案质量评价指标体系。Fu 和 Oh[9]在比较研究的基础上，抓取雅虎等在线社区数据，提出了信息发布的关联性、可信服性、可读性以及发布者的写作风格和语气等是网络问答社区内容质量的重要影响因素。Zhang 等[10]从互惠性和价值共创的角度，引入知识共创框架并建立模型，认为知识效能、主题丰富性、个性化推荐和社交互动性对用户的知识共享行为产生积极影响，进而影响社区的知识质量。Yao 等[11]学者指出在线社区中高质量的内容往往与发布者的声誉、互动能力、内容时效性等有关；Li 等[12]通过收集学术问答社区中不同学科的用户回答，指出学术声誉、答案的客观性以及原创价值等因素影响问答社区的答案质量。

5.2.2　基于指标体系建设的答案质量实证研究

基于已有的指标和模型，国内外研究者对网络问答社区的内容质量进行了实证分析。李晨等[13]从中文社区问答网站上抓取大量问题及答案，利用社会网络的方法对提问者和回答者的互动关系及特点进行了统计与分析，并对 3000 多个问题及其答案进行了人工标注，从而分析了影响社区网络中问答质量的主要因素。吴丹等[14]比较研究了不同中英文问答社区的基本信息、交互性和个性化因素，随后又按照经济学、文学和图书馆学领域的事实性问题、列举性问题、定义性问题和探索性问题四类问题对网络问答社区的回答质量与效率进行了评价研究。贾佳等[15]通过采用问答社区多维质量模型，以百度知道和知乎为例，认为答案的完整性、信息量专业性和易读性等指标对于答案质量的贡献度具有重要影响。陈晓宇等[16]根据前人的相关研究归纳出四个判断答案质量的主要维度，比较了百度知道用户和知乎用户对这四个维度的感知差异。韩文婷等[17]基于健康信念模型和顾客满意度模型进行实证研究，结果表明医疗类社会化搜索平台答案的来源质量对健康行为期望和健康威胁感知均有显著影响，是最具影响力的一个质量维度。

Harper 等[18]通过对雅虎等在线问答社区的答案进行比较研究，对社区中的问题主题、语言表达等因素进行定量分析，指出付费问答机制、社区活跃度及用户情感依赖对于答案质量具有较大影响。Chua 和 Banerjee[19]通过研究用户回答速度与答案质量之间的关系，发现不同类型问题的回答质量和回答速度之间存在显著差异，最优质的答案比最快的答案有更好的整体回答质量。Shah 和 Pomerantz[20]

在亚马逊众包网站 MTurk 中雇佣了工作人员，按照前人的内容质量评估模型对雅虎问答里的 120 条问题及 600 个答案进行评估，发现人工标注的最佳答案通常不是提问者采纳的最佳答案，但不同的人工标注者对相同的数据集的评分有很高的相关性。

5.2.3 基于机器学习的答案质量自动化评价研究

随着互联网、Web2.0 的迅速发展，网络问答社区的信息增长速度不断加快，研究者开始探索自动地、大规模地对问答社区中的信息进行质量评估。孔维泽等[21]基于大规模问答语料，利用分类学习框架，基于文本特征和链接特征，对高质量和非高质量的回答进行分类，提出基于时序和问题粒度的特征能够有效提高回答质量的评估效果。王伟等[22]以知乎为研究对象，采用数据挖掘和机器学习方法，选取逻辑回归、支持向量机和随机森林三种分类模型，从结构化特征、文本特征以及用户社交属性三个维度构建答案质量的特征体系，结果表明从答案本身和答案编写者两个角度能够评价答案质量。易明和张婷婷[23]依据信息接受模型，从感知价值角度构建答案质量排序初始指标体系，采用 K-Medoids 聚类算法，对知乎六类话题下的 2297 条相关数据进行实验分析，结论表明排序靠前的答案通常采用图文结合的表达方式，所含信息量高，且回答者社区参与度较高，因而答案的质量较高。郭顺利等[24]以知乎网站数据为例，基于 GA-BP 神经网络模型设计答案质量自动化评价方法，运用因子分析和结构方程实证构建了包含答案文本特征、回答者特征、时效特征、用户特征和社会情感特征等维度的评价指标体系。龚凯乐和成颖[25]通过分析开放问答模式的特点，以“问题”和“用户”为节点、“答题关系”为有向边，构建了“问题-用户”的权威值传播网络，利用答案质量改进加权的 HITS(hyperlink-induced topic search)算法，对知乎“数据挖掘”领域进行了实证分析。来社安和蔡中民[26]针对问答社区中具有多个答案的问题，提出一种基于相似度的问答社区中问答质量的评价方法，利用问题与各答案之间的语义关系，通过计算每个答案和问题中语言单位之间的相似度和对应的权值，并引入 HITS 算法模型对权值进行调整，选取出最佳答案，结果表明，该方法能够有效地提高回答质量的评估效果。Ginsca 和 Popescu[27]设计了一种高质量答案自动检测方法，基于 Stackoverflow 问答社区的大规模语料，通过分析问答社区用户特征，实验发现使用用户模型获得的答案排名优于基于答案的时间顺序的排名。

5.2.4 基于行为视角的问答质量评测研究

此外，在用户行为研究方面，国内外学者们的关注热点集中在用户持续使用意愿、用户满意度、用户体验以及用户间互动方面来评测网络问答社区的内容质量。张宝生和张庆普[28]运用扎根理论方法，从访谈资料入手，根据各级编码确定了理论模型，提出社会化问答社区用户知识贡献行为意向受知识需求端因素、知识供给端因素、平台服务端因素和社区环境端因素四个方面交互作用和影响。沈旺等[29]采用扎根理论的方法，从信源、信息结构及内容和信息媒介这三个维度出发，构建了问答社区平台信息可信度评价指标体系，发现不同话题用户可信度指标的分布状态存有差异，用户仅使用数量较少的关键性指标进行可信度评价，单项信息可信度评价指标使用频率最高。Jeon 和 Rieh[30]认为获取个性化答案是用户转向社会问答服务的重要原因，并通过调查发现用户在网络问答社区中提问策略的选择受潜在回答数量和答案质量两个维度影响。

5.2.5　研究述评

网络问答社区通过提供一个集体智慧平台来促进用户发布问题、提供答案和评论反馈等，极大地促进了用户间的知识共享程度，因此学者对网络问答社区的研究关注度也日益提高。现有研究中，学者们主要利用机器学习分类、神经网络模型、结构方程模型等自动化评价与实证研究方法，从社区内容、平台维护及用户行为等多个角度对网络问答社区的答案质量进行了评估研究。从研究内容上看，目前已经形成了大量旨在评估和预测内容质量、分析用户行为动机的国内外文献，尤其是关于问答质量与用户知识贡献动机的研究成为近年来研究的热点。从研究方法上看，结构方程模型、用户感知模型、机器学习等自动化与实证研究方法是学者们普遍采用的方法，同时也有部分学者采用定量分析和定性分析的研究方法，探究影响网络问答社区答案质量的影响因素。总体而言，目前运用定性方法在网络问答社区答案质量影响因素方面的研究相对较少。由于用户感知的内容质量受到多重复杂因素的影响，传统统计分析等计量方法在某种程度上易造成研究要素的遗漏，因此本章拟结合前人研究成果，通过扎根理论的研究方法来调研诸如知乎等网络问答社区的答案质量的影响因素，从用户感知角度促进网络问答社区的答案质量提升，优化平台的内容质量。

5.3　研究方法及过程

5.3.1　数据来源

数据来源选取了来自知乎社区的用户数据。知乎作为一种用户可以在平台中提问寻求知识帮助、也可以分享专业知识技能、个性化经验与思想的网络问答社区，截至 2019 年 1 月，其用户数量破 2.2 亿，同比增长 102%，其问题数超过 3000 万，回答数超过 1.3 亿[31]，极大地促进了用户间的知识交流与协作，庞大的用户基础构成了知乎答案的数据来源。因此，知乎作为一款在中国广受欢迎的网络问答社区，作为本章研究目标，具有一定的典型性与代表性，可以为其他社会问答社区的管理提供一些有益的见解，从而优化相关平台的内容质量，促进集体智慧的共享。

本章通过深度访谈模式，对具备知乎使用经历且有一定参与度的知乎用户群体进行调研，并对不同性别、学历层次和年龄的相关用户群体进行样本抽取。由于知乎具备受众群体高学历、年轻化的分布特征，为了更加准确地反映客观实际，使得访谈对象具备一定的表征意义与代表性，保证研究结果的真实可靠，本章对45名不同职业、年龄段的用户群体，包括本科、硕士、博士和社会职业人士等，进行了线上或线下的深度访谈。为了保证用户隐私，将本科学生群体分别编号为A1～A15、硕士群体分别编号为B1～B15，博士生群体分别编号为C1～C10，社会人士群体编号为D1～D5，访谈时长在15～30分钟左右，以确保访谈的深度和有效性。由于受到时间和地点的限制，此次访谈采取了邮件访谈、电话访谈和线下访谈相结合的形式，最后共收集到有效样本数据39份，并预留一部分数据作为饱和检验数据，以保证研究的有效性与准确性。研究过程如图5.1所示。

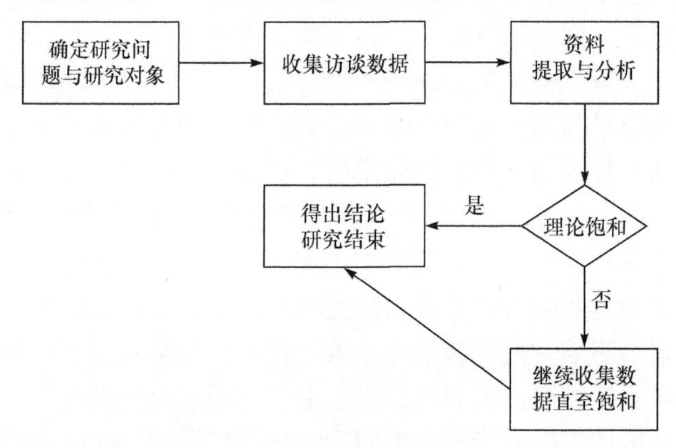

图5.1 扎根理论研究过程

5.3.2 研究方法

本章选择扎根理论的研究方法来探究用户感知视角下知乎的答案质量。扎根理论是Glazer和Anselm[32]提出的一种从原始资料入手，逐渐归纳概括出经验、升华出理论的质性研究方法。通过系统而全面地开展资料收集与分析，建立一个完整有效的理论体系，在这个研究过程中需要研究者摒弃固有认知，以实际观察结果出发，根据收集的资料进行经验总结与判断，进而升华到一定的系统理论。扎根理论的应用首先需要从现有资料中提炼出相关概念，并发现这些概念中的密切关系，再通过编码形式构建出与研究主题相符的理论体系。在应用过程中，对原始数据信息的逐步编码是该理论应用的关键之处，一般包含了开放编码、主轴编码和选择编码这三个步骤。在一级编码中，原始句子被概念化并初步划分类别，在二级编码中这些初始类别间将建立一定的相关性。最后，需要研究者进一步识别并选出与研究主题相关的核心主要范畴，构成一个由核心范畴组成的完整的类别系统。本章采用扎根理论研究方法对知乎用户开展深度化访谈，继而编码和解析访谈数据，实现原始句子的概念化和分类化，逐步确定知乎社区答案质量的评价要素，从而建立用户感知视角下的基于扎根理论的评价体系。

5.3.3　研究过程

根据前期的样本准备，此次访谈主要围绕用户对于知乎答案质量的评价来进行问题的设置，采取一对一的访谈形式，设计的访谈问题主要包括：用户是否浏览知乎问答、用户对何种类型的知乎答案最感兴趣、用户心中优质答案具备哪些特征以及这些答案对用户的学习、工作等具有哪些帮助等，为了确保访谈质量，针对不同用户的回答特点，适当地对上述问题进行了调整与补充。在记录访谈内容时，本章保留了用户原话中的情感用词以及口语化描述等，以确保接下来的编码工作顺利开展，具体访谈提纲如表 5.1 所示。

表 5.1　访谈提纲

访谈提纲
访谈背景： 此次研究采用扎根理论研究方法调研网络问答社区答案质量影响因素，希望通过此次调查，了解用户感知角度下的知乎答案质量，从而为提升答案质量提出相应的建议。为此，我需要您的帮助与参与，以完成对本次研究的相关情况的调查，使研究更具有实践价值，非常感谢您的帮助。
访谈对象基本信息： 年龄：　　　　性别：　　　　职业：
访谈问题： (1) 您会经常登录使用知乎吗？您是浏览答案居多，还是提问居多呢？ (2) 答案篇幅多少，是否排版，是否添加图片链接等，这些会影响您对答案的阅读选择吗？您是通过哪些标准来筛选自己阅读的答案呢？ (3) 从您的角度来看，您认为高质量的知乎答案一般具有什么样的特点呢？ (4) 您觉得怎样的回答是无意义或者无效的答案呢？ (5) 您认为您浏览的知乎答案对您的学习、生活以及工作有哪些帮助？
此次访谈的观点仅用于本次研究，我们承诺绝不泄露任何隐私信息，再次感谢您的参与！ 2019 年 10 月

5.3.3.1　开放式编码

在开放式编码的过程中，本章扎根于原始访谈数据，从访谈用户的原始话语中提取归纳出相关词语并逐句进行概念化编码，构建了一个简明的初始编码体系。

开放式编码共得出了包括“答案实用贴近生活”“答案比较专业”“答案有深入分析”“答案涉及知识面广”“阅读的便捷性”等26个相关的概念属性，再根据这些属性进一步归纳，建立了其所属的26个初始范畴。编码结果如表5.2所示。

表5.2 开放式编码结果

初步范畴	初始概念化	原始语句
答案的实用性	答案实用、贴近生活、解决问题	A2 在生活中会有一些问题难以解决，知乎会有一些实用的答案 D1 生活上装修类、礼物类的问答也有参考，都比较贴近生活的答案，更加实用
答案的专业性	答案比较专业、权威回答	A5 高质量的知乎问答应该具有专业性 B7 答案专业性可以算作标准
答案的深度	答案有深入分析、不轻浮、刨根究底	B6 高质量的知乎答案一般应该是对某一领域的问题是集成性的或者是对某一问题有细致的深入的分析 A9 有些答案浮于表面，网上各路的观点的杂烩
知识的丰富性	答案涉及知识面广、干货多	D2 能学到丰富的知识，借鉴他人的经验教训 C3 答案的干货多，内容很充实
答案的真实性	答案内容真实，不作假	A3 我觉得好的答案首先是真实的，不能是凭空想象的 D1 我认为一些不好的答案大多数都是不切实际的，所说的内容并不真实存在
阅读的便捷性	方便用户阅读、阅读体验好	B8 如果是学术型答案太多链接也不想看，阅读会很麻烦 B9 放太多链接基本我不会看的，太麻烦了
视角的独特性	视角独特，有不同的观点	A3 通过发布者的观点增加多角度理解，思考有独特性 A10 见解比较独到的比较能吸引我的兴趣
答案的原创性	答案原创、不抄袭、不复制	B1 高质量答案很少抄袭、复制、粘贴、模仿他人的观点 A9 高质量的知乎问答应该具有创新性，即原创性
形式的丰富性	答案有趣，图文并茂、生动	B4 普及知识的同时，也给业余生活带来了很多乐趣 C3 通常情况下图文并茂的答案会更加吸引我的注意
表达的客观性	内容客观，避免过于主观、不情绪化	A1 高质量的知乎答案应该具客观性，针对某问题或事件 B5 他的答案比较客观，我通过浏览也能有些思考 C2 有些答案带有主观情感色彩，不能客观地作出判断
文字的逻辑性	逻辑严密，条理清晰	A7 高质量答案一般表达清晰有逻辑 B8 问题分析有逻辑，符合大多数人的理解 D3 高质量的答案一般逻辑清晰、条理分明
链接的安全性	答案中的链接是否安全、涉及隐私	B4 觉得网络上的链接可能都会有安全问题，所以对于有链接的答案也会比较谨慎 D5 感觉有的链接不想点开，怕会涉及到隐私与安全信息
引用的规范性	内容规范，引用有标注	A6 援引别人的观点有标注 D1 有链接说明出处的答案一般来说质量会偏高一些

续表

初步范畴	初始概念化	原始语句
平台的可靠性	平台的层次高、优质平台	A11 知乎经常提供一些非常具有参考价值的平台 B3 知乎相较于微博的话用户群体层次稍高一些
答案的正确导向性	答案不偏激不反动、正确引导	A1 答案价值观正确，能给人以正确的引导 B6 有些答案或许没能满足浏览者或者提问者的信息需求，但至少给人带来了正向的改变
答案的启发性	答案启发用户思考	B8 我觉得知乎最大的作用是，能让人在诸多意见不统一的答案中学会提炼，学会自我思考 C4 知乎答案针砭时弊，一些社会热点问题一般都会出现在知乎热榜上，能给我一些启发
答案有正向反馈	答案受到正面评论互动、持续评论	D2 有些高质量的答案会引起更多人的互动评论 B9 在同类问题的答案中被多数人采纳，持续性问答互动
语言的特色性	答案语言风趣、文采动人	D4 语言富有特色，或风趣幽默，或简洁凝练 C5 语言严谨而又不失风趣，文笔幽默 A8 文采较好，能够使得用户享受浏览的过程
答案的非营销性	答案不穿插广告、不营销	B7 答案下面会有一些推销东西的链接，我觉得这种答案也是无效的 A10 没有广告插入的答案一般质量更高一些
表述的通俗易懂性	答案深入浅出讲述专深内容、清晰明白	C4 专业的同时语言也比较通俗 B9 说得太难懂，不太容易理解，这也是没有意义的答案 B5 比如你想知道区块链是什么可能看文章很难懂，但是在知乎上就会有大神很生动清晰地讲明白
回答态度的友好性	态度认真、不攻击他人、态度包容	A8 我觉得恶意抹黑或者引战的答案是没有意义的 B1 答案要有包容的态度，不是很偏激，不能说以偏概全、我不喜欢特别有攻击性的答案
篇幅的适中性	答案不冗长且不过于简短	C1 觉得篇幅长的回答应该更可靠，会过滤一些短的答案 B4 答案篇幅有时候会影响对答案的阅读选择，太长且重点不突出就可能跳过
答案的相关性	答案针对问题作答，不偏题	A4 高质量的知乎问答应该具有相关性，应该符合所提问题的内容，而不是答非所问，提供一些无关、甚至垃圾信息 D3 答案要与问题对得上，有些答案答非所问
排版的美观性	排版上美观清爽、排版舒服	A4 排版整洁美观的答案会更受我欢迎 C3 如果排版不舒服的话，我可能就直接跳过不看了，比较影响第一印象
答主的个人影响力	大V、粉丝多的用户、领域专家、权威人士	A11 很有可能是该方面或该领域的专家或者研究人员 D5 一般高质量的答案我认为也与发布者有关系，如果是比较权威或者比较知名的用户发布的答案我也认为是较高质量的
答案有实际意义	答案不哗众取宠、不随意调侃	C5 有些回答只是为了博眼球或者“抖机灵”，这类型的答案往往不具有意义 B9 纯粹的调侃回答是没有意义的

5.3.3.2 主轴编码

经过开放式编码过程后，得出了相关的初始范畴，此时需要再进行主轴编码，找出这些初始范畴之间的关联。可以看出，答案的深度、原创性概念属于答案内容特征范畴，而表达的客观性、表述的生动性等属于表达特征范畴，除此之外，还可以确定答案主观价值、答案客观价值、平台因素、答主个人特征和答案形式等相关范畴，进一步归纳出主范畴，如表 5.3 所示。

表 5.3 主轴编码结果

主范畴	初始范畴化	范畴内涵
答案信息特征	答案的深度、答案的原创性、答案的非营销性、答案的相关性、答案的真实性	答案信息内容方面具备的优质内涵
答案的客观价值特征	答案的正确导向性、答案有正向反馈、答案的专业性、知识的丰富性	答案本身的特点具备的客观影响力
答案的主观价值特征	答案的实用性、答案的启发性、答案有实际意义	答案对于用户自身而言带来的实际影响
答案表达特征	文字的逻辑性、表述的通俗易懂、视角的独特性、表达的客观性、语言的特色性	答案在语言、表达及视角等方面具备的特点
答案平台特征	平台的可靠性、链接的安全性	答案来源平台对答案质量的影响
答主个人特征	回答态度的友好性、答主的个人影响力	回答问题的用户所具备的特征
答案形式特征	阅读的便捷性、引用的规范性、篇幅的适中性、排版的美观性、形式的丰富性	答案在引用、阅读体验和篇幅等方便具备的外在形式特点

5.3.3.3 选择性编码与饱和度检验

基于主轴编码的结果，共得出这七个主范畴。为了进一步生成对知乎答案质量评估的理论，需要进一步进行选择性编码，找出这些范畴间的关联，构建核心范畴。本章的选择性编码结果如表 5.4 所示，知乎答案的信息特征、表达特征、价值特征、来源特征、形式特征等因素都在很大程度上影响着用户对于知乎答案质量的评价。

表 5.4 选择性编码结果

选择性编码	主轴编码范畴
答案来源质量因素	答案平台特征、答主个人特征
答案信息质量因素	答案的深度、答案的原创性、答案的非营销性、答案的相关性、答案的真实性
答案结构质量因素	答案表达特征、答案形式特征
答案效用质量因素	答案主观价值特征、答案客观价值特征

经过上述过程的三级编码，初步得到了用户对知乎答案质量评估的要素，抽象出了相关的理论，如图 5.2 所示。为了进一步确认理论构建的完善性与准确度，通过预留的 5 份访谈内容进行了饱和度检验，结果显示，此次理论模型中的范畴领域较为丰富，在主范畴之外没有出现其他新的范畴，是一个较为完整的编码体系。

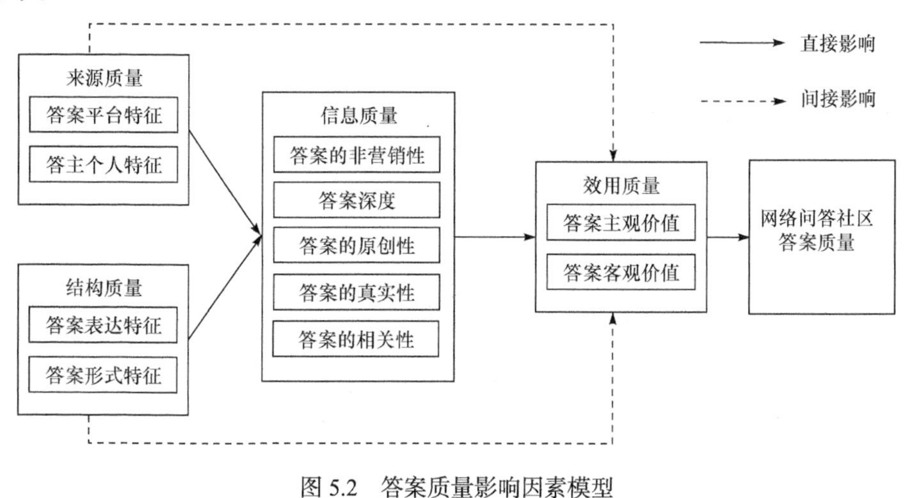

图 5.2　答案质量影响因素模型

5.4　研 究 发 现

根据已有研究成果，部分学者指出答案的结构化特征、文本特征、答案与问题的相关性特征以及答案编写者的社交属性特征等都对问答社区答案质量产生较大影响，需要注重社区优质内容的传播，逐步建立社区用户认同感[22]。部分学者采用数据起源方法，从内容传播过程和用户角度对知乎社区的信息可信度进行评估，构建了用户信息完整度、用户认证和成就、用户活跃程度、用户交际广度这四个指标体系[33]。总体上看，以往研究都从文本、平台和用户视角进行了信息质量与内容可信度的测评，但并未形成统一的答案质量评测标准。本章在前人研究基础上从用户视角出发进一步总结了知乎用户对于答案质量的感知影响因素，包括答案的来源因素、内容因素、结构因素以及效用因素，并针对这些影响因素对网络问答社区的发展提出相应的发展建议。

5.4.1　答案来源因素

答案来源因素是影响网络问答社区答案质量的前提条件。根据本章访谈结果，答案的平台安全性与链接安全度是提高答案来源质量的重要保障。知乎平台作为国内优质的网络问答社区，在平台功能上不断更新与完善，建立了相应的不良信息监管机制，为用户提供了较好的平台资源和社区氛围，提高了平台的可靠程度，促进了网络问答社区平台质量的提升。但随着信息传播速度加快，海量信息的涌入也加剧了网络问答社区的信息风险，部分涉及链接的答案不能完全保证链接的安全性，用户会由于其涉及的隐私信息而对此类答案产生较大质疑。除平台质量外，答主个人特征对答案来源质量也具有较大影响。一方面，在新媒体环境下，用户的信息参与程度不断提高，多样化的用户群体进入到知乎平台当中，使得消息源更为多元复杂，在这个过程中由于受到身份认同的影响，用户会更倾向于领域权威答主的回答，从而对其答案质量更加信任；另一方面，答主的回答态度也成为用户感知答案质量的外在条件，网络问答社区依靠人际互动和内容共享而发展，用户间的人际关系网络自然成为社区中的重要环节，理性且友好的回答态度能够促进社区人际网络的扩张，同时一定程度上影响了用户的答案阅读心理与采纳行为，增强了其答案的情感质量。

5.4.2　答案信息因素

答案信息质量是影响网络问答社区答案质量的直接条件。访谈中，知乎用户对于答案的真实性、原创性、相关性、非营销性及答案深度有较高的关注度。在网络问答社区中，平台的公众性特征逐渐增强，一定程度上容易造成信息质量的相对下降。首先，答案的真实性是影响信息质量的重要因素，在网络问答社区中共享答案的用户需具备信息责任感，避免对网络谣言信息的散布与传播，保证信息素材的真实与可追溯，从信息源头上确保内容的可信度，才能促进用户对答案内容的吸收与利用。其次，在全民知识创新的时代，随着公众信息素养的提升，答案的原创性也是知识共享中的一大要素。在网络问答社区中答案是否为答主原创成为用户评价答案质量的重要标准，抄袭或仅是搬运的信息无法传承平台的信息价值，同时也违背了网络问答社区中知识共享的规范要求。同时，答案与问题的相关性是用户采纳答案信息的首要条件。答案与问题相匹配才能具备实际意义，才能满足用户对于信息或知识的主观需求，从而对用户的信息采纳行为产生积极影响；而答案中穿插的广告等营销信息会使得答案质量大打折扣，这些与问题关联不大的信息对用户辨识与筛选有效答案产生了负面影响。因此，从用户角度而言，信息特征是其在网络问答社区中辨识答案质量的关键因素。

5.4.3　答案结构因素

答案结构质量是影响网络问答社区答案质量的间接条件。根据深度访谈结果，影响用户对知乎社区答案质量的感知因素除内容本身外，答案的表达效果与形式特征也在一定程度上影响了内容质量。知乎用户对于答案的表达逻辑、语言风格以及回答视角等关注度较高，阅读便捷程度、引用规范、篇幅适中以及排版美观程度也间接影响着答案的整体质量。由于知乎问答中涉及许多专业领域问题，表述逻辑清晰且语言通俗易懂的答案更容易使普通用户产生知识认同与情感共鸣，从而有效捕捉优质答案传达的信息与知识；相对于千篇一律的答案，用户更偏向于具备独特视角且叙述生动的启发性回答，为其提供新的思考视角。在答案形式方面，除排版美观度这一基本指标外，一些答案中的过多链接、视频等导致用户阅读便捷度降低，一定程度上增加了用户获取信息的时间成本，不利于知识共享的有效开展；同时，篇幅过长或过短的答案都会造成用户阅读兴趣的降低，过长的答案内容容易造成信息冗余，而答案篇幅过短则不利于信息的完整表达。最后，在知识共享时代，用户对于网络问答社区内容的保护意识逐渐增强，因此在答案中是否对于引用来源进行标注也成为影响答案质量的重要因素，用户发布答案需要遵守社区规范，承担答案质量维护责任。

5.4.4　答案效用因素

答案效用质量是网络问答社区中影响答案质量的关键条件。根据扎根理论访谈结果，知乎用户对于答案质量的评价集中于答案的主客观价值与实际效用两个维度。在主观价值方面，优质的知乎答案一般具备一定的启发性，能够引起用户思考的同时，带来一定的积极影响，切实帮助用户获取有效信息解决实际问题；答案是否具备实际意义也成为用户感知质量的重要因素，追随流量及热点的答案往往没有实用价值，反而占据公共资源空间，为用户搜寻有效信息带来一定的困难；在客观效用方面，网络问答社区的可持续发展需要具备正确导向性的问答体系，在访谈中知乎用户认为答案需具备一定的正确导向；其次，由于网络问答社区是由用户间的联系构成的社交网络，答案是否能够引起用户间的互动讨论与正向反馈也成为用户感知知乎答案的重要因素，优质的知乎答案除具备实用价值外，也能够得到来自其他用户的正向反馈，比如，评论区的正向互动以及收藏、点赞等行为。最后，答案的专业程度与知识的丰富程度也是影响效用价值的重要因素，答案能够带来专业领域见解以及具备丰富的知识容量往往具备更高的效用价值。

5.5　结论与讨论

网络问答社区依靠用户与内容建立起知识共享平台，问答机制实现了用户间的知识共享，节省了用户获取知识的时间成本，促进了知识在社区用户群体中的流动与共享，答案质量成为社区建设的重点。因此，根据扎根理论访谈结果，网络问答社区的答案质量建设需从信息、结构、来源和效用因素四个方面展开，优化平台体验，促进用户活跃度提高，强化内容建设，提升知识共享效果。

5.5.1 注重内容来源，优化平台功能

平台可靠性和用户的个人影响力等来源因素对于用户感知答案质量具有重要意义。为促进网络问答社区的持续发展，需促进社区功能建设，加强平台管理，发挥知乎用户中意见领袖作用，优化平台的知识服务体验。网络问答社区的公开化一方面实现了全民知识共享，另一方面也造成了信息质量的参差不齐问题，作为社区管理者，需不断优化平台功能与体验，提升社区的专业程度与稳定性，加强社区技术治理与文化治理，为用户知识共享与交流提供更为可靠的平台与渠道，同时加强网络资源的筛选和准入门槛建设，整合优质的信息资源，避免问答质量水准下降。其次，社区管理者需设置信息安全机制，降低答案信息风险，增强对用户隐私信息的保护，增强用户对于平台内容的信任度。在网络问答社区中具备较强个人影响力的用户答案在某种程度上具有较大的权威性与可参考性，需健全网络问答社区奖励机制，提升精英用户群体的活跃度，充分发挥意见领袖的积极作用，提升知乎答案的整体质量，保证用户获取信息的来源专业性与准确性，提升知识来源质量，为用户营造良好的内容互动氛围，为网络社区提供强大的知识储备与平台保障，优化平台的内容体验。

5.5.2 避免答案冗余，提升内容深度

由于网络问答社区的开放性与全民性，不同群体与多元信息的涌入带来了知识质量问题，不同社区中存在着越来越多的内容重复、与用户问题无关的内容。从社区运营者角度，需要增强内容的筛选与监管，提高用户准入门槛，避免内容注水行为，从答案信息本身入手提高网络问答社区的内容质量，提高答案与问题的相关性，降低答案中的广告营销性信息的比重。其次，加强社区对用户的引导机制，在提升用户内容贡献度的同时，增强其信息责任意识，提高问题与答案质量；从用户角度，需要加强自身信息素养，增强答案的专业度与深度，促进知识共享纵深发展，积极参与网络问答社区中的知识深度交流与共享，保证答案的客观性，避免因主观情绪等原因造成的知识交流中的偏激行为，在参与知识问答表达个人观点态度的同时，更要传递积极正面的答案态度，发挥答案应有的正确导向作用，自觉抵制不良信息的蔓延与扩散，从而提升其内容质量。

5.5.3 遵守社区准则，规范知识共享

在海量的社区答案中，信息的原创性与引用的规范性逐渐成为用户评价答案质量的标准。网络问答社区管理者应进一步加强答案信息的筛选程度，制定规范的社区问答准则，从管理层面健全知识传播与交流机制，规范社区用户知识贡献

行为，营造理性开放共享的社区氛围，倡导知识版权保护意识，杜绝用户侵权行为。从社区用户角度，在参与知识问答贡献的过程中，需要遵守一定的社区要求，规范知识共享行为，加强答案内容的原创性，避免事实类错误，为社区知识贡献原创想法与新颖策略，发布真实可用的答案观点，不抄袭或盗用他人观念以博取公众注意力与关注度。同时，需注重引用的规范性，保护知识内容的原创度，遵守社区中的相关规范与要求，对于答案中搬运或引用的其他观点或内容需注明出处，为社区用户进一步搜寻信息提供了知识来源，营造良好的知识共享环境，推动网络问答社区发展与知识传播力度。

5.5.4　优化答案表达，完善阅读体验

网络问答社区的发展为用户获取信息提供了便捷高效的渠道，答案的表达与形式特征同样影响着用户感知答案质量，因此需要改进答案的表达形式，提升答案的外在可读性，为用户提供更为舒适的阅读体验。对社区管理者而言，为提升答案的结构化质量，需优化问答社区界面，为用户的知识互换提供简洁明了的沟通平台，减少因界面繁杂和功能缺失造成的阅读困难。对答案贡献用户而言，从文字排版、逻辑表达、篇幅设置以及链接插入等多方面入手，提高用户的阅读友好度，保证用户舒适的阅读体验。首先，针对用户问题提出高质量的解决方案的同时，尽量增强答案的可读性，保持适当的答案篇幅，在排版结构方面更加侧重美观性与简洁度。其次，需具备严密清晰的逻辑形式，添加适当的图片和视频等丰富答案的表达内容，兼具个人语言风格，提高用户之间的互动效果。同时，通过提供更为直观化的信息，减少插入信息的比重，增强用户获取答案信息的直达性，提高信息编辑质量。

5.5.5　围绕用户需求，加强情感黏性

根据扎根理论访谈结果，网络问答社区中用户偏好与情感倾向对于答案感知质量也具有一定影响，因此可以围绕用户心理偏好，关注用户的知识需求，维护社区友好氛围，从而增强其情感黏性与依赖程度，进一步促进网络问答社区答案质量的提升。就社区管理者而言，可以通过社区用户需求调研的方式，进一步明确用户群体范围与知识需求，从用户出发进行社区治理与改进，优化平台形象与内容管理，提升平台的知识服务水准，提高用户对社区的依赖度与信任度；对于参与社区知识贡献的用户而言，在参与知识贡献与知识交流的过程中，需注意回答的语气与答题态度，增强用户提问与回答之间的良性互动与反馈，在促进社区良好氛围形成的同时，增强用户对于网络问答社区的依赖程度，对平台形象的优化与用户黏性的提升都起到了良好的促进作用。

5.6 小　结

网络问答社区的快速发展，为用户提供了知识贡献与知识共享的便捷平台，而信息爆炸式增长以及用户群体的多样化也为答案质量带来了挑战。为更好地促进网络问答社区的答案质量与信息服务质量的提升，本章从用户视角出发，探讨了影响网络问答社区答案质量的影响因素，经过逐级编码，结论表明答案的内容、结构、来源以及价值因素等都对用户感知答案质量产生了较大影响。因此，对社区运营者与社区内容贡献用户而言，需要从答案来源入手，提升社区平台的可靠性，增强社区当中专业人士的比例，充分发挥意见领袖作用，为用户的知识需求提供一个良好的平台体验。同时，需要从源头避免知识注水行为，加强答案内容质量建设，从专业视角、信息量级、答案的相关度等方面全面提高答案内容的信息质量。也要注重社区规范的约束，尊重知识原创成果，使知识共享行为规范化、有序化。最后，网络问答社区是为社区用户提供知识服务的平台，因此无论在平台功能设计方面还是问答氛围方面，都需围绕用户阅读偏好，增强用户的情感依赖，促进知识共享行为在网络平台的良性发展。本章为网络问答社区答案质量发展提供了一定的建议，但同时也存在一定的局限，仅从定性角度调研了用户感知答案质量，尚未进行定量分析各因素对答案质量的影响程度，在今后的研究中将结合定量分析研究方法，进一步增大样本量，扩大和提高研究结果的适用范围与研究质量。

参考文献

[1] 中国互联网络信息中心. 第 46 次《中国互联网络发展状况统计报告》. http://www.cnnic.net.cn/hlwfzyj/hlwxzbg/hlwtjbg/202009/P020200929546215182514.pdf, 2020.

[2] 曹高辉, 胡紫祎, 张煜轩, 等. 基于外部线索的社会化问答平台信息质量感知模型研究. 情报科学, 2016, 34(11): 122-128, 134.

[3] 李翔宇, 陈琨, 罗琳. FWG1 法在网络问答社区答案质量评测体系构建中的应用研究. 图书情报工作, 2016, 60(1): 74-82.

[4] 吴雅威, 张向先, 陶兴, 等. 基于用户感知的学术问答社区答案质量评价指标构建. 情报科学, 2020: 1-7.

[5] 陈娟, 邓胜利. 网络学习社区用户答案认可度的影响机理研究. 图书情报工作, 2019, 63(8): 38-44.

[6] Kim S, Oh J S, Oh S. Best-answer selection criteria in a social Q and A site from the user-oriented relevance perspective. Proceedings of the American Society for Information Science and Technology, 2007, 44(1): 1-15.

[7] Oh S, Worrall A, Yi Y J. Quality evaluation of health answers in Yahoo! Answers: a comparison between experts and users. Proceedings of the American Society for Information Science and Technology, 2011, 48(1): 1-3.

[8] Ishikawa D, Kando N, Sakai T. What makes a good answer in community question answering? An analysis of assessors' criteria//The 4th International Workshop on Evaluating Information Access, Tokyo, 2011.

[9] Fu H Y, Oh S. Quality assessment of answers with user-identified criteria and data-driven features in social Q and A. Information Processing and Management, 2019, 56(1): 14-28.

[10] Zhang Y, Zhang M, Luo N, et al. Understanding the formation mechanism of high-quality knowledge in social question and answer communities: a knowledge co-creation perspective. International Journal of Information Management, 2019, 48: 72-84.

[11] Yao Y, Tong H, Xie T. Detecting high-quality posts in community question answering sites. Information Sciences, 2015, 302(C): 70-82.

[12] Li L, He D, Zhang C, et al. Characterizing peer-judged answer quality on academic Q and A sites. Aslib Journal of Information Management, 2018, 56(3): 269-287.

[13] 李晨, 巢文涵, 陈小明, 等. 中文社区问答中问题答案质量评价和预测. 计算机科学, 2011, 38(6): 230-236.

[14] 吴丹, 刘媛, 王少成. 中英文网络问答社区比较研究与评价实验. 现代图书情报技术, 2011,(1): 74-82.

[15] 贾佳, 宋恩梅, 苏环. 网络问答社区的答案质量评估——以"知乎"、"百度知道" 为例. 信息资源管理学报, 2013, 3(2): 19-28.

[16] 陈晓宇, 卢兴威, 邓胜利. 社交问答网站答案质量与答案采纳对比研究——以百度知道和知乎为例. 数字图书馆论坛, 2015, (6): 24-30.

[17] 韩文婷, 朱庆华, 白玫. 医疗类社会化搜索答案质量用户满意度模型及实证研究. 现代情报, 2018, 38(7): 12-18, 53.

[18] Harper F M, Raban D, Rafaeli S, et al. Predictors of answer quality in online Q and A site//The SIGCHI Conference on Human Factors in Computing Systems, Florence, 2008.

[19] Chua A Y K, Banerjee S. So fast so good: an analysis of answer quality and answer speed in community question: answering sites. Journal of the Association for Information Science and Technology, 2013, 64(10): 2058-2068.

[20] Shah C, Pomerantz J. Evaluating and predicting answer quality in community QA//The 33rd International ACM SIGIR Conference on Research and Development in Information Retrieval, Geneva, 2010.

[21] 孔维泽, 刘奕群, 张敏, 等. 问答社区中回答质量的评价方法研究. 中文信息学报, 2011, 25(1): 3-8.

[22] 王伟, 冀宇强, 王洪伟, 等. 中文问答社区答案质量的评价研究: 以知乎为例. 图书情报工作, 2017, 61(22): 36-44.

[23] 易明, 张婷婷. 大众性问答社区答案质量排序方法研究. 数据分析与知识发现, 2019, 3(6): 12-20.

[24] 郭顺利, 张向先, 陶兴, 等. 社会化问答社区用户生成答案质量自动化评价研究——以"知乎"为例. 图书情报工作, 2019, 63(11): 118-130.

[25] 龚凯乐, 成颖. 基于"问题-用户"的网络问答社区专家发现方法研究. 图书情报工作, 2016, 60(24): 115-121.

[26] 来社安, 蔡中民. 基于相似度的问答社区问答质量评价方法. 计算机应用与软件, 2013, 30(2): 266-269.

[27] Ginsca A L, Popescu A. User profiling for answer quality assessment in Q and A communities//The Workshop on Data-driven User Behavioral Modelling and Mining from Social Media, California, 2013.

[28] 张宝生, 张庆普. 基于扎根理论的社会化问答社区用户知识贡献行为意向影响因素研究. 情报学报, 2018, 37(10): 1034-1045.

[29] 沈旺, 康霄普, 王佳馨, 等. 用户视角下社会化问答社区信息可信度评价研究. 图书情报工作, 2018, 62(17): 104-111.

[30] Jeon G Y J, Rieh S Y. Social search behavior in a social Q and A service: goals, strategies and outcomes. Proceedings of the Association for Information Science and Technology, 2015, (1): 1-10.

[31] 华尔街见闻. 知乎官宣用户数突破 2.2 亿 同比增长 102% 商业化或加速. https://baijiahao.baidu.com/s?id=1619733215962241212&wfr=spider&for=pc, 2018.

[32] Glazer B, Anselm S. The Discovery of Grounded Theory: Strategies for Qualitative Research. Chicago: Aldine Publishing Company, 1967.

[33] 张婷, 齐向华. 知乎信息起源模型及可信度评估. 图书情报工作, 2019, 63(9): 85-94.

第6章 计算语言学视角下在线用户评论信息的有用性测度研究

在线用户评论是互联网中 UGC 的重要组成部分，对于消费者决策、商家改进产品服务质量乃至网络治理和网络序化均有着十分重要的意义。但评论平台中充斥着大量无关性评论、广告性评论以及灌水评论等低有用性内容，产生了极大的不良影响。如何识别海量、跨平台在线评论的有用性成为了一个亟待解决的问题。为此，本章提出了一种基于计算语言学的评论有用性评估方法。该方法以语义特征为基础，利用 RCNN 模型构建有用性语义向量；继而构建以文体、情感与用户评分特征为核心的多维离散特征框架，并基于 DNN 模型提取多维特征向量。最后通过拼接有用性语义向量和多维特征向量进行有用性识别预测。基于两组真实评论语料展开了实证分析，实验结果验证了本章所提方法的科学性和可行性。

6.1 问题的提出

Web2.0 时代开启以来，电商平台与虚拟网络社区为用户提供了可以随时随地畅所欲言的评论平台，每天都有海量的评论数据生成，对网络用户获取信息和进行决策产生了深刻影响。在线评论信息中包含用户对产品或服务的质量的真实评价信息，不仅能够影响潜在消费者的情感和购买决策[1]，而且影响着商品的网络口碑、产品销量以及厂商的生产方向[2]。同时，网络评论信息内容的审查和对评论信息真实性的评判也是网络信息质量治理的重要组成部分，对网络治理和网络序化起着重要的作用[3]。在线评论信息具有巨大的价值，但因为其数量庞大、内容分散、质量参差不齐等特征，难以判断哪些信息内容是有价值的，哪些又是无用的。因此，对评论信息的有用性进行研究有着极其重要的意义。

评论有用性这一概念最早出现在 2001 年 Chatterjee[4]的文章中，描述为评论信息对消费者做出购买决策的影响程度。后来更加被认可和接受的解释是在 2010 年由 Mudambi 和 Schuff[5]从感知价值角度进行的定义：消费者在购买决策中对在线评论是否有帮助的主观感知价值，是衡量在线评论质量好坏的一种标准。在线评论的内容多样，包括文本、表情、图片甚至短视频等，其中数量最多、应用最广泛的是文本形式的评论。除用户打分之外，不同评论平台的评论者、阅读者、产品和服务等非语言学特征存在较大差异，难以建立标准化的非语言学特征框架，对评论的非语言学因素分析不具备普适性；而不同平台中基于评论文本的语义特征、文体特征以及情感特征等语言学因素，则具有较高的一致性，通过对评论文本进行语言学分析，可以实现评论有用性的测度。因此，运用计算语言学对评论文本内容的语言学分析十分重要。计算语言学是一种采用计算机技术来分析、研究和处理人类自然语言的学科[6]。通过分析评论文本的语义特征、文体特征以及情感特征等语言学因素，能够实现对评论信息内容有用性的测度[7]，并筛选出质量高、有用性强的评论，为其他用户的购买决策提供参考，并指导商家提高产品或服务的质量，同时也能够对评论信息质量的控制和 UGC 的治理起到重要的作用。

6.2 研究现状

目前，国内外对评论有用性的研究主要集中在分析有用性的影响因素与预测有用性两个方面。

6.2.1 影响评论有用性的因素

评论内容是测度评论有用性的一个重要的语言学因素。消费者在购买产品时会搜索关于产品的信息，包括传统的广告宣传或者商店信息，以及产品的评论内容等其他渠道的信息。在阅读评论时，消费者会更多地关注非传统渠道的信息，包含这些内容的评论，其有用性更高。Schindler 和 Bickart[8]认为评论中包含幽默或俗语等非正式的内容时会使阅读者感到愉快，拉近读者与评论者的距离，增加评论的吸引力，从而使评论的有用性更高。Steam 游戏商店的游戏评论中，评论阅读者除了能够勾选评论是否有用的选项，还能够勾选“是否让读者感到快乐”这一项。Dens 等[9]认为同时包含产品优点和缺点的评论比只包含其中一方面的评论具有更高的有用性；评论中具有越多的比较性描述，评论的有用性越高。另外 Qazi 等[10]指出，评论中关于产品的比较信息越多，可供消费者选择的产品越多，在决策时消费者就会减少决策的犹豫，并且能够提高决策的准确性。

评论内容会反映出评论者撰写评论时的情绪，因此一些学者从这一角度出发，研究评论内容中情绪对有用性的影响。黄卫来和潘晓波[11]指出，在情感强度超过某一限度时，评论阅读者将会对评论的客观性有所质疑，当评论内容表现出评论者过于强烈的情绪时，评论的有用性会降低。Yin 等[12]从评论者认知努力的感知角度出发，认为不同的情绪会产生不同的影响，同样是消极的情绪表现，评论阅读者会认为含有焦虑情绪的评论比含有愤怒情绪的评论更为有用，原因是他们会认为焦虑的评论者提供的评论内容更为慎重仔细，投入了更多的认知努力，而愤怒的评论者提供的信息大多没有经过认真考虑，缺少认知努力。Ahmad 和 Laroche[13]发现明确表达评论者情绪和情感(如厌恶、喜欢)的评论，其有用性往往比表达不确定情感(如希望、焦虑)的评论要高。艾时钟和曾鑫[14]针对评论情感极性相关研究的不足，以及评论长度不能准确反映评论有用性的情况，提出使用信息熵理论和情感总量的概念对评论有用性进行探索，该研究表明，产品评论中的情感总量对评论有用性的影响是正向的，而信息熵对于体验型产品评论有用性具有积极影响，对于搜索型产品具有消极影响，信息熵对评论有用性的影响受到情感总量的正向调节。

评论长度也会影响评论的有用性。评论长度指的是评论内容的字数多少。一般而言，评论越长，包含的信息越多，参考价值越大。严建援等[15]认为，对于产品评论而言，较长的评论中会包含对产品、服务、使用感受等更深刻的描述，能够更好地消除不确定性，增加评论的有用性，帮助消费者进行决策。殷国鹏等[16]指出，当评论长度超过一定范围后，就会增加评论阅读者的认知负荷，这时评论长度对评论有用性的影响是负向的。Kuan 等[17]发现，当产品评论普遍较短时，较长的评论能够吸引注意力，激发人们仔细研读，但当阅读者额外付出的认知努力超过评论带来的价值时，长评论就会阻碍阅读兴趣；当产品评论普遍较长时，评论阅读者通常不会再选择更长的评论作为参考,这时简明扼要的评论会更受关注。评论深度方面，Mudambi 和 Schuff[5]认为评论信息深度越高，越能够增加消费者的信心以促进整个决策过程。评论字数的多少在某种程度上能够减少商品质量、性能等属性的不确定，篇幅较长的评论通常会包含更多关于商品信息，以及较为深入的信息。

评论可读性也是语言学因素的重要部分。评论的可读性即评论阅读者能对评论文本理解的程度，Korfiatis 和 Poulos[18]认为当一条评论容易被理解的情况下，该评论也往往会被认为是有用的，即可读性对有用性的影响是正向的。Kuan[17]等则指出，当评论包含太多由简单词汇组成的短句，或者评论的句子不完整的情况下，虽然具有高的可读性，但会被认为缺少专业性，对其有用性产生负向影响。

对于其他语言学因素，如评论的表达方式，不同评论者在观点的表达形式上有很大差别，会影响评论的有用性。Duhan 等[19]对口碑评论的表达形式界定为两种，一种是基于购买者内在主观标准的评价，一种是基于产品属性的客观评述。另外，评论者的语气、用词等都会对评论阅读者感知评论有用性的过程产生影响。Duhan 等研究发现，对体验型产品(如电影)而言，以中立的语气客观评述电影的各方面，这样的评论要比激烈地表达主观情感并试图强加于人的评论更具有说服力。Phillip[20]也指出，对体验型商品而言，客观描述不足以帮助消费者进行决策，包含主观感受和评价的评论的有用性会更大。

评论星级是评论者对产品和服务的综合评价，是测度评论有用性的重要依据。廖成林等[21]认为评论星级越高，有用性越低，而负面评论具有更高的有用性。Forman 等[22]认为，只有极端评论具有确认倾向，更有利于消费者做出买或不买的决定。Mudambi 和 Schuff[5]指出，产品类型缓和了评价极端性对评价有用性的影响；对于体验商品来说，极端评级的评论不如中等评级的评论有用。Dellarocas[23]认为人们更倾向于发表或关注极端评论而不是中间评论，因为对产品极端正向或负向的体验更容易引发口碑交流行为。此外，一些学者认为非语言学因素也会对评论的有用性产生影响，如评论时间因素[24-26]、评论者因素、评论者阅读特征以及产品与服务的类型因素[27,28]等；还有学者研究了评论平台对评论有用性的影响[29,30]。

6.2.2 在线评论有用性的预测

在线评论迅猛增长的同时产生大量的无用评论，影响评论信息的整体准确性和可信性，加大获取高质量评论的难度，因此需要进行评论有用性预测，获取高质量评论。评论有用性预测是对评论质量进行评估，对评论进行准确的预测，所预测的结果可以为消费者和商家决策提供有效的参考。

一些学者主张采用统计回归分析计算评论有用性。相关研究主要以用户的评论信息为研究对象，采用不同的回归统计方法，如多元线性回归、Tobit 回归、OLS 回归、逐步回归方法等，构建回归模型，输出连续型评论质量数值结果进行排序，设定一个“有用”的阈值对已排序的评论进行分类，能够直观地对在线评论有用性进行识别预测。Mudambi 和 Schuff[5]使用 Tobit 回归分析模型对搜索型和体验型商品的评论进行质量评估，基于在线评论有用性投票进行实证研究。Korfiatis 等[31]以英国亚马逊网站上书籍的评论信息为数据源，构建了基于一致性、可理解性和表达性三个要素的理论模型，进行 Tobit 回归分析，探讨评论长度和可读性对在线评论有用性的影响作用。Ghose 和 Ipeirotis[24]以搜索型商品为研究对象，使用 OLS 回归模型研究评论文本主客观性对评论效用的影响。Liu 等[32]在综合分析评论者的专业知识、评论的写作风格以及评论的及时性这三个重要因素的基础上，提出了一个非线性回归模型来预测当前评论的有用性。

除了传统的统计回归分析方法外，一些研究基于人工神经网络构建评论有用性预测模型。与统计模型相比，人工神经网络采用数据驱动的自适应方法，不需要对模型进行先验假设，能够捕捉数据中的非线性关系，更适合于处理变量之间的复杂关系。Lee 和 Choeh[33]提出一种基于神经网络的有用性预测模型，利用评论的产品数据、评论特征和评论的文本特征，通过反向传播算法利用多层感知器神经网络(multi-layer perceptron，MLP)模型预测评论有用性水平。张艳丰等[34]以亚马逊电商平台的手机评论为研究数据，构建基于模糊神经网络(fuzzy neural network，FNN)的在线商品评论效用模型。Hsieh 和 Wu[35]提出了一个基于语言特征对评论进行排序的系统，并利用支持向量回归模型来预测每个类别中新评论的有用性指数。Malik 和 Hussain[36]使用反向传播多层感知器、多元自适应回归、广义线性模型、分类回归树和集成模型(ensemble)共五种机器学习算法构建在线评论有用性预测模型,使用混合特征集和数据集,采用交叉验证方法对模型进行训练,结果显示集成模型的效果最好。

与回归模型不同的是，基于分类预测的方法一般将评论有用性的评估当作二分类问题，通过设置虚拟变量，如“有用”和“无用”，来衡量评论有用性。Kim 等[37]通过语义、结构、元数据和词汇等几个特征，使用 SVM 方法将商品评论分为“有用”和“无用”两类，以人工标注的数据来验证分类的准确性，评估在线评论的有用性。Jindal 和 Liu[38]通过对亚马逊网站 214 万条评论的分析，认为评论有用性的预测是一个分类问题，分为有用评论和无用评论，基于评论、评论者和产品的特征训练模型，采用逻辑回归方法建立模型，对虚假评论、针对品牌的评论和无实质内容的评论进行过滤，以此来识别有用评论，发现实验结果存在遗漏，召回率较低。Zhang 和 Tran[39]同样将评论有用性预测转化为文本分类问题，以亚马逊的 GPS 和 MP3 播放器评论作为实验数据，通过最大熵方法实现评论文本的分类，实验表明 GPS 和 MP3 播放器评论有用性预测的准确率分别达到 77%和 72%，与朴素贝叶斯方法、决策树方法和序列最小优化方法相比效果更好，该方法能够有效地对在线评论进行排序和分类。Cao 等[40]将在线评论的特征分为三种类型，即基本型、风格型和语义型，采用文本挖掘技术和有序逻辑回归模型，对来自 CNET Download.com 的 87 个不同软件程序的 3400 多个在线评论进行了调查，探讨评论内容的三种特征对评论有用性的影响，并对有用的评论进行分类。聂卉[41]以中关村在线网站上的手机评论信息为数据源，采用文本内容分析技术提取与评论内容效用价值相关的特征指标，通过聚类生成文本特征的定性描述，构建基于规则的决策树预测分类模型。孟美任和丁晟春[42]分析中文商品评论特点，通过问卷调查可信度影响因素，选取发布者身份明确性、内容完整性、评论时效性以及情感平衡性四类特征，采用条件随机场(conditional random field，CRF)模型对在线评论效用进行可信度四级分类，实验识别效果显著，正确率均在 75%以上。评论有用性评估当作二分类问题可以更精确地标注数据,但随着评论类别的增加,类别界限逐渐模糊，在同一类目下的评论质量也可能相差很大，对于有效预测评论有用性造成一定的影响。

Martin 和 Pu[43]借助包含情感词汇的通用词典 GALC，将通用的情感词典映射到 20 种不同类别中，从评论文本中提取情感成分，用这些情感特征构建分类模型来预测评论的有用性。Krishnamoorthy[44]研究了可能影响评论有用性的因素，并构建了预测模型，通过分析评论的文本内容来提取其语言类别特征，同时该模型利用评论元数据、主观性和可读性等特征进行有用性预测。实验分析表明，一组混合功能可提供最佳的预测准确性，提取出的语言类别特征可以更好地预测书、音乐和视频游戏等体验商品的评论有用性。Singh 等[45]使用极性、主观性、熵和易读性等多种文字特征来预测消费者评论的有用性。

一些研究结合评论文本和图片开展，Ma 等[46]收集 TripAdvisor 和 Yelp 的酒店评论数据，使用基于长短期记忆网络(long short-term memory，LSTM)的 RNN 深度学习方法进行有用性分类，研究结果表明，深度学习模型在预测评论有用性方面比其他模型更有用。此外，一些研究采用社会网络等方法开展，姜巍等[47]基于复杂网络将评论数据表现为内容互联的耦合状态，构建评论网络，进行评论社区划分，建立基于拓扑势的评论有用性评价模型(topological potential based evaluation model, TPBM)，综合考量评论节点质量和拓扑值来评价识别评论有用性，对比设计了基于用户投票的主观评价模型和基于度的客观评价模型，实现结果表明，在评论有用性预测的准确率和覆盖率上，TPBM 模型相比于后两种模型具有明显的提高。

6.3　基于计算语言学的评论有用性评估方法

考虑到不同评论平台的评论者、阅读者、产品和服务等非语言学特征存在较大差异，建立标准化的非语言学特征框架不具备现实可行性，也难以解决大规模、跨平台的评论有用性评估。此外，不同评论平台开放的评论内容不同：淘宝、京东等评论平台允许用户输入文本、图片甚至短视频等内容；而亚马逊等评论平台却只允许用输入纯文本的评论。因此，基于文本的语义特征、文体特征以及情感特征展开评论有用性分析就显得尤为重要。此外，本章通过调研发现，主流评论平台在开放用户评论渠道的同时，往往允许用户通过打分的形式评价其产品或服务，因此用户评分特征也可作为评估有用性的重要因素。

综合以上，本章提出了一种以语义特征为核心，融合文体、情感以及用户评分等多维特征的评论有用性评估方法。具体而言，首先将评论文本进行向量化，通过词嵌入以及 RCNN 模型进行语义编码并训练，提取评论文本中的有用性语义信息，生成面向有用性分类任务的评论文本连续向量；同时基于多维特征框架抽取评论的离散特征值，通过 DNN 模型将离散特征值转化为低维连续向量；最终将评论文本连续向量和多维特征的低维连续向量进行拼接，通过 Softmax 实现评论有用性识别预测。该方法的结构如图 6.1 所示。

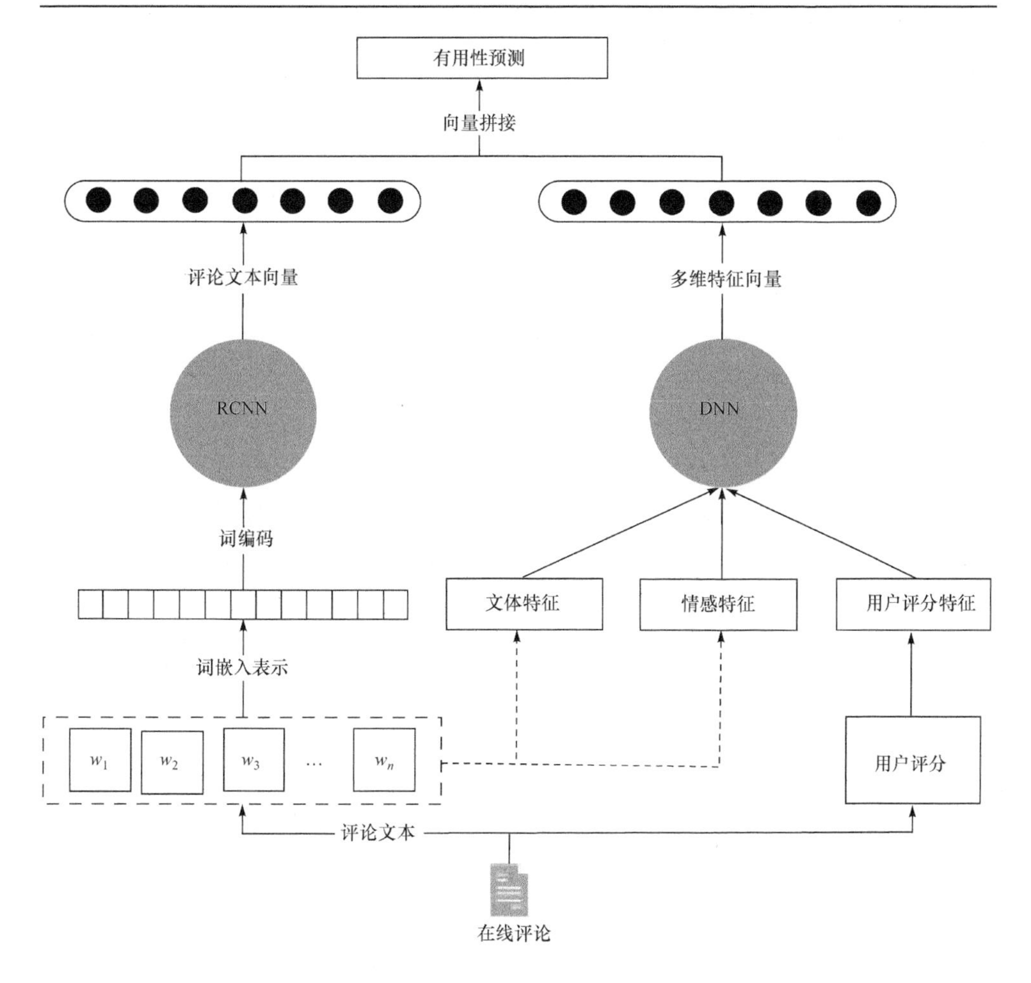

图 6.1　在线评论的有用性识别预测方法

6.3.1　基于 RCNN 模型的评论有用性语义编码

目前，CNN[48]和 RNN[49]及相关变种模型是深度学习中最常见的两种神经网络，被广泛应用于文本分类相关的自然语言处理任务中。然而前者需要通过卷积窗口尺寸来设定对上下文的依赖长度；而后者是有偏的模型，后面的词占得重要性更大。而 RCNN[50]模型则有效地融合了上述两模型的优点，摒弃了相关缺陷。RCNN 首先通过双向深度序列结构最大化地提取上下文信息，接着通过卷积和池化操作识别高权重的语义特征。本章基于门控循环单元(gated recurrent unit，GRU)实现了双向深度序列结构，基于二维卷积层和最大化池层实现了语义特征提取。具体构建方式如图 6.2 所示。

对于一条评论文本 r，假设其词序列为 $w_1,w_2,\cdots,w_n$，每个词的向量表示维度

为 d，则可将 r 表示为 $r \in R^{n \cdot d}$，即维度为序列长度乘以向量维度的二维矩阵；每一个词可以表示为 $v \in R^{d}$。将词嵌入向量 v 分别喂入正向门控循环单元(forward GRU)以及负向门控循环单元(backward GRU)，得到两个隐层输出向量 h_f 与 h_b。接着，将两个隐层向量与词嵌入向量进行拼接，即可得到 RCNN 中双向深度序列结构的上下文表示向量 $h \in R^{n \cdot l}$，l 为向量维度与正负向 GRU 神经单元数量之和。这一过程可以表示为

$$h_f^i = \mathrm{GRU}_{\mathrm{forward}}(v_i, h_f^{i-1}) \tag{6-1}$$

$$h_b^i = \mathrm{GRU}_{\mathrm{backward}}(v_i, h_b^{i+1}) \tag{6-2}$$

$$h_i = h_f^i \oplus v_i \oplus h_b^i \tag{6-3}$$

其中，$\mathrm{GRU}_{\mathrm{forward}}$ 和 $\mathrm{GRU}_{\mathrm{backward}}$ 分别为正负向门控循环单元；h_f^{i-1} 与 h_b^{i+1} 分别代表前后时刻 GRU 的输出向量；$\oplus$ 代表向量拼接操作。

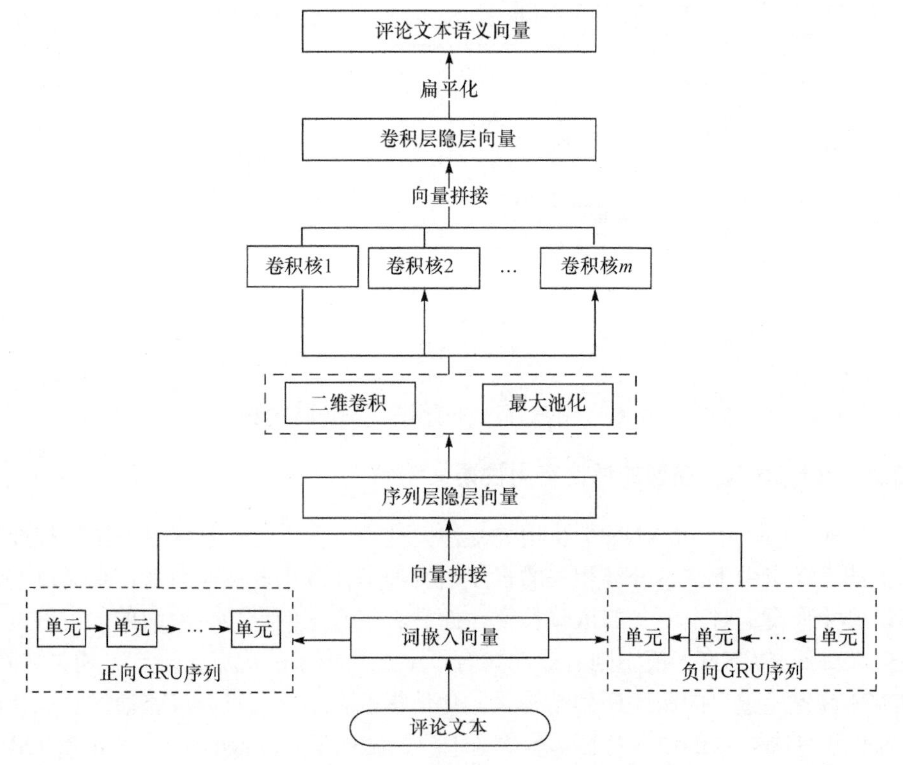

图 6.2　基于 RCNN 的评论文本语义向量构建方法

在得到序列层的语义表示向量之后 $h \in R^{n \cdot l}$ 之后，我们进一步该向量将映射到高维向量空间的 $h' \in R^{n \cdot l \cdot 1}$；预设多个卷积核 $k_1, k_2, \cdots, k_m$，并基于不同的卷积核进

行对 h' 二维卷积与池化操作，该过程表示为

$$c_j = \mathrm{conv\_2d}(h', k_j), \quad j = 1, 2, \cdots, m \tag{6-4}$$

$$c_j^{\max} = \mathrm{max\_pooling}(h') \tag{6-5}$$

其中，c_j 为二维卷积向量，$c_j^{\max} \in R^{1 \cdot 1 \cdot l}$ 为池化向量。接着将多个卷积核产生的池化向量进行拼接，并将其映射到一维向量空间，即可得到评论文本的语义表示向量，该过程表示为

$$C_{\mathrm{concat}} = c_1^{\max} \oplus c_2^{\max} \oplus \cdots \oplus c_m^{\max} \tag{6-6}$$

$$C = \mathrm{flatten}(C_{\mathrm{concat}}) \tag{6-7}$$

其中，$C_{\mathrm{concat}} \in R^{1 \cdot 1 \cdot (m \cdot l)}$ 为多个池化向量的拼接向量，经过扁平化处理之后最终形成一维语义输出向量 $C \in R^{m \cdot l}$。

6.3.2　基于 DNN 模型的多维离散特征编码

除语义特征之外，本章设计了文体学、情感以及用户评分等特征框架，进一步用 DNN 模型编码多维离散特征，构建特征向量，并将其融入语义神经网络。

6.3.2.1　文体学特征

文体学特征是评论文本的基本统计指标，包括每条评论的词数、名词数、形容词数、副词数、动词数、句子数和平均句长等，分为词级和句级，如表 6.1 所示。

表 6.1　语言学特征

语言学特征	级别	描述
词数	词级	每条评论词语总数
去重后词数	词级	每条评论去重后的词总数
平均词长	词级	每条评论词语总数
长词个数	词级	字符数大于 2 的词的综述
名词数	词级	每条评论名词数
形容词数	词级	每条评论形容词数
副词数	词级	每条评论副词数
动词数	词级	每条评论动词数
功能词数	词级	连词、语气词等功能词数
第一人称词数	词级	我、我们、咱、咱们等第一人称词的个数
第二人称词数	词级	你、你们、您等第二人称词的个数
第三人称词数	词级	她、她们、他、他们、它、它们等第三人称词的个数
句子数	句级	每条评论句子数

续表

语言学特征	级别	描述
最大句长	句级	每条评论中最长句子的词数
最小句长	句级	每条评论中最短句子的词数
平均句长	句级	单句中所包含词语数的均值
疑问句数	句级	评论中疑问句个数
感叹句数	句级	评论中感叹句个数

6.3.2.2 情感特征

产品评论内容中通常既有主观的用户评价，又包括客观的产品描述。本章通过情感词典识别评论文本中评论语句的情感倾向，包括正面或负面的情感倾向、主观或客观的情感倾向等，如表 6.2 所示。

表 6.2 语义情感特征

语义特征	描述
正面情感词数	每条评论中含有正面情感词的词数
负面情感词数	每条评论中含有负面情感词的词数
主观句子数	含有正负面情感词的句子数量
客观句子数	不含有正负面情感词的句子数量
正面情感概率	正面情感词数/该条评论所有评价词数
负面情感概率	负面情感词数/该条评论所有评价词数
主观情感概率	主观句子数/该条评论所有句子数
客观情感概率	客观句子数/该条评论所有句子数

6.3.2.3 用户评分特征

用户评分特征不涉及文本内容信息，主要包括评论者对商品的评分、平均分值等，如表 6.3 所示。

表 6.3 用户评分特征

元数据特征	描述
评论评级	评论者对商品的评分
评分极值	评论者评分和平均产品评分的差值
评分方差	评论者评分和平均产品评分的方差
同级评论数量	与评论相同评级的评论数量

6.3.2.4 特征融合及有用性预测

我们将上述三组特征框架分别表示为 $F_{\text{stylistic}}$、F_{sent} 和 F_{score}；将三者进行拼接，得到离散特征序列

$$F_{\text{concat}} = F_{\text{stylistic}} \oplus F_{\text{sent}} \oplus F_{\text{score}} = \{f_1, f_2, f_3, \cdots\} \tag{6-8}$$

接着将 F_{concat} 输入前馈神经网络，并进行标准化处理，得到最终的特征向量，该过程表示为

$$F_{\text{full}} = \text{feedforward}(F_{\text{concat}}) \tag{6-9}$$

$$F = \text{standardize}(F_{\text{full}}) \tag{6-10}$$

最后，将语义向量 C 与特征向量 F 进行合并，得到整个模型的有用性表征向量 H 。将 H 输入到 Softmax 分类器进行分类，即可得到有用性识别结果。

6.4 实验研究

为了评估 6.3 节所提出的基于计算语言学的评论有用性测度方法，本节基于真实评论语料展开了实证研究。选取国内使用较为普遍的大众点评与豆瓣影评作为数据源，在获取评论文本和有用性打分的基础上，基于一定的规则抽取实验样本，展开多组实验。为了验证 6.3 节所引入的 RCNN 模型在提取评论有用性语义信息的优越性，本章选取了多个广泛应用的语义分类模型作为对照标准，分析了在纯语义特征环境下，RCNN 模型以及各个对照模型的表现。接着，在语义特征的基础上进一步融合了用户评分、文体以及情感等多维特征组，观察多维特征是否有利于提升有用性分类的准确率。最后，针对多维特征组展开了消融实验，测度不同特征组对于不同数据集的重要性。

6.4.1 实验数据

图 6.3 和图 6.4 显示了两组评论数据的有用性打分信息。整体而言，大众点评的有用性评分集中在 0～400；豆瓣电影的有用性评分集中在 0～16000。虽然两组数据的评论有用性评分数值体现出一定的差异，但却呈现出相似的分布趋势，即大多数评论集中于低评分区间；随着有用性评分数值提升，评论分布也逐渐稀疏。

为了保证语料的平衡性，采用了随机抽样的方式选取实验数据，规则如下：①每个数据源选取 10000 条数据。②在低值区间内选择 5000 条评论，并标记为“less useful”；在高值区间选取 5000 条评论，标记为“useful”。③大众点评、豆瓣电影评论的高低值区间的临界点分别是 50 与 2000。基于该规则，共获取到 20000 条评论数据。

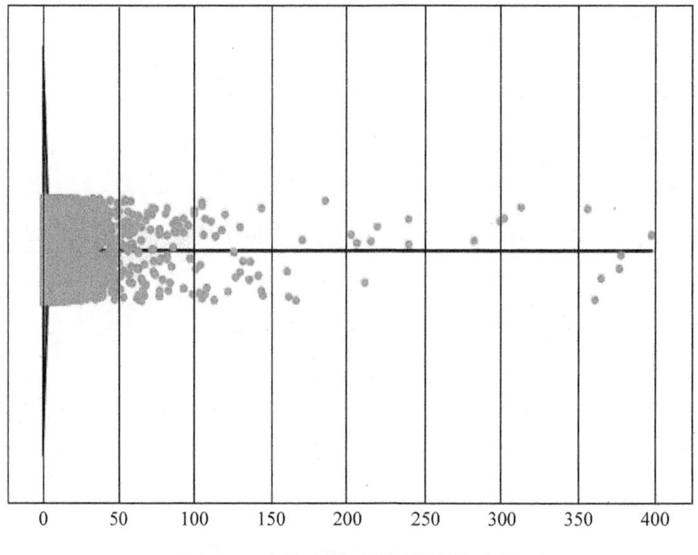

图 6.3　大众点评有用性分数分布

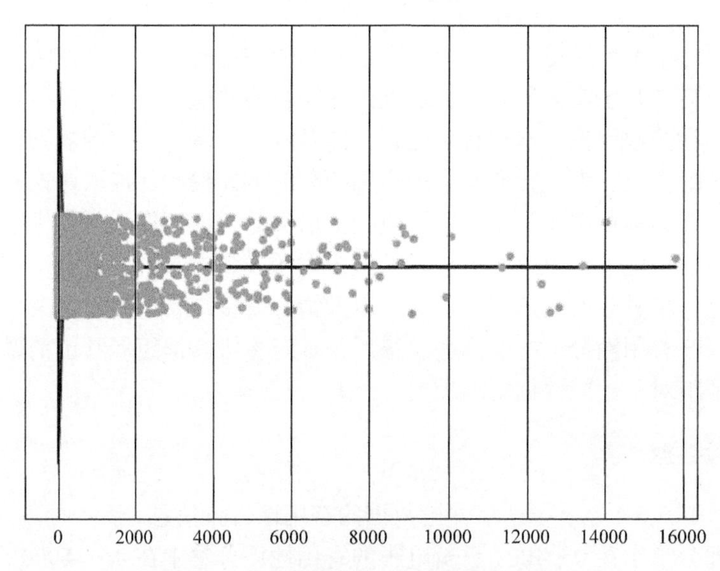

图 6.4　豆瓣电影评论有用性分数分布

6.4.2　实验设置

在本章实验中，以 4∶1 的比例切分训练集和测试集，将训练轮数设置为 5，以精度(precision)、召回率(recall)、F1 值(F1)、准确率(accuracy)以及曲线下面积值(area under curve，AUC)等作为评估指标。

为了验证 RCNN 模型在有用性分类问题上的表现，选择了四种不同的深度学习分类器作为对照模型。

(1) Bi-GRU。由 Cho 等[51]在 2014 年提出。该模型是一种典型的深度序列模型，将文本视为一个词序列。该模型将当前时刻的输出与前一时刻的状态和后一时刻的状态相关联，有利于文本深层次特征的提取。

(2) Bi-GRU ATTENTION。由 Zhou 等[52]在 2016 年提出。该模型在深度序列模型的基础上加入了注意力层。注意力层是先计算每个时序的权重，然后将所有时序的向量进行加权和作为特征向量，然后进行 Softmax 分类。该模型侧重于利用注意力机制计算不同词的有用性权重。

(3) CNN。由 Kim 等[48]在 2014 年提出，也称 TextCNN。CNN 通过多次一维卷积、最大池化等操作获取句子中 n-gram 特征表示。CNN 对文本浅层有用性特征的抽取能力很强。

(4) Transformer。由 Ashish 等[53]于 2017 年提出。Transformer 结构有两种：Encoder 和 Decoder，在文本分类中只使用到了 Encoder。该模型以自注意力机制为基础，通过多头自注意力机制计算文本中不同词的权重，能从多个语义空间中学习有用性信息。

6.4.3 实验结果

6.4.3.1 基于纯语义特征的评论有用性预测分析

RCNN 及对照模型在大众点评数据上的表现如表 6.4 所示。除 CNN 外，所有模型在验证集上的准确率都达到了较高的水平。RCNN 的准确率最高，为 0.902，其次分别是 Bi-GRU 和 Bi-GRU ATTENTION，分别为 0.900 与 0.899。通过进一步分析精度和召回率可以发现，RCNN 模型的精度和召回率较为接近，分别为 0.903 和 0.901，因此也有了较高的 F1 值；而 Bi-GRU 和 Bi-GRU ATTENTION 虽然分类准确率于 RCNN 极为接近，但精度却低于 RCNN。值得注意的是 CNN 模型的精度为 0.5，召回率为 1，这意味着该模型将所有数据均预测为“useful”，并未提取出“useful”评论和“less useful”的异质性语义信息。此外，Bi-GRU ATTENTION 模型比 Bi-GRU 模型多了一个注意力层，但在该数据集中，注意力层在计算评论词的有用性权重时，并未体现出优化作用。

表 6.4 RCNN 及对照模型在大众点评数据上的表现

模型名称	评估指标			
	精度	召回率	F1	准确率
Bi-GRU	0.886	0.917	0.901	0.900
Bi-GRU ATTENTION	0.876	0.928	0.901	0.899
CNN	0.500	1.000	0.667	0.500
Transformer	0.834	0.945	0.886	0.879
RCNN	0.903	0.901	0.902	0.902

RCNN 及对照模型在豆瓣影评数据上的表现如表 6.5 所示。在该组实验中，RCNN 有着最高的准确率和 F1 值，为 0.895 和 0.891，Bi-GRU ATTENTION 紧随其后，准确率和 F1 值为 0.891。随后是 Transformer 模型，准确率和 F1 值分别为 0.888 和 0.883。与大众点评组实验类似，除 CNN 外，四个模型的准确率均在 0.88 以上。CNN 模型同样精度低，召回率高，即难以识别“less useful”的评论语义。Bi-GRU ATTENTION 在该数据集中体现出了较大的优势，比 Bi-GRU 的准确率有所提升，这得益于注意力机制能较好地计算评论文本中不同词的有用性权重。

表 6.5 RCNN 及对照模型在豆瓣影评数据上的表现

模型名称	评估指标			
	精度	召回率	F1	准确率
Bi-GRU	0.894	0.873	0.884	0.885
Bi-GRU ATTENTION	0.890	0.891	0.891	0.891
CNN	0.637	0.984	0.774	0.712
Transformer	0.916	0.853	0.883	0.888
RCNN	0.923	0.862	0.891	0.895

通过两组实验，不难发现 RCNN 模型在准确率、精度以及 F1 值等方面有着最好的表现。进一步将不同模型在两个数据集上的预测结果进行合并，得到如表 6.6 所示的综合表现结果。RCNN 模型在众多模型中表现最优，Bi-GRU ATTENTION 次之，随后分别是 Bi-GRU 与 Transformer。CNN 模型综合表现最弱，但在召回率表现最优。

表 6.6 RCNN 及对照模型的综合表现

模型名称	评估指标			
	精度	召回率	F1	准确率
Bi-GRU	0.890	0.895	0.893	0.892
Bi-GRU ATTENTION	0.883	0.910	0.896	0.895
CNN	0.560	0.992	0.716	0.606
Transformer	0.871	0.899	0.885	0.883
RCNN	0.913	0.882	0.897	0.899

6.4.3.2 融合多维特征的评论有用性预测分析

在上一小节的实验中，我们验证了在纯语义特征环境中，RCNN 模型较之主流的深度神经网络模型具有一定的优势。为了进一步验证 6.3 节中提到的多维特征框架在识别评论有用性时的作用，我们基于大众点评与豆瓣电影评论两个数据集进一步对比了 RCNN 模型在融合多维特征之后的效果，其结果分别如图 6.5 和图 6.6 所示。

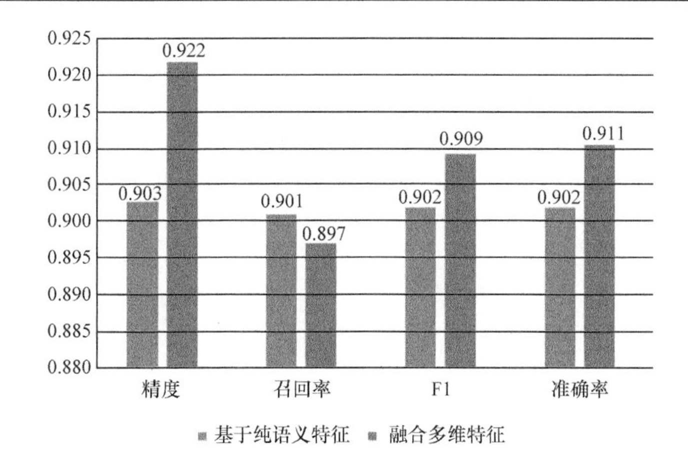

图 6.5　基于纯语义特征与融合多维特征的指标对比(大众点评)(见彩图)

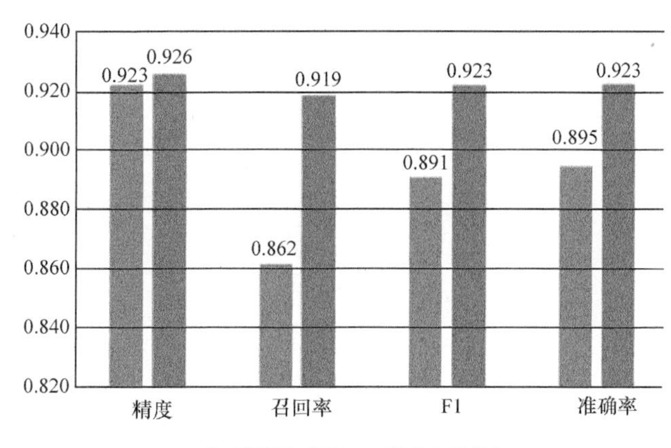

图 6.6　基于纯语义特征与融合多维特征的指标对比(豆瓣电影)(见彩图)

根据图 6.5，我们发现在融合多维特征之后，最终的准确率由 0.902 上升到了 0.911，说明多维特征进一步增强的 RCNN 语义模型的识别能力。多维特征在大众点评数据集中对精度的提升幅度较大，由 0.903 提升至 0.922，召回率略有下降，F1 值略有上升，说明多维特征更有利于识别出以“useful”为标签的数据，但在识别完整度方面略有下降。

图 6.6 反映了多维特征在豆瓣电影数据上的表现情况。在融合多维特征之后，准确率指标由 0.895 上升至 0.923，较之大众点评数据集提升的幅度更大。此外，精度、召回率以及 F1 值在融合多维特征之后均有了不同幅度的提升，召回率的提升幅度最为明显，这说明多维特征在保证识别精度的同时，能大幅提升以“useful”为标签的数据的识别完整度。

进一步绘制了受试者工作特征(receiver operating characteristic，ROC)曲线呈现多维特征对于有用性识别的贡献。如图 6.7 和图 6.8 所示，横坐标为假阳性率(false positive rate，FPR)，代表了模型预测样本标签为“useful”而样本实际标签为“less useful”的概率；纵坐标为真阳性率(true positive rate，TPR)，代表了模型预测样本标签为“useful”而样本实际标签也为“useful”的概率。AUC 直接反映了分类效果，面积越大，分类效果越好。根据图 6.5 和图 6.6，在大众点评数据组实验中，基于纯语义特征与融合多维特征的去线下面积分别是 0.90 和 0.91；在豆瓣电影数据组实验中，二者分别是 0.89 和 0.92，这样同样验证了多维特征有利于增加有用性识别的效果。

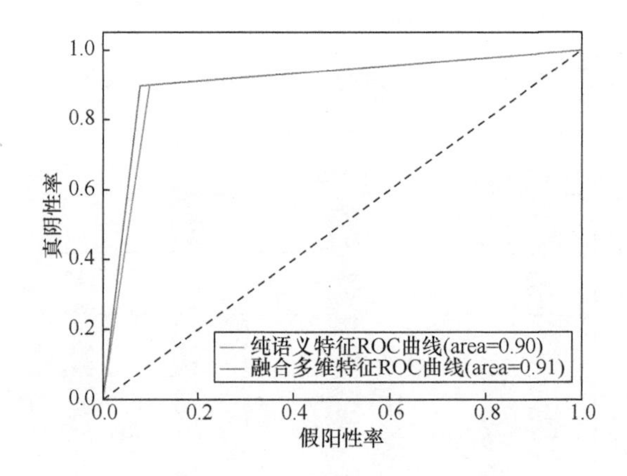

图 6.7　基于纯语义特征与融合多维特征的 ROC 曲线(大众点评)(见彩图)

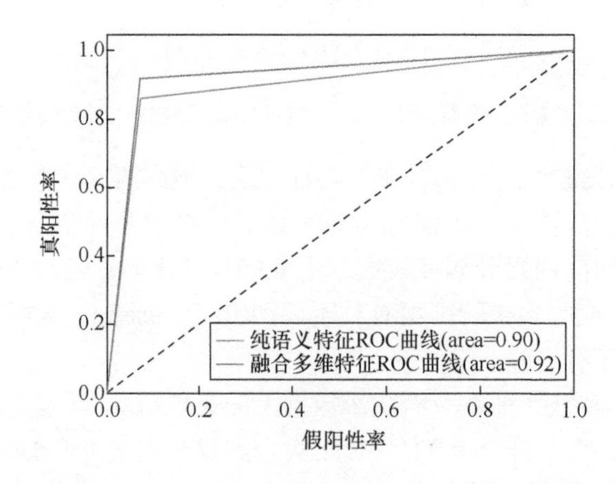

图 6.8　基于纯语义特征与融合多维特征的 ROC 曲线(豆瓣电影)(见彩图)

6.4.3.3　多维特征的重要性分析

多维特征框架由用户评论特征、文体特征以及情感特征组成。为了进一步验证不同特征对于有用性识别预测效果的影响程度，进一步展开了两组消融实验。具体而言，在上述两组实验的基础上，每次去掉一种特征并观察其准确率变化情况，其结果如表 6.7 所示。

表 6.7　去掉单一特征之后的准确率变化

数据集名称	准确率			
	基准线	去掉用户评分特征	去掉文体特征	去掉情感特征
大众点评评论	0.910	+0.01	−0.006	−0.034
豆瓣电影评论	0.923	−0.028	+0.077	−0.227

在大众点评数据组中，基准准确率是 0.910，在去掉用户评分特征之后，准确率增加了 0.01，说明用户评分特征对整个模型具有一定的负优化作用；在去掉文体特征之后，准确率下降了 0.006，说明文体特征对整个模型的影响较弱；而去掉情感特征之后，准确率降低了 0.034，说明情感特征对于整个模型的影响较大。在豆瓣电影评论组中，发现去掉单一特征后，准确率会出现较大的波动。在分别去掉用户评分特征与情感特征之后，准确率分别下降了 0.028 与 0.227，这说明情感特征在识别有用性时有着十分重要的作用,用户评分特征的重要性次于情感特征，同样起到了正向优化作用；而在去掉文体特征之后，豆瓣电影评论组的准确率提升了 0.077，这说明文体特征对于该组数据起到了负优化作用。综合两组实验结果，可以发现情感特征在识别两组数据的有用性信息时起均到了正向优化作用；用户评分特征和文体特征对两组数据的优化效果不同，在大众点评数据中，前者负向优化而后者正向优化；在另一组豆瓣电影评论中，前者正向优化而后者负向优化。

本章进一步利用混淆度矩阵揭示了不同特征的细粒度作用效果。图 6.9 为大众点评数据组的混淆度矩阵，其中图 6.9(a)和(b)分别为基准线和去掉用户评分特征的混淆度矩阵。二者数据一致，“less useful”样本和“useful”样本的识别准确率同样为 0.92；有 0.08 的“less useful”样本被错误地识别为“useful”；有 0.1 的“useful”样本被错误地识别为“less useful”。图 6.9(c)为去掉文体特征之后的混淆度矩阵。在去掉文体特征之后，“less useful”样本的识别情况较之基准线无变化，“useful”样本的识别准确率降低了 0.01，说明文体特征能有效弥补“useful”样本的识别准确率。图 6.9(d)为去掉情感特征之后的混淆度矩阵。在去掉情感特征之后，“less useful”样本的识别率下降了 0.23，“useful”样本的识别准确率提升了 0.07，说明情感特征对于识别“less useful”的样本十分重要，在识别“useful”样本时有一定负优化。

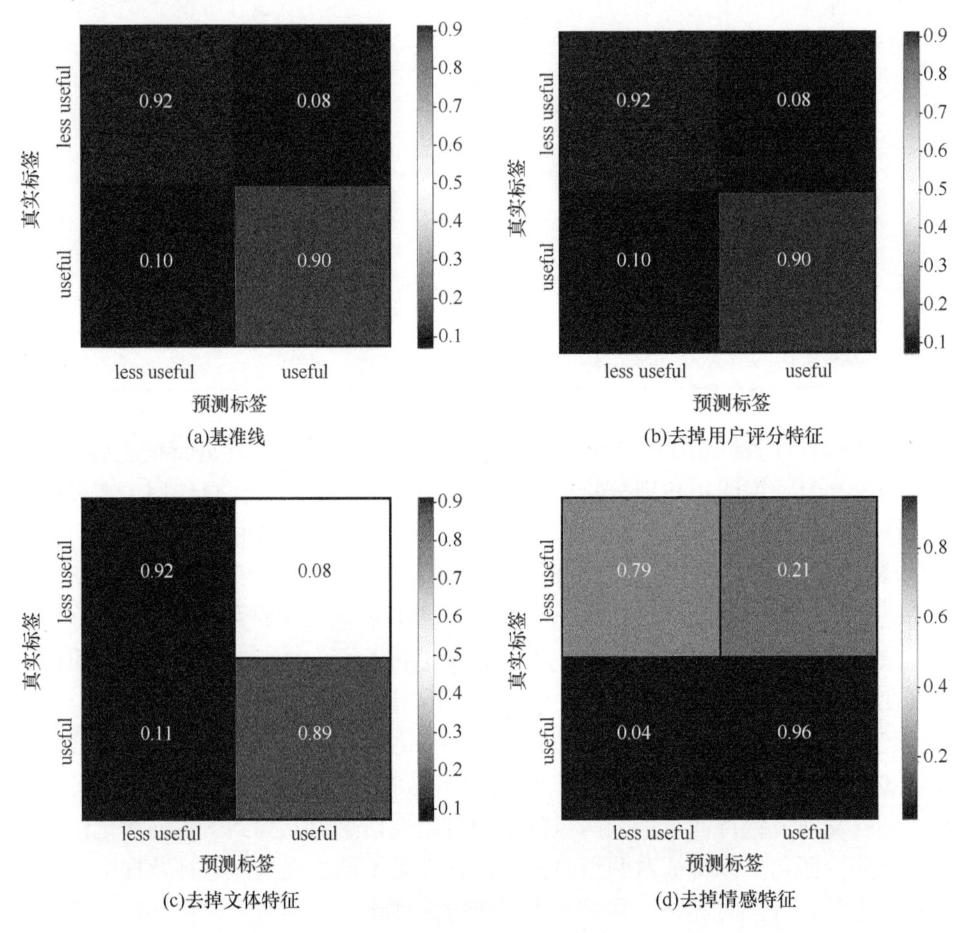

图 6.9　大众点评数据组的混淆度矩阵(见彩图)

图 6.10 为豆瓣电影评论组的混淆度矩阵。图 6.10(a)反映了基准线对于“less useful”样本和“useful”样本的识别准确率分别为 0.93 和 0.92。图 6.10(b)反映了在去掉用户评分特征之后，“less useful”样本准确率下降了 0.01，而“useful”样本的准确率下降较为明显，达到了 0.05，这说明用户评分特征对于“less useful”样本和“useful”样本均起到了正向优化作用。图 6.10(c)反映了在去掉文体特征之后模型达到了理想状态，“less useful”样本和“useful”样本的识别准确率均为 1，说明去掉文体特征之后，情感特征与用户评分特征相结合能较好地实现高准确率的有用性识别预测。图 6.10(d)反映了去掉情感特征之后的状态，此时“useful”样

本的识别准确率均为 1，但由 0.61 的“less useful”样本被识别为“useful”，这说明情感特征能增强模型对“less useful”样本的区分度。

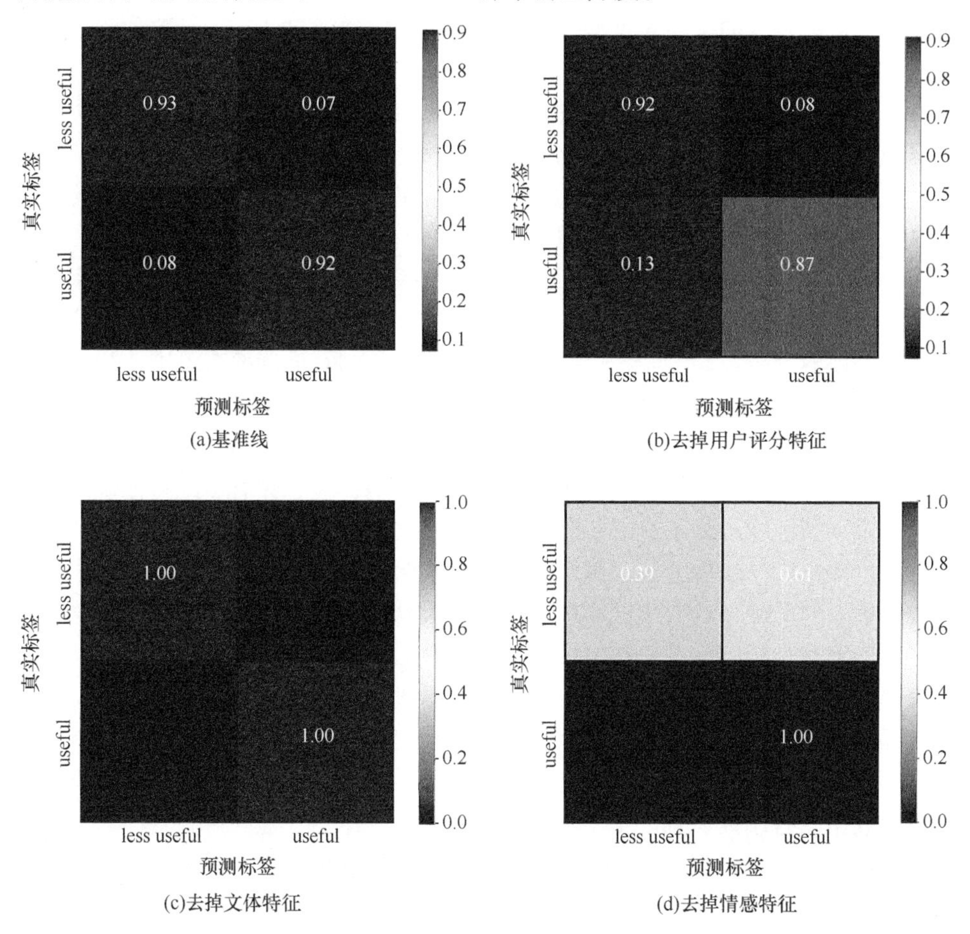

图 6.10　豆瓣电影数据组的混淆度矩阵(见彩图)

6.5　小　　结

针对网络评论质量参差不齐，有用性难以保障的问题，本章提出了一种基于计算语言学的在线评论有用性评估方法。本章充分考虑不同评论平台异质性和相同性的评论元素与评论特征，以语义特征为基础，创造性地融合情感特征、文体特征以及用户评分特征等多维特征框架识别预测在线评论的有用性。该方法具备海量在线评论识别、跨平台在线评论识别的可行性。具体而言，本章以 RCNN 的模型架构为基础，利用 Bi-GRU 神经网络构建语义特征序列，以二维卷积网络和最大化池层构建深入提取语义序列的有用性信息，输出评论文本的有用性文本表示向量；利用前馈神经网络进行多维离散特征编码，并形成多维特征向量；最后将有用性文本表示向量与多维特征向量进行拼接，通过 Softmax 函数预测在线评论的有用性。

为了验证本章所提方法的有效性，基于来自大众点评以及豆瓣网的真实评论数据展开了实证研究。在分析有用性评分分布特征、构建实验语料的基础上，首先在纯语义环境下验证了 RCNN 模型较之其他在自然语言处理广泛应用的深度学习模型的优越性，实验结果证明 RCNN 模型在两组数据集上的准确率以及 F1 值均为最高，综合评估后的准确率以及 F1 值也为最高，并且其精度和召回率较为接近，有效地平衡了“检准”和“检全”。接着，进一步展开了融合多维特征的评论有用性预测分析实验，实验发现在融合多维特征之后，准确率有了进一步提升，大众点评数据组实验的准确率由 0.902 上升到了 0.911；豆瓣电影数据组实验的准确率由 0.895 上升至 0.923。基于 ROC 曲线的分析同样展现出了相同的结论：即在融合多维特征之后，模型有着更大的曲线下面积，这意味着多维特征确能提升有用性识别的性能。为了进一步验证多维特征框架中情感、文体以及用户评分特征的重要性，进一步展开了两组消融实验，实验结果表明再去掉情感特征之后两个数据集上的准确率均有不同幅度下降；而大众点评数据集在去掉用户评分特征之后准确率有小幅度提升，在去掉文体特征之后有小幅度下降；豆瓣电影数据集则表现与之相反，在去掉用户评分特征之后准确率下降，去掉文体特征之后准确率大幅提升。这一实验现象说明两个数据集上的有用性均对情感特征有一定依赖，用户评分特征对大众点评数据的有用性识别产生了小幅干扰，而文体特征则对豆瓣电影数据的有用性识别产生了较大干扰。

本章通过一系列实验验证了所提方法的科学性和可行性，然而本章也有一些局限之处。首先，本章将评论有用性切割为“useful”和“less useful”两部分，并未展开细粒度的评论有用性识别预测以及回归预测实验。其次，本章在进行多维特征重要性分析的时候，仅考虑了情感特征、问题特征以及用户评分特征的整体有用性，并未深入到特征集合内部，识别特征集合内部每一个元特征的重要性。因此，提升有用性分类维度乃至开展回归分析、更加系统全面地分析多维特征框架内每一个特征的重要性，将是后续工作的两个重要方向。

参考文献

[1] 殷国鹏. 消费者认为怎样的在线评论更有用？——社会性因素的影响效应. 管理世界, 2012, (12): 115-124.

[2] Gupta P, Harris J. How e-WOM recommendations influence product consideration and quality of choice: a motivation to process information perspective. Journal of Business Research, 2010,

63(9-10): 1041-1049.
[3] 邓胜利, 汪奋奋. 互联网治理视角下网络虚假评论信息识别的研究进展. 信息资源管理学报, 2019, (3): 73-81.
[4] Chatterjee P. Online reviews: do consumers use them?. Advances in Consumer Research, 2001, 28: 129-134.
[5] Mudambi S M, Schuff D. What makes a helpful online review? A study of customer reviews on Amazon.com. Management Information Systems Quarterly, 2010, 34(1): 185-200.
[6] 冯志伟. 我国计算语言学研究 70 年. 语言教育, 2019, 7(4): 19, 29, 42.
[7] 任亚峰, 姬东鸿, 尹兰. 基于半监督学习算法的虚假评论识别研究. 四川大学学报(工程科学版), 2014, 46(3): 62-69.
[8] Schindler R M, Bickart B. Perceived helpfulness of online consumer reviews: the role of message content and style. Journal of Consumer Behaviour, 2012, 11(3): 234-243.
[9] Dens N, de Pelsmacker P, Purnawirawan N. "We(b) care" how review set balance moderates the appropriate response strategy to negative online reviews. Journal of Service Management, 2015, 26(3): 486-515.
[10] Qazi A, Syed K B S, Raj R G, et al. A concept-level approach to the analysis of online review helpfulness. Computers in Human Behavior, 2016, 58: 75-81.
[11] 黄卫来, 潘晓波. 在线商品评价信息有用性模型研究——纳入应用背景因素的信息采纳扩展模型. 图书情报工作, 2014, (S1): 141-151.
[12] Yin D, Bond S D, Zhang H. Anxious or angry? Effects of discrete emotions on the perceived helpfulness of online reviews. MIS Quarterly, 2013, 38: 539-560.
[13] Ahmad S N, Laroche M. How do expressed emotions affect the helpfulness of a product review? Evidence from reviews using latent semantic analysis. International Journal of Electronic Commerce, 2015, 20(1): 76-111.
[14] 艾时钟, 曾鑫. 基于 Ebay 评论数据中的情感总量与信息熵对评论有用性的影响.软科学, 2019, 33(7): 129-132, 144.
[15] 严建援, 张丽, 张蕾. 电子商务中在线评论内容对评论有用性影响的实证研究. 情报科学, 2012, 30(5): 713-716.
[16] 殷国鹏, 刘雯雯, 祝珊. 网络社区在线评论有用性影响模型研究——基于信息采纳与社会网络视角. 图书情报工作, 2012, 56(16): 140-147.
[17] Kuan K K Y, Hui K L, Prasarnphanich P. What makes a review voted? An empirical investigation of review voting in online review systems. Journal of the Association for Information Systems, 2015, 16(1): 48-71.
[18] Korfiatis N, Poulos M. Using online consumer reviews as a source for demographic recommendations: a case study using online travel reviews. Expert Systems with Applications, 2013, 40(14): 5507-5515.
[19] Duhan D F, Johnson S D, Wilcox J B. Influences on consumer use of word-of-mouth recommendation sources. Journal of the Academy of Marketing Science, 1997, 25(4): 283.
[20] Phillip N. Advertising as information. Journal of Political Economy, 1974: 729-754.
[21] 廖成林, 蔡春江, 李忆. 电子商务中在线评论有用性影响因素实证研究. 软科学, 2013, (5):

46-50.

[22] Forman C, Ghose A, Wiesenfeld B. Examining the relationship between reviews and sales: the role of reviewer identity disclosure in electronic markets. Information Systems Research, 2008, 19(3): 291-313.

[23] Dellarocas C, Zhang X M, Awad N F. Exploring the value of online product reviews in forecasting sales: the case of motion pictures. Journal of Interactive Marketing, 2007, 21(4): 23-45.

[24] Ghose A, Ipeirotis P G. Designing novel review ranking systems: predicting the usefulness and impact of reviews//The 9th International Conference on Electronic Commerce, New York, 2007.

[25] 郭顺利, 张向先, 李中梅. 面向用户信息需求的移动 O2O 在线评论有用性排序模型研究——以美团为例. 图书情报工作, 2015, (23): 85-93.

[26] Salehan M, Kim D J. Predicting the Performance of Online Consumer Reviews: A Sentiment Mining Approach to Big Data Analytics. Amsterdam: Elsevier Science Publishers, 2016.

[27] Sen S, Lerman D. Why are you telling me this? An examination into negative consumer reviews on the web. Journal of Interactive Marketing, 2007, 21(4): 76-94.

[28] 张艳辉, 李宗伟. 在线评论有用性的影响因素研究: 基于产品类型的调节效应. 管理评论, 2016, 28(10): 123-132.

[29] 李琪, 任小静. 消费者对不同平台类型正面在线评论感知有用性的差异研究. 经济问题探索, 2015, (10): 41-47.

[30] 王洪伟, 郭恺强, 杜战其. 用户通过点评网站获取评论信息的使用意愿影响因素研究. 情报科学, 2015, 33(12): 21-27.

[31] Korfiatis N, García-Barriocanal E, Sánchez-Alonso S. Evaluating content quality and helpfulness of online product reviews: the interplay of review helpfulness vs. review content. Electronic Commerce Research and Applications, 2012, 11(3): 205-217.

[32] Liu Y, Huang X, An A, et al. Modeling and predicting the helpfulness of online reviews//The 8th IEEE International Conference on Data Mining, Pisa, 2008.

[33] Lee S, Choeh J Y. Predicting the helpfulness of online reviews using multilayer perceptron neural networks. Expert Systems with Applications, 2014, 41(6): 3041-3046.

[34] 张艳丰, 李贺, 彭丽徽, 等. 基于模糊神经网络的在线评论效用分类过滤模型研究. 情报科学, 2017, 35(5): 94-99, 131.

[35] Hsieh H Y, Wu S H. Ranking online customer reviews with the SVR model//The 16th IEEE International Conference on Information Reuse and Integration, San Francisco, 2015.

[36] Malik M S I, Hussain A. Exploring the influential reviewer, review and product determinants for review helpfulness. Artificial Intelligence Review, 2018, (16): 1-21.

[37] Kim S M, Pantel P, Chklovski T, et al. Automatically assessing review helpfulness//The Conference on Empirical Methods in Natural Language Processing, Sydney, 2006.

[38] Jindal N, Liu B. Opinion spam and analysis//International Conference on Web Search and Web Data Mining, Califormia, 2008.

[39] Zhang R, Tran T. An entropy-based model for discovering the usefulness of online product reviews//The IEEE/WIC/ACM International Conference on Web Intelligence and Intelligent Agent Technology, Sydney, 2008.

[40] Cao Q, Duan W, Gan Q. Exploring determinants of voting for the "helpfulness" of online user reviews: a text mining approach. Decision Support Systems, 2011, 50(2): 511-521.

[41] 聂卉. 基于内容分析的用户评论质量的评价与预测. 图书情报工作, 2014, 58(13): 83-89.

[42] 孟美任, 丁晟春. 在线中文商品评论可信度研究.现代图书情报技术, 2013, (9): 60-66.

[43] Martin L, Pu P. Prediction of helpful reviews using emotions extraction//The 28th AAAI Conference on Artificial Intelligence, Québec, 2014.

[44] Krishnamoorthy S. Linguistic features for review helpfulness prediction. Expert Systems with Applications, 2015, 42(7): 3751-3759.

[45] Singh J P, Irani S, Rana N P, et al. Predicting the "helpfulness" of online consumer reviews. Journal of Business Research, 2017, 70: 346-355.

[46] Ma Y, Xiang Z, Du Q, et al. Effects of user-provided photos on hotel review helpfulness: an analytical approach with deep leaning. International Journal of Hospitality Management, 2018, 71: 120-131.

[47] 姜巍, 张莉, 戴翼, 等. 面向用户需求获取的在线评论有用性分析. 计算机学报, 2013, 36(1): 119-131.

[48] Kim Y. Convolutional neural networks for sentence classification. https://arxiv.org/abs/1408.5882, 2014.

[49] Lecun Y, Bottou L, Bengio Y, et al. Gradient-based learning applied to document recognition. Proceedings of the IEEE, 1998, 86(11): 2278-2324.

[50] Lai S, Xu L, Liu K, et al. Recurrent convolutional neural networks for text classification//The 29th AAAI Conference on Artificial Intelligence, Austin, 2015.

[51] Cho K, Merrienboer B V, Bahdanau D, et al. On the properties of neural machine translation: encoder-decoder approaches//The 8th Workshop on Syntax, Semantics and Structure in Statistical Translation, Doha, 2014.

[52] Zhou P, Shi W. Attention-based bidirectional long short-term memory networks for relation classification//The Annual Meeting of the Association for Computational Linguistics, Berlin, 2016.

[53] Ashish V, Noam S, Niki P, et al. Attention is all you need//The 31st Annual Conference on Neural Information Processing Systems, Long Beach, 2017.

第7章　基于递归张量神经网络的微信公众号文章新颖度评估方法

自媒体平台内容同质化问题日益严重，导致用户难以从中获取新颖优质的信息，因此对其文章内容进行新颖度评估就显得尤为重要。本章以微信公众号文章为例，提出了一种自媒体平台文章的新颖度评估方法，该方法利用非监督的句级Doc2Vec语言模型构建文本向量，基于递归张量神经网络(recursive neural tensor network，RNTN)构建新颖度测度模型，进而通过模型训练求解并量化评估文章的新颖度。本章从微信公众号平台自动采集4628篇文章开展实证研究，首先设置不同的张量切片数量进行对照实验，综合新颖度分布特征和训练时间计算最优参数，然后通过计算文档相似度验证了文章的新颖度和相似度之间的线性回归关系。该实验结果证明了本方法具有较强的可行性和有效性，从深度学习的视角拓展和丰富了文本新颖度评估的研究，也为自媒体平台的新颖话题探测和前沿知识发现提供了支撑。

7.1　问题的提出

在Web2.0时代的今天，社会化媒体和移动互联网技术的迅猛发展改变了人们获取信息的方式，“去中心化”、高度交互性和精细划分成为这一时期信息生产和传播的显著特征[1]。各类自媒体平台，如微信、微博等已悄然成为公众发布信息和获取信息的重要渠道。越来越多的人在自媒体平台上寻找有关严肃话题的信息，例如，关于海地霍乱疫情的最新信息，并在疫情期间确定清洁水源等[2]。自媒体也被那些寻求健康信息的人大量使用，根据福克斯报告显示，59%的美国成年人(80%的互联网用户)曾在网上访问过此类信息[3]。同样，卫生专业人士和组织也看到了自媒体的优势，因为它被视为一种信息均衡器，允许过去无法访问的人群获取医疗保健信息[4]。它为信息寻求者提供了一种隐私感，用户不必为了获得健康相关信息而披露个人信息。

然而，自媒体平台具有较高的开放程度，信息发布的门槛较低、审查不严，信息生产者素质良莠不齐[5]，致使信息失时、失真、冗余的现象广泛存在，也使用户难以便捷地获取最新的信息。对于信息消费者而言，如何从大量的信息中找到自己需要的或者是感兴趣的信息是信息消费者普遍面临的难题；对于信息生产者而言，如何让自己生产的信息能够在信息的海洋中脱颖而出，得到用户的注意也是一件非常困难的任务[6]。另一方面，信息新颖度作为信息中心内容的一部分或围绕中心内容出现，散发出“信息气味”，有助于用户快速决定可供消费信息的质量[7]。Westerman 等[2]的研究表明，自媒体信息的新颖性是自媒体用户进行信息判断的重要影响因素，甚至会影响用户对信息来源的可信性感知。因此，如何有效测度信息新颖度成为自媒体进一步发展中亟待解决的难题，也是走出自媒体平台信息过载困境的关键，从而引起了学界的关注和重视。

大规模文本内容具有内涵丰富、表达多样、价值稀疏的特点，现有的针对文本新颖度评估的方法存在一定的局限性，如通过聚类或近邻算法构建的评估模型无法有效表达和处理高维数据，而概率统计方法的准确性和效果则受训练集和特征集的规模及质量的限制[8]。部分学者采用了改进的机器学习算法，其性能和效果极大依赖于语料库标注的质量，对算法选择和参数设定也较为敏感[9]，在国内研究中各模型更是鲜有实证的研究和检验，模型的复杂性也使得这一方法的深度推广十分困难。

微信公众号平台作为最重要的自媒体载体，截至 2019 年 9 月，微信官方公布的月活跃微信公众号数量超过 350 万个，月活跃粉丝数达到了 11.51 亿[10]，微信已经成为国内最大的自媒体平台之一。但微信公众号内容的同质化问题也饱受诟病，主要体现在微信用户经常收到重复信息，对微信公众号内容的多样性并不满意等方面[11]。信息新颖度评估能够识别海量信息中的重复内容，帮助微信公众号平台提高屏蔽重复信息的能力，同时信息新颖度可以作为平台向用户提供个性化信息推荐的重要依据，从而满足用户多样性的信息需求。然而，目前鲜有研究针对中文微信公众号的新颖度进行量化评估。为了填补这一研究空白，本章以微信公众号文章为研究对象，以深度学习语言模型 Doc2Vec 和 RNTN 为基础量化计算文章的新颖度，并且通过实验结果证明了该方法的有效性及可行性。

7.2　研 究 现 状

7.2.1　新颖度的概念及内涵

随着互联网的高速发展，海量数据在网络活动中产生，并带来了信息过载问题。新颖度作为解决这一问题的关键，逐渐发展为一个独立的研究主题，并成为信息评测和知识发现领域的重点研究内容。早在 2002 年，文本检索会议就把从评测系统中发现新颖信息作为重要研究目标。2011 年的国际计算机学会推荐系统会议和 2015 年的万维网联盟国际会议开展了关于新颖性在推荐系统、网络搜索和数据流中的研究和应用专题讨论，对新颖性的理论定义与实际应用进行了进一步的探索。

新颖度(novelty)来源于拉丁文“novus”，韦氏词典的定义认为其是一种强调与已有事物不同的性质，表达一种新颖程度的状态[12]。根据 WordNet 词典，“novel”有两层含义：“new-original and of a kind not seen before”和“refreshing-pleasantly new or different”。“novel”的信息首先应该是用户不知道的信息，并且能够让用户感到清新愉悦的“新”。从“novel”词语的定义出发，信息新颖性应该包含以下三个方面的内涵：①用户不知道的——未知性；②用户满意的——喜好性；③和已知信息具有一定程度的不同——差异性。

Zhou 等 [13]在研究推荐系统时提出，新颖度主要由以下三个方面构成：原创性(originality)、吸引性(interest)和不可预期性(unexpectedness)。原创性表示推荐的信息对于用户来说应该是全新的，与用户获取的其他信息不属于同一个种类。吸引性表示信息在某种程度上，对于目标用户有一定的吸引力，目标用户能够有获取信息的冲动。不可预期性则表示预测用户下一步信息获取行为的能力。Mcnee 等[14]指出，高准确度的推荐结果可能对用户没有用处。推荐结果准确度越高，反映其与目标用户的历史偏好越接近；推荐结果中远离其历史偏好，即对目标用户新颖的项，会降低推荐的准确度，但新颖的项可能对用户更有用。Herlocker 等[15]也提出了新颖性推荐的概念， 即向目标用户推荐其有潜在兴趣但不知道的项。新颖性推荐能更好地拓展用户兴趣，并使得小众不流行却能创造巨大价值的项能更多地被推荐。在基于内容的推荐算法中，有研究者认为新颖的项目应该是和用户兴趣具有一定相似度，或者和用户感兴趣的主题很接近，并且包含了新信息[16]。Zhang 等[17]列举了三种度量信息差异度的方法：基于关键词集合差的方法、基于关键词向量距离和基于关键词分布相似度。他们认为相关性和冗余度应该分别明确地建模，并通过扩展自适应信息过滤系统的方法解决了确定有关文档的新颖性和冗余性这一问题。

基于以上对新颖度的理解，众多学者进一步对新颖度的探测(novelty detection)进行了定义，Sebastião 和 Gama[18]认为新颖度探测是对新概念进行识别，捕捉发生在已知概念和噪声信息基础上的变化。Faria[19]指出新颖度探测强调识别出未标注的实例。在学习系统的相关研究中，新颖度探测关注的是对未知情况的发现[20]，用于确定相关输入是否来源于已知集合与特定的类[21]。更具体地，国内学者提出文本内容的新颖度评估一般是指在特定的文档集中，通过对比新文档与已有文档之间的内容冗余度，确定新产生的文本内容是否新颖[22]。本章研究的新颖度是指在文本内容层面，某一文档与已有文本集从相似性、异质性和冗余性等维度量化计算出的差异化程度。

7.2.2　传统的新颖度评估方法

通过文献调研发现，国内外众多学者对新颖度评估做了不少有益的研究和探索。部分基于文本内容特征进行统计计算，如沈阳[23]通过分析关键词句的频度、被用户检索的频率等衡量科学文献的创新度。Zhao 等[24]关注了两个不同句子间的重叠度(overlap)，计算了“形似”和“意似”两个方面的重叠性。Allan 等[25]在新颖挖掘中采用了计算新词数的方法，以识别出新颖度高的句子。Maccatrozzo 等[26]提出了一种利用文本数据和上下文数据进行分析抽取，然后进行新颖性推荐的推荐模型。

基于流行度的方法也是被广泛使用的新颖度评估方法。Shani 等[27]提出评分预测应当考虑项目的流行度，因为不流行的项目预测难度要大于流行项目，通过这样的调整能够加大推荐冷门项目的可能性。Varga 和 Castells[28]利用项的流行度衡量其新颖度：一个项越流行，用户知道该项可能性越大，该项的新颖度越低。Celma 和 Herrera[29]根据流行度定义了项目的长尾模型，并根据该模型将项目集分为三个区域，测量相同区域项目之间和不同区域项目之间的关联度，并将关联度指标融合到协同过滤和基于内容推荐两种算法中，从而提高了新颖性推荐的性能。

一些学者也通过计算文档相似性来探测新颖度，如余弦距离是被最早用于句子新颖度探测的度量之一[25]，甚至被用在如马来语等其他以字母为基础的语言的新颖度探测工作中，并取得了良好的效果[30]。Kouris 等[31]则将 Jaccrad 相似度应用到两个不同集合的差异比较中以得出新颖度评分。在此基础上，Tsai 等[32]构建了兼顾“余弦相似度”等对称性度量和“新词数”等非对称性度量的综合新颖度评测框架。另外，同样基于距离的聚类方法也得到了广泛使用，如 Spinose 等[33]用标准聚类方法识别未知概念，Hautamaki 等[34]利用 k 近邻算法(k-nearest neighbor，KNN)捕捉距离图中远离正常集合的“新颖点”等。

在新颖性推荐系统研究中，基于用户的推荐方法得到了广泛的运用。Oh 等[35]提出将“用户—项”评分矩阵中用户的评分模式建模为个人流行趋势(personal popularity tendency，PPT)，同时为项建立相应的被评分模式；该方法设计了一个 PPT 匹配算法，如果项的被评分模式与目标用户的 PPT 差别越大，则该项的新颖度越高。Onuma 等[36]将“用户—项”评分矩阵建模为二分图，用户和项为节点，评分关联为边；该方法利用随机游走方法计算出所有节点之间的关联度，基于该关联度定义项节点的“TANGENT”值，该值越高则项的新颖度越高。Nakatsuji 等[37]结合“用户—项”评分矩阵和项的分类信息，将项所属分类与用户已评分的分类之间的距离，定义为该项对目标用户的新颖度；该方法根据项的新颖度排序生成推荐列表。Kawamae[38]在“用户—项”评分矩阵中引入评分时间，将较早评分某项的用户视为革新者(innovator)，尚未评分该项的用户为其潜在跟随者(follower)，认为革新者评分的项对跟随者有高新颖度；该方法视目标用户为跟随者，计算其他用户为其革新者的概率，并根据该概率值将革新者评分的项推荐给目标用户。

Zhang 等[39]构建以项为节点、项相似度为边的图，则用户已评分的项对应该图的子图；该方法将特定项节点加入目标用户的子图，计算该项的聚集因子，该因子值越大，则该项对目标用户的新颖度越高。Yu 等[40]提出利用用户与社区间的全域关系进行 Web 社区推荐。该方法从用户交互构成的关系网络中挖掘用户聚类，将目标用户所在聚类中其他用户加入的社区作为候选新颖性社区；综合考虑社区流行度、社区与目标用户在主题上的距离，以及聚类中其他用户与社区的交互，衡量候选社区对目标用户的新颖度。这一方法虽然采用了“用户—社区”全域关系的形式，同时利用了 Web 社区中的三种交互，但对交互的挖掘不够深入，未能充分利用 Web 社区蕴含的多种交互[41]。

7.2.3 基于改进机器学习的新颖度评估方法

近年来，基于机器学习的新颖度评估方法进一步发展起来。逯万辉和谭宗颖[42]通过 Doc2Vec 和隐马尔可夫模型(hidden Markov model，HMM)计算文本内容特征因子，以对学术成果主题的新颖度进行度量，同时该方法也避免了已有方法的计算结果中存在的区分度不够的问题。Fu 等[43]构建了一个基于 TF-IDF 和局部敏感哈希(locality-sensitive hashing，LSH) 算法的文本流新颖内容侦测系统，这一系统可以通过不断更新向量空间模型来有效地适应任何新术语的数据流中的变化，并通过谷歌新闻的数据集进行了实证检验。与传统的二分类不同，Blanchard 等[44]考虑了未标记且可能被污染的样本仍能在学习阶段被采用这一情况，通过半监督学习算法实现了对未知新颖分布的识别，同时其方法对高维数据有良好的适应性。已有研究大多将新颖性探测视为一个二进制分类任务，然而在现实生活中，新颖性评估可能是一个多类任务。为此，de Faria[45]设计了应用于数据流的“MINAS”方法，将新颖度检测视为一个多值问题，并实现了新颖模式的自动更新和扩展。

此外，新颖度的评估也被应用到不同领域，相关实践工作得到越来越多学者的关注。由于已有新颖性推荐方法无法处理 Web 社区特性，包括社区成员用户通过交互形成的关系网络以及社区主题，故不适用于社区推荐。为了解决这一问题，余骞等[46]提出了一种新颖性社区推荐方法“NovelRec”，用于向用户推荐其有潜在兴趣但未知的社区，这一方法基于用户交互网络中的邻域关系，利用用户之间在主题上的关联，计算候选社区对用户的准确度。同时根据用户与社区在邻域和主题上的关联，提出了一种用户社区距离度量方式，并利用该距离计算候选社区的新颖度。Cichosz 等[47]从新颖度探测的视角出发，结合聚类和单类 SVM 算法构建检测模型，对乳腺癌图片数据进行识别，发现新颖性检测可以提高随机森林(random forest)的预测质量。Erik 等[48]则将新颖度探测应用到声学检测领域，构建了基于递归神经网络的声学新颖度探测模型，实验结果显示这一模型性能明显优于传统的统计方法。新颖度探测的相关技术甚至被应用到优化机器人的导航功能中，Richter 和 Roy[49]使用自动编码器来识别何时查询是新颖的，并恢复为安全的先验行为，借助这一功能，自主深度学习系统可以在任意环境中实施，而不必担心系统是否已接受适当的培训，从而极大地提高了视觉引导的机器人在熟悉环境中的导航速度。

Shani 等[27]将用户的评分项目采用 KNN 方法聚类产生数个类别，然后采用基于项目的协同过滤为每一个类推荐，并且针对活跃用户已评分项目过多的情况讨论了合并降维的划分策略。这一方法需要确定聚类的类别数量以及每一类推荐的数量。Fabiano 等[50]综合标签推荐的相关性、显性主题多样性和新颖性三个方面提出了两种新的标签推荐方法。第一种方法被称为主题相关属性随机森林，是一种相关驱动的标签推荐算法，随机森林学习排序方法中包含了新的标签属性，用于捕捉备选标签的主题范围。该算法在最大化相关性的同时保证了主题的多样性和属性的新颖性。第二种方法被称为显性标签推荐多样及新颖提升算法，采用第一种方法建立推荐备选集，然后综合相关性、多样性和新颖性指标重新对备选集中的项目进行排序并推荐[6]。

利用文本相似度也是新颖度探测研究的重要方法。Lee 等[51]提出了一种无标签语料库的监督学习方法和一种可以同时表示文档上下文和情感的文档表示方法，将基于 Doc2vec 的文档表示应用于文本相似度研究中。Maslova 和 Potapov[52]在有监督的学习方法下，借助 Doc2vec 创建了一个可用于文本相似度计算的新程序。逯万辉[53]针对当前学术期刊发展中的同质化以及研究选题的相似性问题，提出了基于深度学习的学术期刊选题同质化测度模型，用于识别期刊间选题的相似性。

综上所述，现有的新颖度探测研究已初具规模，国外研究也已取得较为丰硕的理论和实践成果。但从总体上看，在新颖度的评估问题上各派学者还没有形成较为统一的理论方法，尤其是基于深度学习算法对文本内容进行新颖度评测仍鲜有研究。而国内有关新颖度评估的研究还处在探索和起步阶段，尤其对于中文文本的新颖度评估缺乏评测的指标及方法。因此，本章以微信公众号文章为研究对象，提出了一种自媒体平台文章的新颖度评估方法，该方法利用非监督的句级 Doc2Vec 语言模型构建文本向量，基于递归张量神经网络构建新颖度测度模型，进而通过模型训练求解并量化评估文章的新颖度。

7.3　利用 RNTN 评估微信公众号文章的新颖度

深度学习发展至今，在文本分类、特征提取、情感分析、语义识别等领域已有广泛应用。张量神经网络模型(neural tensor network，NTN)从单个词语的角度构造语义向量空间，难以正确解释长文本的含义，而且可能会导致维数灾难，目前的组合性语义向量空间又依赖大量的标记数据。而 RNTN 能模拟节点的动态时序行为，能够处理任意长度的输入序列，适合输入和输出数据有相关关系的训练任务[54]。RNTN 最早是为了解决长文本的情感分类问题，而微信公众号文章也多属于长文本，且文本长度没有固定的范围，因此利用 RNTN 模型测度公众号文章的新颖度更具有可行性。

本章提出的基于 RNTN 的微信公众号文章的新颖度评估方法包含两个阶段：首先，利用语言模型技术 Doc2Vec 构建公众号文章的文本向量，即用数字的形式表示公众号文章的文本特征；其次，把文本向量作为 RNTN 的输入层数据，通过 RNTN 模型中的张量切片训练公众号文章的新颖度，最后通过 Sigmoid 函数归一化处理并计算出新颖度值。

7.3.1　构建公众号文章的文本向量

在本章的新颖度评估方法中，文本向量化表示是十分重要的环节，后续步骤中的新颖度模型训练需要依靠文本向量作为输入层的数据，文本向量与公众号文章的语义拟合程度对 RNTN 的训练过程的有着很大影响。Tsai 和 Zhang[55]认为，在文档新颖度检测中，句子级别的测度比文档级别的测度在冗余精度和冗余召回方面有着更出色的表现。因此，为了更精确地使用 RNTN 训练新颖度，本章在 Doc2Vec 模型的基础上添加了句级向量进行强化改进，利用有向句子序列构建文档的向量表示。

7.3.1.1　Doc2Vec

Doc2Vec 利用非监督学习算法获得文本的向量表示，有两种模型[56]。第一种是分布式词袋模型(distributed bag of words，DBOW)，如图 7.1 所示，分布式词袋模型通过已知的文档向量预测文档中随机抽样的词的概率，训练过程中添加了文档编号作为共享向量，每次在预测单词的概率分布时，都会利用整个句子的语义作为协同向量。

第二种是分布式记忆模型(distributed memory，DM)，如图 7.2 所示，分布式记忆模型将上下文的词向量和文档向量作为语义环境，以三层神经网络作为框架预测单词的概率，并使用随机梯度下降方法收敛。

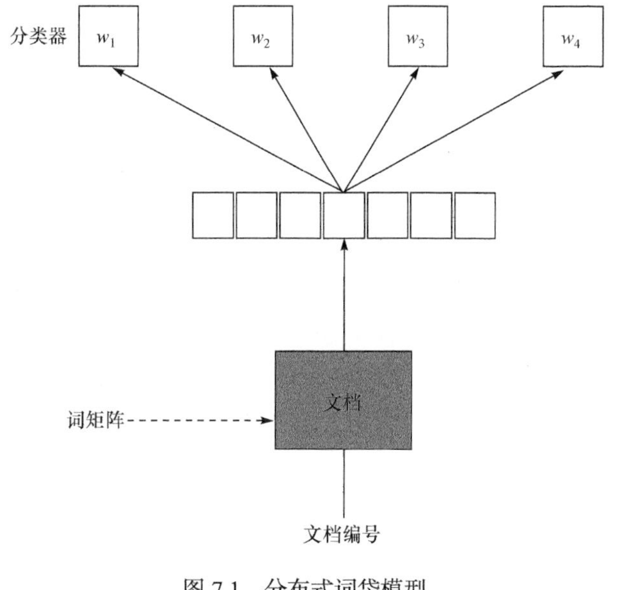

图 7.1　分布式词袋模型

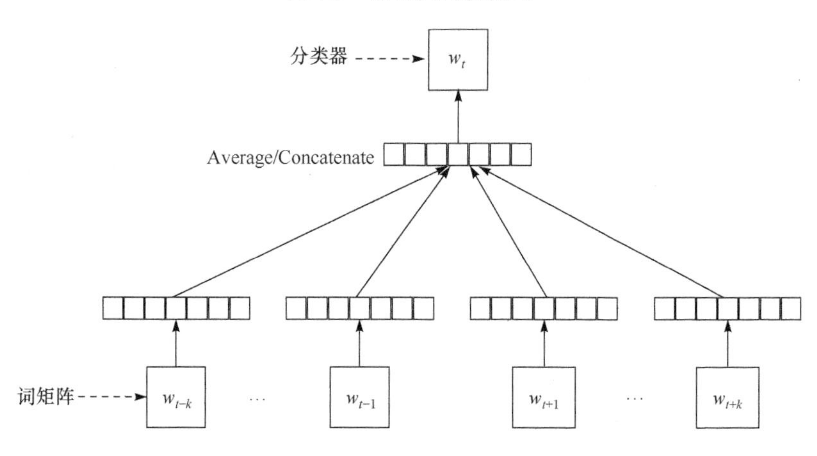

图 7.2　分布式记忆模型

DBOW 和 DM 都充分考虑了词在文本中的位置和词的上下文信息,并将词映射到对应的特征向量，形成了词之间的特征矩阵，减少了文本向量化过程中的信息损耗，两者的主要关注点是如何把文档高质量地映射到低维连续向量，并没有计算文档之间的相关关系,其准确率对语料库的大小和文档的数量也有很大依赖。

7.3.1.2　句级 Doc2Vec

本章提出的句级 Doc2Vec 模型如图 7.3 所示，以 DM 为基础添加句级向量增强 Doc2Vec 的文本特征表示。给定长度为 M 的文档 $D=\{d_1,d_2,\cdots,d_M\}$，对于任意

$d_m \in D$, d_m 的构成成分是句子序列 s_m，即 $d_m = \{s_m^1, s_m^2, \cdots, s_m^n\}$，每个句子的构成成分是词序列 w_t，因此文档 d_m 的文本向量可用如下模型进行表示：

$$D_m = \begin{bmatrix} s_m^1 \\ \vdots \\ s_m^n \end{bmatrix} = \begin{bmatrix} \left\{w(m,1,1), w(m,1,2), \cdots, w\left(m,1,|w_t|_1\right)\right\} \\ \vdots \\ \left\{w(m,n,1), w(m,n,2), \cdots, w\left(m,n,|w_t|_n\right)\right\} \end{bmatrix} \tag{7-1}$$

其中，m 、n 代表了第 m 篇文档及文档中的第 n 个句子，$|w_t|_n$ 代表了第 n 个句子中的词序列长度。句级 Doc2Vec 模型分为两层：第一层是从词的上下文环境获取句子的向量表示，与 DM 模型相比，该阶段需要将文档切割成句子，并将句子中的每个词映射到词汇矩阵，从而根据上下文环境的词序列预测当前词的向量值；第二层是从句子的上下文环境中获取文档的向量表示，其输入层需要添加文档向量，并通过文档向量和邻近句子作为特征输入，迭代更新文档中的每个句子向量。

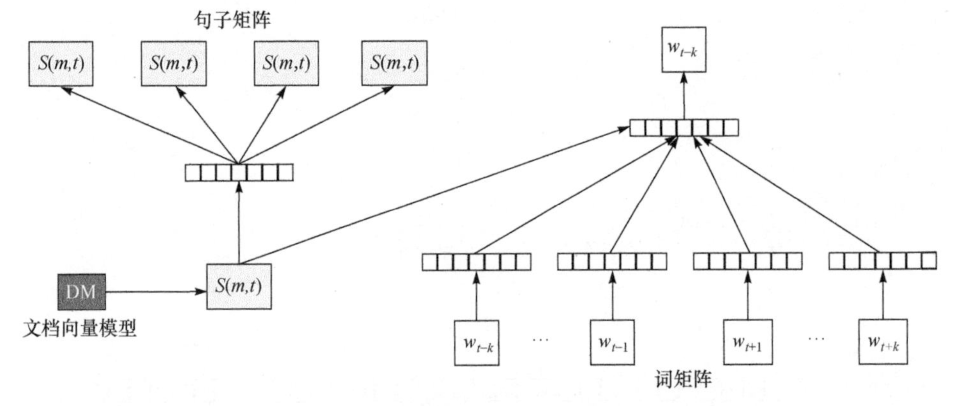

图 7.3　句级 Doc2Vec 模型

7.3.1.3　构建公众号文章的句级文本向量

在 Doc2Vec 原模型中，输出层利用 Softmax 分类器进行词分布预测，公式如下：

$$p\left(w_t | w_{t-k}, \cdots, w_{t+k}\right) = \frac{e^{y_{w_t}}}{\sum_i e^{y_i}} \tag{7-2}$$

参考该方法，本章把句子向量 s_t 作为词分布预测的参数，利用层次化的 Softmax 模拟预测词 w_m 的分布概率：

$$p\left(w_m | w_{m-n}, \cdots, w_{m+n}; s_t\right) = \frac{\sum_{x \in w_m} e^{f(x)}}{\sum_x e^{f(x)}} \tag{7-3}$$

其中，$f(x)$ 表示输出层中元素 x 的值，其计算方式如下：

$$f(x)=b+Uh(w_{m-n},\cdots,w_{m+n};s_x;W,S) \tag{7-4}$$

其中，U 表示映射层到输出层的转移矩阵，进一步优化目标函数，句子的概率分布表示为

$$\frac{1}{T}\sum_{m=n}^{T-n}p(w_m|w_{m-n},\cdots,w_{m+n};s_t) \tag{7-5}$$

在获得句子的向量表示之后，通过建立文档级的语言模型，基于句子序列的向量表示来预测文档向量。其具体思路是把上下文句子和文档特征作为输入层数据预测当前句子的概率分布。文档 d_m 中的句子序列 $\{s_m^1,s_m^2,\cdots,s_m^n\}$ 以及当前语句 s_m^t，其概率模型可以用最大化的对数似然概率进行表示：

$$y(s_m^t)=\sum_{s_m^t\in d_m}\log p(s_m^t\mid s_m^{t-k},\cdots,s_m^{t-1},s_m^{t+1},\cdots,s_m^{t+k},d_m) \tag{7-6}$$

综合以上，可以梳理出句级 Doc2Vec 的实现算法。

算法：句级 Doc2Vec 模型

输入：文档集合 $D=\{d_1,d_2,\cdots,d_M\}$；参数为句级向量维度 k_s、文档向量维度 k_d、学习次数：N_s、N_d

输出：文档向量模型 $V=\{v_{d_1},v_{d_2},\cdots,v_{d_m}\}$

步骤：

(1) 遍历文档集合中的词，建立数据字典 vocab

(2) 切割文档集合中的句子，建立句子矩阵 $\{s_m^n\}$，m 为文档序号，n 为句子序号

(3) 随机初始化 k_s 维句子向量模型，构建 Huffman 树，向句子中的词分配 Huffman 码

(3) for n=1 to N_s do：

(4) 　　for s_i^j in $\{s_m^n\}$ do：

(5) 　　　　标记 s_i^j 的当前词，以及当前词的邻近词序列

(6) 　　　　遍历当前词节点到 Huffman 树 root 节点：

(7) 　　　　　　计算误差向量，更新当前词向量、中间节点向量、邻近词向量

(9) 　　end for

(10) end for

(11) for n=1 to N_d do：

(12) 　　for d_i in D do：

(13) 　　　　标记 d_i 的当前句 s_i^j，以及当前句子的邻近句子序列

(14) 　　　　利用式(7-6)计算 s_i^j 的概率分布

(15) 　　　　更新文档向量 v_{d_i}

(16) 　　end for

(17) end for

7.3.2 微信公众号文章的新颖度评估

7.3.2.1 RNTN 训练过程

Socher 等[54]在解决文本库中情绪检测任务时提出了 RNTN。该模型在使用词向量作为特征输入的基础上，增加了解析树(parse tree)同步表示整个文档的语义，解析树利用递归的方式不断地吸收文档中的词作为新节点，随着解析树的层次不断增加，文档语义的表示也更加丰富。解析树以二元树作为基本的数据结构，每个节点都可以通过向量进行描述，并使用基于同一张量的合成函数计算树中高维度节点的向量，其结构如图 7.4 所示。

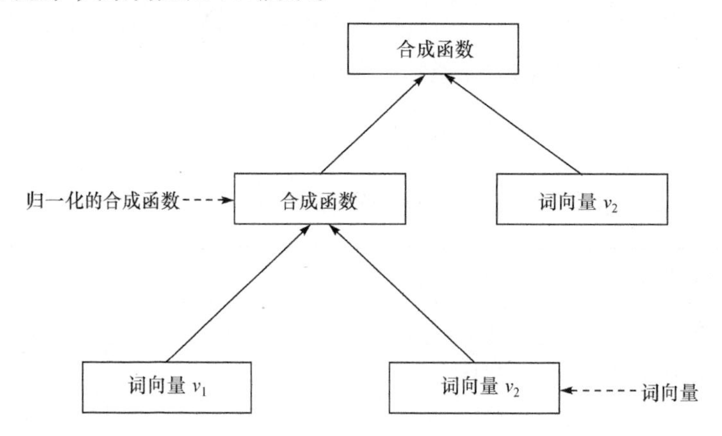

图 7.4 解析树的节点计算

单一张量层的形式如图 7.5 所示，可以表示为

$$h = \begin{bmatrix} v_1 \\ v_2 \end{bmatrix}^{\mathrm{T}} V^{[1:d]}, \quad h_i = \begin{bmatrix} v_1 \\ v_2 \end{bmatrix}^{\mathrm{T}} V^{[i]} \begin{bmatrix} v_1 \\ v_2 \end{bmatrix} \tag{7-7}$$

其中，$V^{[1:d]} \in R^{2d \cdot 2d \cdot d}$ 是双线性乘积的张量切片，h 和 h_i 分别代表张量层和张量切片 i 的张量积输出。

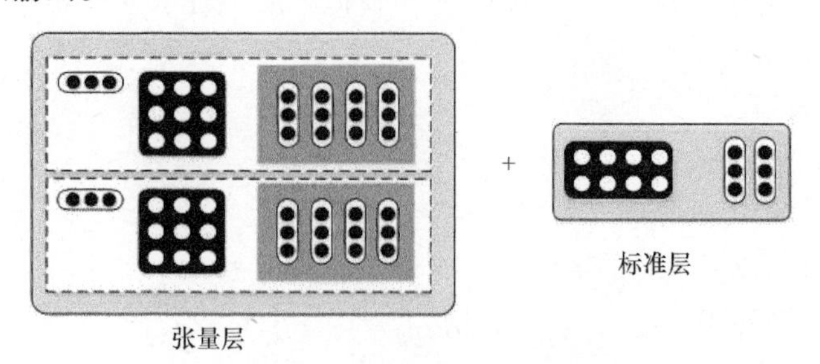

图 7.5 RNTN 张量层示意图

7.3.2.2　新颖度建模

在神经网络模型中，NTN 利用双线性的张量层(tenser layer)可在任意维度上关联两个实体向量，因此 NTN 模型通常用于计算两个实体之间的关系值[57]：

$$g\left(e_1,R,e_2\right)=u_R^{\mathrm{T}}f\left(e_1^{\mathrm{T}}W_R^{[1:k]}e_2+V_R\begin{bmatrix}e_1\\e_2\end{bmatrix}+b_R\right) \tag{7-8}$$

类似的，RNTN 模型可以通过张量积计算输入向量之间的相关关系，引申到单个文档与其他文档的新颖度关系测度中，即将文档集 D 中的候选文档 d_i 的新颖度映射为 d_i 和其他文档的张量积。具体做法是通过语料库训练 RNTN 张量层中的新颖度合成函数，产生新颖度指标并通过标准层(standard layer)筛选，最后根据 Sigmoid 函数输出文档的最终新颖度值，其公式如下：

$$\mathrm{Novelty}\left(d_i|D\right)=f\left(v_{d_i}W^{[1:k]}\left[v_{d_1},v_{d_2},\cdots,v_{d_m}\right]\right) \tag{7-9}$$

其中，$\left[v_{d_1},v_{d_2},\cdots,v_{d_m}\right]\in R^{m\cdot m}$ 是文档的初步向量表示，$W^{[1:k]}\in R^{m\cdot m\cdot k}$ 是张量切片，$f(*)$ 是隐层激活函数。

7.3.2.3　解析树构建与新颖度训练

如图 7.6 所示，本章将基于句级 Doc2Vec 向量作为解析树输入层数据，构建二元解析树结构作为文档的初步表示向量。张量切片把文档初步向量作为输入，文档 d_i 和文档集 D 之间的相关关系 H 的非线性计算公式如下：

$$H=\begin{bmatrix}h_1^{\mathrm{T}}\\ \vdots \\ h_z^{\mathrm{T}}\end{bmatrix}=\begin{bmatrix}f\left(v_{d_i}W^{[1]}\left[v_{d_1},v_{d_2},\cdots,v_{d_m}\right]\right)\\ \vdots \\ f\left(v_{d_i}W^{[k]}\left[v_{d_1},v_{d_2},\cdots,v_{d_m}\right]\right)\end{bmatrix} \tag{7-10}$$

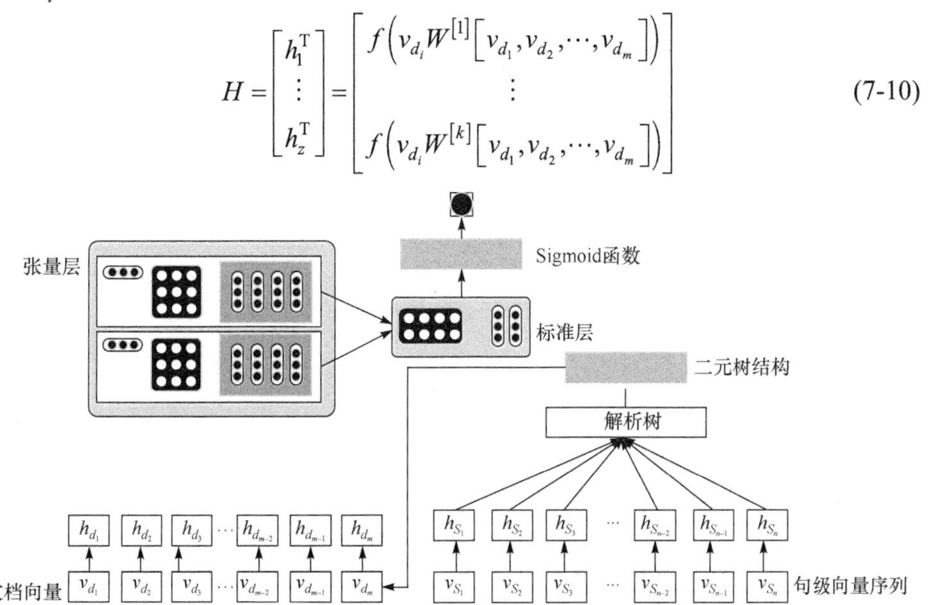

图 7.6　基于 RNTN 的新颖度模型

文档解析树构建方式如图 7.7 所示，树中的叶子结点由单个句子向量组成，根节点是文档的完整语义表示。文档解析树递归到 P_i 元素时，合成函数需要节点向量 S_i 和当前 root 节点 P_{i-1} 作为输入，并产生一个新的 root 节点 P_i，直到将文档中的所有句子向量吸收到解析树中。解析树初始化时，利用 S_2、S_1 作为输入向量计算得到 P_1，然后通过 P_{n-1}、S_n 迭代计算得到 P_n，文档解析树的节点计算方式表示为

$$P_n = \begin{cases} f\left(P_{n-1}, S_n\right) = f\left(\begin{bmatrix} P_{n-1} \\ S_n \end{bmatrix}^{\mathrm{T}} S \begin{bmatrix} P_{n-1} \\ S_n \end{bmatrix} W \begin{bmatrix} P_{n-1} \\ S_n \end{bmatrix}\right), & n > 1 \\ f\left(S_2, S_1\right) = f\left(\begin{bmatrix} S_2 \\ S_1 \end{bmatrix}^{\mathrm{T}} S \begin{bmatrix} S_2 \\ S_1 \end{bmatrix} W \begin{bmatrix} S_2 \\ S_1 \end{bmatrix}\right), & n = 1 \end{cases} \tag{7-11}$$

其中，$W \in R^{k \cdot 2k}$，$S \in R^{k \cdot 2k \cdot 2k}$ 是训练过程中合成函数的参数，S 代表张量切片矩阵，由若干张量切片 $S[i] \in R^{k \cdot 2k}$ 组成。

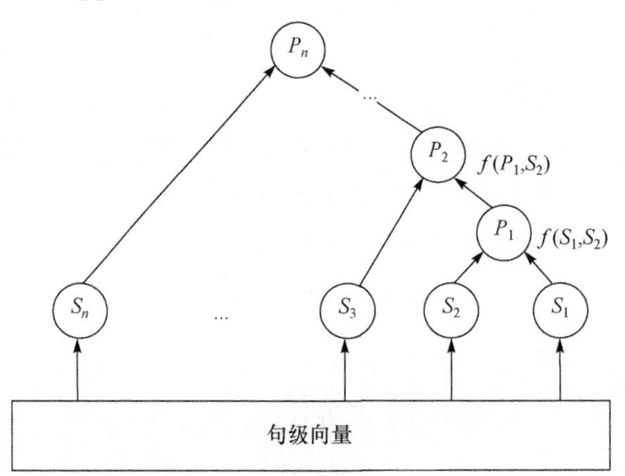

图 7.7　句级文档解析树

在模型训练阶段，我们用二元解析树中的节点 P_i 训练 Softmax 分类器，进而得到 k 维的新颖度分布：

$$y\left[P_i\right] = \text{Softmax}(W_n \times P_i) \tag{7-12}$$

其中，W_n 是新颖度评分矩阵。为了最大化正确预测概率，最小化节点新颖度分布 $y\left[P_i\right]$ 与目标分布 $t\left[P_i\right]$ 交叉熵误差，一篇文档的新颖度误差参数 $\theta = (S, M, W, W_n)$ 定义为

$$E(\theta) = \sum_i \sum_j t\left[P_i\right]_j \log(y\left[P_i\right]_j) + \lambda \|\theta\|^2 \tag{7-13}$$

7.4　实验研究

7.4.1　实验准备

7.4.1.1　数据来源

本章基于搜狗搜索引擎的微信接口[58]自主开发了微信公众号文章的分布式爬虫，采用了标题关键词检索的方式，将数据科学领域的 7 组热门技术词汇作为候选关键词，分别是“大数据”“人工智能/AI”“数据挖掘/数据分析”“深度学习/机器学习”“自然语言处理/NLP”“云计算”“互联网/移动互联网”。在去除噪声数据后，累计采集到 951 个公众号的 4628 篇文章，其中原创文章 1162 篇。本章以文章发布的时间戳为阈值，划分训练集和测试集，具体情况如表 7.1 所示。

表 7.1　实验数据集

序号	关键词	训练集	测试集
1	大数据	470	118
2	人工智能/AI	680	271
3	数据挖掘/数据分析	392	98
4	深度学习/机器学习	826	207
5	自然语言处理/NLP	224	56
6	云计算	424	107
7	互联网/移动互联网	487	122

此外，由于微信公众号文章包含图片、视频、音频等多媒体信息，还需用正则表达式过滤多媒体内容标签，保留文章文本部分。通过数据清洗去除干扰数据后，还需经过分词、去停用词处理，剔除语义无关词，降低语义稀疏问题对文本建模造成的影响。

7.4.1.2　实验环境

本次实验采用了 CPU 型号为 Intel(R) i5-2310(主频 2.9GHz)的主机，内存为 16GB，操作系统是 Win10 64 位专业版；软件方面采用了 Python2.7 作为主要编程语言，PyCharm 2017 为集成开发环境，编码过程中用到的第三方开源工具包如 Tensor Flow、Gensim、Numpy 等。

7.4.2 实验结果及分析

7.4.2.1 不同张量区间的新颖度分布

按照上述研究方法和实验思路，本章选取 3649 篇微信公众号文章作为 RNTN 模型的训练集，并将剩余的 979 篇文档作为测试集。本实验将张量的切片数量区间设置为[1,30]进行了多组实验。

新颖度的分布区间随切片数量的变化趋势如图 7.8 所示。当切片数量小于等于 5 时，公众号文章之间的相关关系没有拟合，新颖度分布区间集中于 0.05～0.3；当切片数量大于 10 时，公众号文章之间的新颖度差异化特征逐渐显露出来，新颖度整体分布区间扩展到 0.05～0.75，符合正态分布趋势；当切片数量大于等于 18 时，公众号文章的新颖度分布趋势开始稳定。当切片数量继续增加时，拟合效果没有显著变化，新颖度值分布在 0.15～0.75。

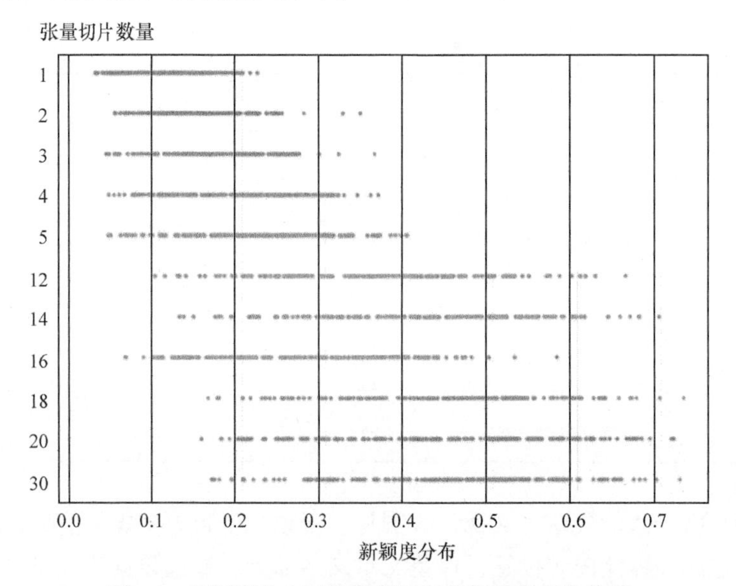

图 7.8 新颖度分布区间随张量切片数量的变化趋势

由图 7.9 可知，随着切片数量的增加，实验的训练时间呈指数级增长，当切片数量为 1～5 时，训练时间分别为 0.45h、0.55h、0.7h、0.76h 和 0.78h；当切片数量达到 12 时，训练时间超过 1h；此后当切片数量分别为 14、18、20 和 30 时，训练时间分别为 2.07h、2.61h、4.06h 与 10.14h。当张量切片达到 18 时，测试集的新颖度分布与训练时间之间达到最优状态。

当张量切片数量设置为 18 时，测试集中所有公众号文章的新颖度分布如图 7.10 所示，新颖度的端点值分别是 0.163 和 0.723。经统计超过 70%的文章新颖度值在

0.31～0.63，众数峰值出现在 0.59 左右。本章在对比研究时选取 0.5 作为新颖度标准阈值，则微信公众号新颖性文章占比为 43.52%。

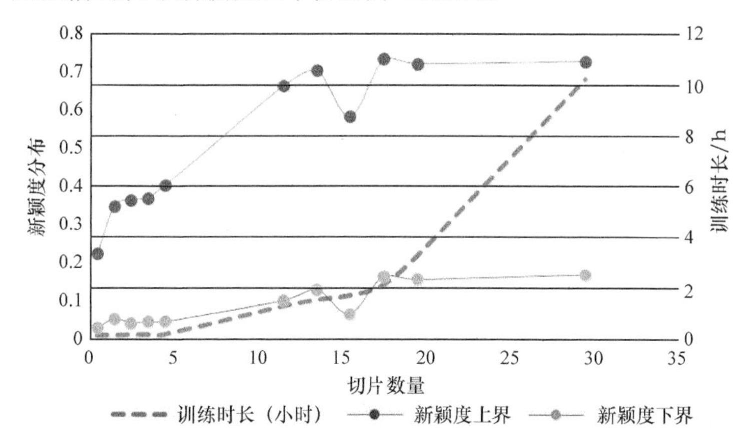

图 7.9　新颖度的分布区间随切片数量的变化趋势

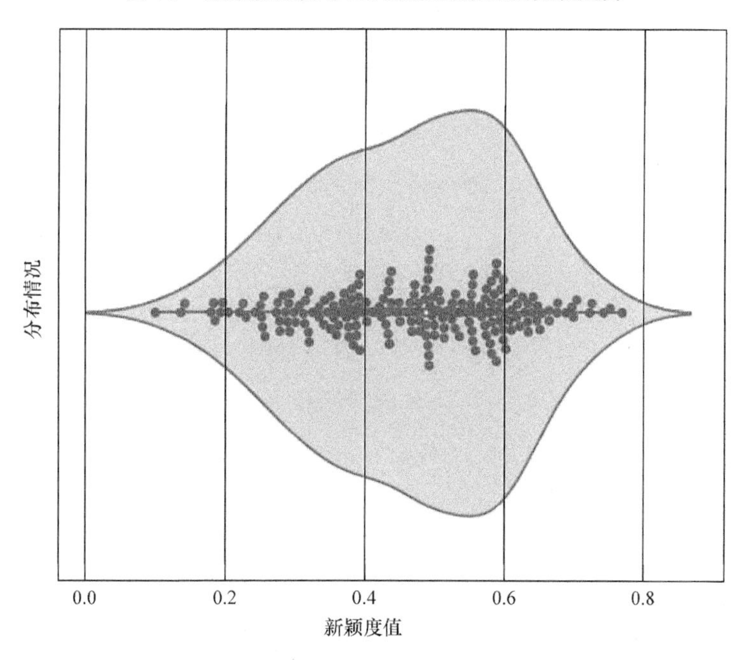

图 7.10　张量切片数量为 18 时的新颖度的分布区间

表 7.2 和表 7.3 列举了切片数量为 18 时，新颖度排名最高和最低的公众号文章样例。

表 7.2 新颖度排名最高的公众号(Top10)

排名	文档编号	标题	新颖度值
1	3432	互联网所带来的焦虑，我们有权利选择拒绝	0.723161489
2	3116	人工智能画的人体艺术，你猜画成什么样？	0.694738477
3	3457	没听过区块链？你可能对互联网金融知之有限！	0.681097031
4	273	【人工智能女友】	0.674442232
5	3156	当大数据时代来临，新购享领衔"互联网+"分享经济模式。	0.667257488
6	544	云计算使服务更高效！大数据让城市更智慧！	0.652912915
7	4407	深度学习的研究方向: 你会为 AI 转型么？	0.64980042
8	529	【数据分析】理科类近三年广东高考分数线汇总 ｜ 本科二批	0.645396024
9	1287	大数据，零隐私|冬吴音频	0.644786149
10	1026	云计算，大数据，物联网，视频看完就明白了	0.635998487

表 7.3 新颖度排名最低的公众号文章

排名	文档编号	标题	新颖度值
1	3641	AI 复盘 003：2018-04-15，轩 vs 弈城网友	0.163249016
2	921	AI 教程/3D 的饼干人	0.166252196
3	1825	大数据时代网络安全保护意识更加全面	0.17273736
4	3411	大数据透露的美国真相	0.186896563
5	4109	博鳌 AI 彻底火了！有巨头说未来公司都是 AI+，却有 AI 翻译抽风了！	0.186923385
6	4617	人工智能 电力升级 ｜ 互联网助力智慧能源	0.188402534
7	4174	8 个深度学习方面的最佳实践	0.200529814
8	1846	大数据告诉你，孩子最渴望什么样的教育？	0.201455832
9	1939	人工智能应用新模式，安防机器人强势来袭	0.226280451
10	1540	"互联网+医疗健康"让百姓从容就医	0.227902293

7.4.2.2 微信公众号文章的新颖度与相似度的相关分析

为了验证微信公众号文章的新颖度与相似度的关系，本节采用了余弦相似度计算实验作为对照。余弦相似度也称为余弦距离，是指利用向量夹角的余弦值度量两个个体的差异性。本节实验选取了测试集中的 200 篇文章作为样本，依次遍历训练集的公众号文章计算最大余弦相似度，并以张量切片数量设置为 18 时的新颖度值作为对比参照，其实验结果如图 7.11 所示，公众号文章的新颖度和相似度呈现显著的负相关关系。

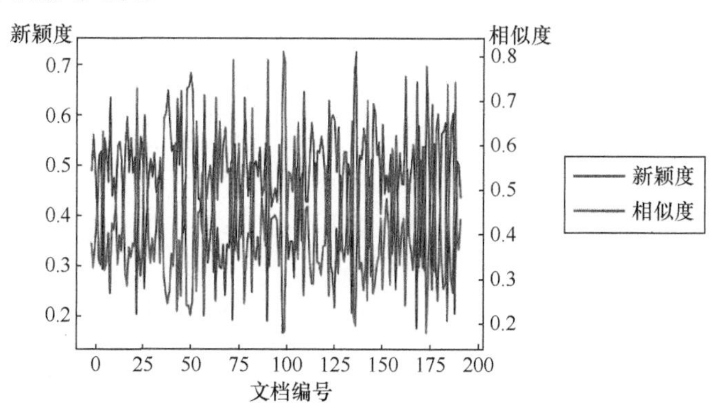

图 7.11　微信公众号文章相似度与新颖度的相关关系(见彩图)

表 7.4 和表 7.5 分别呈现了测试集中余弦相似度最高与最低的前十篇文章，以及利用 RNTN 模型训练得到的该数据集新颖度排名。实验发现，当文章的余弦相似度值较高时，新颖度值相对较低；当余弦相似度值较低时，新颖度值相对较高。其中在相似度值最高的十篇文章中，新颖度排名(降序)位于前十的有八个；在相似度值排名(降序)前十的文章中，新颖度值位于前十的有十个，进而验证了相似度与新颖度负相关关系的假设。

表 7.4　相似度排名前 10 的公众号文章

文档编号	标题	余弦相似度	新颖度值	相似度排名	新颖度排名(降序)
3641	AI 复盘 003：2018-04-15，轩 vs 弈城网友	0.807301	0.163249	1	1
4109	博鳌 AI 彻底火了！有巨头说未来公司都是 AI+，却有 AI 翻译抽风了！	0.789149	0.186923	2	5
4617	人工智能 电力升级 | 互联网助力智慧能源	0.788277	0.188403	3	6
921	AI 教程/3D 的饼干人	0.784307	0.166252	4	2
1825	大数据时代网络安全保护意识更加全面	0.739473	0.172737	5	3
1846	大数据告诉你，孩子最渴望什么样的教育?	0.739188	0.201456	6	8
3411	大数据透露的美国真相	0.73386	0.186897	7	4
4174	8 个深度学习方面的最佳实践	0.724292	0.20053	8	9
1939	人工智能应用新模式，安防机器人强势来袭	0.703469	0.22628	9	11
1540	“互联网+医疗健康”让百姓从容就医	0.696424	0.227902	10	12

表 7.5　相似度(降序)排名前 10 的公众号文章

文档编号	标题	余弦相似度	新颖度值	相似度排名(降序)	新颖度排名
3116	人工智能画的人体艺术，你猜画成什么样?	0.173995	0.694738	1	2
3432	互联网所带来的焦虑，我们有权利选择拒绝	0.190664	0.723161	2	1
3156	当大数据时代来临，新购享领衔“互联网+”分享经济模式。	0.208335	0.667257	3	5
1026	云计算，大数据，物联网，视频看完就明白了	0.212065	0.635998	4	10
3457	没听过区块链? 你可能对互联网金融知之有限!	0.213520	0.681097	5	3
4407	深度学习的研究方向: 你会为 AI 转型么?	0.222670	0.628913	6	7
544	云计算使服务更高效! 大数据让城市更智慧!	0.234762	0.652912	7	6
273	【人工智能女友】	0.236364	0.674442	8	4
529	【数据分析】理科类近三年广东高考分数线汇总|本科二批	0.244464	0.645396	9	8
1287	大数据，零隐私|冬昊音频	0.255635	0.644786	10	9

7.4.2.3　微信公众号文章的新颖度与相似度的回归关系

为了进一步验证新颖度和相似度是否存在回归关系，本章将公众号文章 d_i 的新颖度值 n_i 和相似度值 s_i 组建为观测样本 (n_i, s_i) 并通过线性回归分析方法进行计算。其结果如图 7.12 所示，实验发现公众号文章的新颖度和相似度之间存在一元线性回归关系，因此对于二者可建立线性回归方程。经计算，回归方程的常数项参数 α 和回归系数 β 的值分别为 0.9233 和−1.1008，拟合优度为 R^2=0.9485。

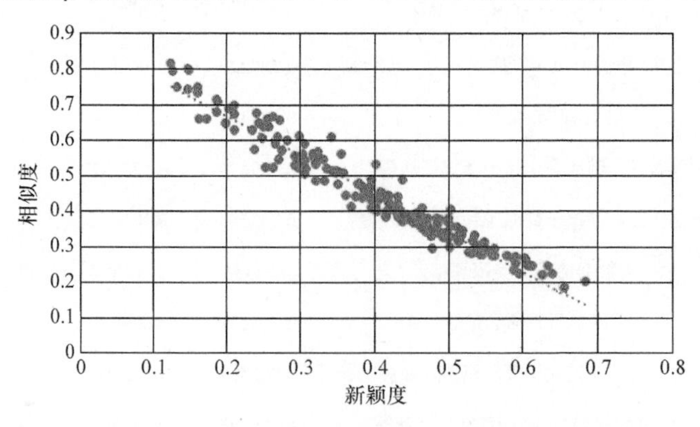

图 7.12　文本相似度与文档新颖度的线性关系

7.5　小　　结

针对自媒体平台的文章新颖度量化评估问题，本章提出了一种基于递归张量神经网络的文本内容新颖度评估方法。具体而言，该方法利用句级文本向量构建了文本的语言模型，基于向量表示了微信公众号文章的语义，引入了递归张量神经网络模型，利用解析树表示句级文本向量作为神经网络的输入层数据，随后利用张量层自动抽取并计算文本的新颖度指标，最终通过归一化处理计算出新颖度值。为了验证该方法，本章进行了实验验证，其流程主要包括语料库构建、文本向量表示以及模型训练三个重要环节。同时本章设置了多组对照实验对比 RNTN 模型中不同张量切片数量对实验性能的影响，通过观察新颖度的区间分布以及训练时间的变化情况，实验表明切片数量为 18 时，实验性能最佳。此外，本章还通过回归分析验证了微信公众号文章的新颖度和相似度存在着负相关及线性回归关系，并通过 R^2 检验得出相关强度为 0.9485。

与传统的基于统计或机器学习的新颖度测度方法相比，本章采用的无监督深度学习算法避免了实验性能对手工标注数据集准确率的依赖；同时本方法的主要优势在于：在 Doc2Vec 语言模型的基础上，添加了句级文本向量作为中间层向量，利用句级向量构建微信公众号文章的向量模型能够更加充分地表示文章的语义特征。但是由于目前没有成熟的自媒体平台文章的新颖度标注语料库，无法从实验结果的精度、召回率、F1 值等常用指标对本方法的性能进行精确评估。同时本章仅选取了微信公众号的少量文章作为实验样本，而自媒体平台的内容形式多元，因此实验数据具有一定的局限性。而新颖度应是一个动态概念，因此拓展实验样本数量及类型、通过将时间节点纳入动态评估指标以优化模型等将是未来研究的努力方向。

参考文献

[1] 熊回香. 面向 Web3.0 的大众分类研究. 武汉: 华中师范大学, 2011.

[2] Westerman D, Spence P R, Brandon V D H. Social media as information source: recency of updates and credibility of information. Journal of Computer-mediated Communication, 2014, 19(2): 171-183.

[3] Fox S. The Social Life of Health Information. http://www.pewinternet.org/~/media//Files/Reports/2011/PIP_Social_Life_of_Health_Info.pdf, 2011.

[4] McNab C. What social media offers to health professionals and citizens. Bulletin of the World Health Organization, 2009, 87(8): 566-566.

[5] 代玉梅. 自媒体的传播学解读. 新闻与传播研究, 2011, (5): 4-11.

[6] 张亮. 网络推荐系统中基于时间信息的新颖性研究. 厦门: 厦门大学, 2017.

[7] Sundar S S. The MAIN Model: A Heuristic Approach to Understanding Technology Effects on Credibility//Metzger M J, Flanagin A J. Digital Media, Youth, and Credibility. Cambridge: The MIT Press, 2007: 73-100.
[8] Pimentel M A F, Clifton D A, Clifton L, et al. A review of novelty detection. Signal Processing, 2014, 99: 215-249.
[9] Markou M, Singh S. Novelty detection: a review-part 2: neural network based approaches. Signal Processing, 2003, 83(12): 2499-2521.
[10] 微信. 2019 微信数据报告. https://www.sohu.com/a/365785252_624184, 2019.
[11] 苏正. 微信用户获取信息质量的满意度调查分析. 郑州: 郑州大学, 2017.
[12] Merriam-Webster. Novelty. https://www.merriam-webster.com/dictionary/novelty, 2018.
[13] Zhou X, Xu Z, Sun X, et al. A new information theory-based serendipitous algorithm design// International Conference on Human Interface and the Management of Information, Vancouver, 2017.
[14] Mcnee S M, Riedl J, Konstan J A. Being accurate is not enough: how accuracy metrics have hurt recommender systems//The Conference on Human Factors in Computing Systems, Montréal, 2006.
[15] Herlocker J L, Konstan J A, Terveen L G, et al. Evaluating collaborative filtering recommender systems. ACM Transactions on Information Systems, 2004, 22(1): 5-53.
[16] Jones N, Pu P. User technology adoption issues in recommender systems//The 3rd International Conference on Networking and Services, Athens, 2007.
[17] Zhang Y, Callan J, Minka T, et al. Novelty and redundancy detection in adaptive filtering//The 25th International ACM SIGIR Conference on Research and Development in Information Retrieval, Tampere, 2002.
[18] Sebastião, R, Gama J, Rodrigues P P, et al. Monitoring incremental histogram distribution for change detection in data streams//The 2nd International Workshop on Knowledge Discovery from Sensor Data, Las Vegas, 2008.
[19] Faria E R. Novelty detection in data streams. Artificial Intelligence Review, 2016, 45(2): 235-269.
[20] Perner P. Concepts for novelty detection and handling based on a case-based reasoning process scheme. Engineering Applications of Artificial Intelligence, 2009, 22(1): 86-91.
[21] Kliger M, Fleishman S. Novelty detection with GAN. https://arxiv.org/abs/1802.10560v1, 2018.
[22] 邢美凤, 过仕明. 文本内容新颖度探测研究综述. 情报科学, 2011, 239(7): 1098-1103.
[23] 沈阳. 一种基于关键词的创新度评价方法. 情报理论与实践, 2007, 30(1): 125-127.
[24] Zhao L, Zhang M, Ma S. The nature of novelty detection. Information Retrieval, 2006, 9(5): 521-541.
[25] Allan J, Wade C, Bolivar A. Retrieval and novelty detection at the sentence level//The 26th Annual International ACM SIGIR Conference on Research and Development in Information Retrieval, Toronto, 2003.
[26] Maccatrozzo V, Terstall M, Aroyo L, et al. Sirup: serendipity in recommendations via user perceptions//The 22nd ACM International Conference on Intelligent User Interfaces, Limassol, 2017.

[27] Shani G, Chickering D M, Meek C. Mining recommendations from the web//The ACM Conference on Recommender Systems, Lausanne, 2008.

[28] Vargas S, Castells P. Rank and relevance in novelty and diversity metrics for recommender systems//The 5th ACM Conference on Recommender Systems, Chicago, 2011.

[29] Celma O, Herrera P. A new approach ti evaluating novel recommendations//The ACM Conference on Recommender Systems, Lausanne, 2008.

[30] Kwee A T, Tsai F S, Tang W. Sentence-level novelty detection in English and Malay//The 13th Pacific-Asia Conference on Knowledge Discovery and Data Mining, Bangkok, 2009.

[31] Kouris I N, Makris C H, Tsakalidis A K. Using information retrieval techniques for supporting data mining. Data and Knowledge Engineering, 2005, 52(3): 353-383.

[32] Tsai F S, Tang W, Chan K L. Evaluation of novelty metrics for sentence-level novelty mining. Information Sciences, 2010, 180(12): 2359-2374.

[33] Spinose E J, de Carvalho A, Gama J. Novelty detection with application to data streams. Intelligent Data Analysis, 2009, 13(3): 405-422.

[34] Hautamaki V, Karkkainen I, Franti P. Outlier detection using k-nearest neighbour graph//International Conference on Pattern Recognition, Cambridge, 2004.

[35] Oh J, Park S, Yu H, et al. Novel recommendation based on personal popularity tendency//The 12th IEEE International Conference on Data Mining, Brussels, 2012.

[36] Onuma K, Tong H, Faloutsos C. TANGENT: a novel, 'Surprise me', recommendation algorithm//The 15th ACM SIGKDD International Conference on Knowledge Discovery and Data Mining, Paris, 2009.

[37] Nakatsuji M, Fujiwara Y, Tanaka A, et al. Classical music for rock fans? Novel recommendations for expanding user interests//The 19th ACM Conference on Information and Knowledge Management, Toronto, 2010.

[38] Kawamae N. Serendipitous recommendations via innovators//The 33th Annual International ACM SIGIR Conference on Research and Development in Information Retrieval, Geneva, 2010.

[39] Zhang Y C, Séaghdha D, Quercia D, et al. Auralist: introducing serendipity into music recommendation//The 5th International Conference on Web Search and Web Data Mining, Seattle, 2012.

[40] Yu Q, Peng Z, Hong L, et al. Novel community recommendation based on a user-community total relation//International Conference on Database Systems for Advanced Applications, Bali, 2014.

[41] 余骞. Web 社区推荐方法与系统研究. 武汉: 武汉大学, 2015.

[42] 逯万辉, 谭宗颖. 学术成果主题新颖度测度方法研究——基于 Doc2Vec 和 HMM 算法. 数据分析与知识发现, 2018, (3): 22-29.

[43] Fu X, Ch X, E, Aickelin U, et al. An improved system for sentence-level novelty detection in textual streams. https://arxiv.org/ftp/arxiv/papers/1605/1605.00122.pdf, 2016.

[44] Blanchard G, Lee G, Scott C. Semi-supervised novelty detection. Journal of Machine Learning Research, 2010, 11(11): 2973-3009.

[45] de Faria E R, Ponce L F, Gama J. MINAS: multiclass learning algorithm for novelty detection in

data streams. Data Mining and Knowledge Discovery, 2016, 30(3): 1-41.
[46] 余骞, 彭智勇, 洪亮, 等. 基于用户邻域和主题的新颖度 Web 社区推荐方法. 软件学报, 2016,(5): 1266-1284.
[47] Cichosz P, Jagodziński D, Matysiewicz M, et al. Novelty detection for breast cancer image classification//The 38th Symposium on Photonics Applications in Astronomy, Communications, Industry, and High-Energy Physics Experiments, Wilga, 2016.
[48] Erik M, Fabio V, Stefano S. Deep recurrent neural network-based autoencoders for acoustic novelty detection. Computational Intelligence and Neuroscience, 2017,(4): 1-18.
[49] Richter C, Roy N. Safe visual navigation via deep learning and novelty detection//The Robotics: Science and Systems Conference, Cambridge, 2017.
[50] Fabiano M, Batista C S, Santos R L T, et al. Beyond relevance: explicitly promoting novelty and diversity in tag recommendations. ACM Transactions on Intelligent Systems and Technology, 2016, 7(3): 26.
[51] Lee S, Jin X, Kim W. Sentiment classification for unlabeled dataset using Doc2Vec with JST// The 18th Annual International Conference on Electronic Commerce: E-Commerce in Smart Connected World, Suwon, 2016.
[52] Maslova N, Potapov V. Neural network Doc2vec in automated sentiment analysis for short informal texts//International Conference on Speech and Computer, Hatfield, 2017.
[53] 逯万辉. 基于深度学习的学术期刊选题同质化测度方法研究. 情报资料工作, 2017, 5: 105-112.
[54] Socher R, Perelygin A, Wu J, et al. Recursive deep models for semantic compositionality over a sentiment treebank//The Conference on Empirical Methods in Natural Language Processing, Seattle, 2013.
[55] Tsai F S, Zhang Y. D2S: document-to-sentence framework for novelty detection. Knowledge and Information Systems, 2011, 29(2): 419-433.
[56] Le Q V, Mikolov T. Distributed representations of sentences and documents. https://arxiv.org/abs/1405.4053, 2014.
[57] Socher R, Chen D, Manning C D, et al. Reasoning with neural tensor networks for knowledge base completion//The 26th International Conference on Neural Information Processing Systems, Lake Tahoe, 2013.
[58] 搜狗. 微信搜索. http://weixin.sogou.com/weixin, 2018.

第 8 章　融合层级注意力机制的评论数据情感质量分析及可视化研究

8.1　问题的提出

根据《中国电子商务报告(2019)》显示，2019 年中国电子商务交易额达 34.81 万亿元，其中网上零售额达 10.63 万亿元，同比增长 16.5%，实物商品网上零售额达 8.52 万亿元，占社会消费品零售总额的比重上升到 20.7%。从消费群体看，全国网络购物用户规模已达 7.1 亿人，较 2018 年年底增长 1 亿人，电子商务平台迅速崛起并成为消费者交易的主阵地[1]。

另一方面，Web2.0 的发展与移动互联终端的普及创造了全新的互动信息环境，带来了网络平台服务模式与网络用户消费模式的双重改变，也使得网络信息逐渐由企业和商家主导转向由消费者生成和创造，越来越多的在线消费用户通过在线评论对消费过程的感知体验进行开放式发布。这些在线评论既是企业在线口碑的真实信息披露，也是消费者购买和应用感知的自愿反馈，对消费者和企业都有重要的潜在情报价值。

在网络平台开放评论渠道以及鼓励用户发表评论的同时，大量用户基于各种评论动机发表了大量包含个人观点与情感信息的评论。网络平台中关于产品与服务的评论具有多种研究价值[2]。对于用户而言，由众多评论聚合而成的“在线口碑”是驱动用户决策的关键因素；对于平台而言，评论内容有助于改进其产品与服务的质量，此外评论内容中隐藏的用户兴趣偏好也是平台实施个性化推荐的参考依据。消费者在购买产品前一般倾向于浏览曾经购买过该产品的消费者的在线用户评论来评估产品质量和服务水平，从而做出购买决策。根据 Channel Advisor 通过全球范围调查而发布的《消费者购物行为报告》，90%的用户会在做出购物决策前认真阅读在线评论，并且 83%的用户表示评论内容会直接影响他们的购物决策。在线用户评论成为消费者购买决策的重要信息渠道。在线平台为消费者提供了充足的商品选择和丰富的信息。与此同时，信息过载(information overload)也成为消费者通过在线平台交易的主要特征之一。在海量的在线用户评论中，如何甄别有用评论是广大消费者面临的难题。消费者有限的信息处理能力使得他们很难在短时间内有效甄别商品信息和有用评论，因而难以做出最优购物选择；海量庞杂的评论信息会影响消费者的决策效率和决策质量，最终将影响消费者再次购物的动力，从而影响在线交易平台的用户使用黏性[3]，因此有效区分评论质量成为提高电商平台管理服务水平的关键。

评论数据中蕴含着丰富的情感信息，直观反映了用户对于评论对象正面、负面或中性的情感极性。而 Jia 等[4]通过研究发现评论数据的情感极性不同，其有用性也有差别，因此收集与分析评论数据中的情感信息是在线评论研究领域的重要话题。

情感分析(sentiment analysis)也称为意见抽取(opinion mining)[5]，是实现评论数据中观点抽取和情感特征挖掘的最主要方法。早期学者们借鉴文本挖掘、信息检索、机器学习、自然语言处理、统计学等方面的技术和方法[6]，通过标注情感语料、构建情感词典、训练特定领域的情感分类器等工作奠定了情感分析的研究基础。随着计算机算力的提升与深度学习技术的发展，结合语言模型(language model)与神经网络模型(neutral network)的方法成为了解决情感分析问题的主流，体现出比传统机器学习分类器模型更强的文本表征和深度语义理解能力[7-12]，带来了情感分析能力的巨大提升。

近年来，鉴于基于注意力机制的神经网络模型在诸多自然语言处理中取得重大突破，大量研究也将注意力机制应用到了情感分析任务中。与传统的神经网络模型相比，融合注意力机制的神经网络借鉴了人类的视觉注意力特征，向焦点区域投入更多的注意力资源。评论文本中不同词语、句子的情感强度不同，利用注意力机制可以捕捉词句的情感极性权重。注意力机制能够帮助区分在线评论文本的不同部分对文本语义表示的重要性，识别出评论文本中最为重要的部分，从而提高情感分类准确率[13,14]。但现有基于注意力机制的神经网络模型大多针对词[13,15,16]，将整个文本视为一个词序列，通过词注意层计算不同词的情感注意力。然而，本章认为一条评论文本中，每条句子都表达了一个单独的语义，不同句子也应该有不同的注意力权重。虽然一些研究[17]也实现了句子级别的注意力，但这些研究大多采用计算词注意力权重的方式计算注意力权重，而本章认为直接使用词级序列模型与注意力结合的算法来计算句级情感注意力不够科学，理由包括两点：①一条评论中各个句子不一定存在明显的序列关系；②用序列模型表征句子提升了模型复杂度。为此，本章提出了一种新颖的“bag of sentences”的文本表示方式。并在此基础上设计了 S2SAN(sentence2sentence attention network)。具体而言，仍使用序列模型 Bi-GRU 作为词编码器；而对于句级情感注意力，使用多头自注意力模型进行句对句的注意力计算，并将其输出向量作为句子编码器。为了验证所提模型的性能，基于多个语料展开了实验，实验结果验证了模型的优越性。

8.2 研究现状

情感分析研究由来已久，近年来随着用户评论数据规模的快速增长，针对评论数据情感分析的研究逐渐成为一个热点。具体而言，现有研究主要包含以下几个方面。

8.2.1 基于情感词典的情感分析

基于词典的情感分析的核心思想是将文本语义信息映射到情感词典中的词汇，通过情感词的倾向性、强度与极性判断文本的情感属性。早期学者们基于人工标注情感语义特征的方式构建了语义词典，奠定了该方法的研究基础，其中较有代表性的情感语义词典包括 SentiWordNet[18]和 Hownet[19]等。近几年学者们在情感词典的构造以及应用方面不断创新，如周杰[20]在情感词典的基础上，通过判断标点符号、关联词、句子位置等对句子情感强度的影响，对句子情感权重进行调整，分析情感倾向，提升了情感词典的准确率。钟敏娟等[21]基于关联规则挖掘与情形分析方法构建情感词的量化图模型，计算情感词的极性，并构建了亚马逊网站上音乐商品评论的情感词典。闫晓东等[22]手工标注情感词汇，基于藏语大词典构造了藏语的基准情感词库，在此基础上完成了藏语的情感短语识别和极性计算，实现了藏语的情感分类。Wang 等[23]利用 40 万条微博数据构建新词词典，对已有情感资源进行拓展，并对不同语言层次定义不同的规则，还以表情符号作为附加信息提供辅助作用。阳爱民等[24]改进了用于计算一般情感词典权重的逐点互信息算法，用若干个情感种子词计算基础情感词的情感倾向值，利用搜索引擎返回的共现数构建了中文文本情感词典。Rao 等[25]提出了一种有效算法和三种删减用于自动构建单词级的和话题级的社交情感检测词典。基于情感词典进行情感分析的优势是直观性强，能较为准确地判断情感词的情感极性，并且耗费的计算资源相对较少。但该方法直接依赖于情感词典，当情感词典的完整性不足或准确度不高时，很难实现高质量的情感分析。并且，这一方法存在难以解决的长尾问题，利用已有的情感词大概只能处理 60%的情况，而剩下的低频的 40%语言现象是无法处理的[26]。尽管一些学者在使用情感词典进行情感分析时已经意识到了传统情感词典的局限性并做出了改进，但是他们并没有突破情感词典的限制，难以实现理想的实验结果。

8.2.2 基于特定领域分类器的情感分析

基于特定领域分类器的情感分析方法，以领域内的标注样本数据为基础，通过训练大量的语料提高情感分类器的精度。典型的情感分类器算法包括支持向量机、朴素贝叶斯以及最大熵模型(maximum entropy，ME)等。国内外学者针对不同领域的评论数据进行了大量的实证分析与探索研究。杨经和林世平[27]利用情感词对句子进行情感过滤，融合词特征、词性特征与语义特征，通过 SVM 分类并预测情感类别，识别情感句，基于中文倾向性分析评测(Chinese opinion analysis evaluation，COAE)2009 评论数据集验证了 SVM 在处理情感词句识别任务时的有效性。此外，李婷婷和姬东鸿[28]基于 SVM 和条件随机场实现了多文本特征情感分析。Narayanan 等[29]认为有效的否定处理、词处理和互信息特征选择等方法的组合可以显著提高朴素贝叶斯的性能，并利用改进的朴素贝叶斯在互联网电影资料库(internet movie database，IMDB)电影评论数据集上取得了较高的分类精度。施寒潇[30]将酒店评论划分出七类属性，在手工标记多属性情感语料的基础上，基于 ME 实现了酒店评论数据的细粒度情感分析。Shi 等[31]采用 SVM 对中文书评进行情感分类，并与之前在英文评论的分类研究进行比较，发现 SVM 在中文情感分析方面表现较英文情感分类更优异。Ye 等[32]以旅游博客上的中文评论为语料库，对朴素贝叶斯和 SVM 的分类效果进行比较，实验结果显示 SVM 优于朴素贝叶斯。Cui 等[33]使用多种机器学习算法对 Froogle 约十万条在线产品评论进行了情感分析实验，发现高阶 n-gram 在混合环境中确实有助于区分评论的极性。

注意力机制也成为基于特定领域的情感分析研究中的一种新颖方法。Zong 等[34]提出了一种新颖的自适应注意网络(adaptive attention network，AAN)，以对输入之间的相关性进行显式建模，并基于三个公共数据集对 AAN 进行了评估，显示其情感分类结果优于最新基准。Zhen[35]引入注意力机制对用户和产品信息进行编码，通过应用两个单独的层次神经网络来生成用户注意力和产品注意力两个表示形式，并设计一种组合策略，以充分利用两种表示形式进行训练和最终预测，并在 IMDB 和美国最大的点评网站 Yelp 评论数据集上得到了验证。

特定领域情感分类器一定程度上摆脱了情感词典的约束，但却出现了领域适用性的问题，即不同领域评论数据的情感分类器需要单独训练不同的语料[35]。不同领域的情感表达可能存在巨大的差异，导致标记成本高且耗时[36,37]。因此，该方法很难具备通用性。

8.2.3 基于注意力神经网络的情感分析

随着文本向量技术的不断成熟，深度学习逐渐成为自然语言处理的主要工具。国内外许多学者将典型的神经网络模型，如 CNN[38,39]、LSTM[40,41]等应用到情感分析任务中，取得了良好的效果。注意力神经网络模型研究是深度学习领域的一个新颖分支，关于注意力机制的研究开始于 20 世纪 90 年代，最开始应用于图像识别领域[42]。随着深度学习的发展与计算机算力的提升，注意力神经网络模型研究逐渐成为深度学习领域的一个重要分支。2014 年，Google Deep Mind 团队[43,44]

率先使用注意力机制进行图像分类，此后，注意力机制也被用于语音识别、视频处理[45,46]等任务。而自然语言处理则是注意力机制应用最为广泛的领域之一。Bahdana 等[47]首次提出了基于注意力机制的 Encoder-Decoder 框架，并将其应用于机器翻译任务，取得了良好的效果。此后学者们针对不同的自然语言处理任务对注意力机制进行了大量的改进与创新。Rocktäschel 等[48]引入逐字的(word-by-word)注意力机制，强化模型对单词或短语的关系推理能力。该模型是第一个在文本蕴含数据集上获得最先进准确性成果的通用端到端系统。Cui 等[49]提出了 Attention Over Attention 模型用于解决完形填空式的阅读理解任务，这一神经网络模型需要的预定义超参数较少，且使用优雅的体系结构进行建模。FaceBook 人工智能实验室的 Gehring 等还采用了 Multi-Step Attention 来获取编码和解码中输入句子之间的关系。与递归模型相比，在训练期间所有元素的计算都可以完全并行化，并且由于非线性数目是固定的并且与输入长度无关，因此更容易进行优化[50]。

注意力机制不仅可以优化准确率和损失函数，还能充分学习文本的上下文信息，也为语义粒度的情感可视化创造了条件。大部分学者重点关注了如何利用注意力机制对输入数据的情感特征等分配权重和注意力资源，优化神经网络性能。如 Yang[51]与 Wang[52]等在各自提出的注意力神经网络模型中，根据每个单词的注意力得分(attention scores)分配不同的权重。Lu 等[53]与 Ma[54]等在处理多属性情感分析问题时，利用注意力机制计算隐层状态的权重，根据权重大小识别训练过程中的重要输入信息。此外，Qu[55]与 Liu[56]等将注意力机制中的 Encoder-Decoder 框架应用到情感分析的语义抽取模块。对标准注意力模型进行改进也是重要的研究方面，如 Kokkinos 和 Potamianos[57]针对情感分类问题中的句子和短语组合提出了一种树形结构的注意力神经网络，利用结构化的注意力(structural attention)识别句法树构造过程中最显著的情感特征。

在情感分析任务中，注意力机制与序列模型的组合模型得到了广泛的应用。如 Wang 等[15]与 Song 等[13]将 LSTM 与注意力机制相结合，赋予评论文本中每个单词不同的注意力权重。Chen 等[58]提出使用循环注意力机制与门控制循环单元(gated recurrent unit，GRU)输出的非线性组合方式来捕捉复杂上下文的情感，并通过加权记忆机制为句子的不同意见目标提供了专属记忆。此外，自注意力机制与层级注意力机制也有一些应用。Lin 等[16]提出了一种通过引入自注意力机制来提取可解释句子嵌入的新模型，并在作者概况分析、情感分类和文本蕴涵三个任务中表现出了显著优于其他句子嵌入方法的性能。Pergola 等[14]提出了一种综合考虑主题和情感的注意力模型，用于情感分类和主题提取，分层体系结构利用全局主题嵌入来对单词和句子之间的共享主题进行编码。而神经单元则采用了一种新的内部注意机制，该机制利用全局主题嵌入来导出单词和句子的局部主题表示。

注意力机制是目前提升自然语言处理效率的最主流方法之一，其应用领域涵盖了自然语言处理的各个方面。然而，现有基于注意力机制的情感分析方法虽然在模型训练阶段计算得到了不同语义单元的情感权重，但最终并未输出语义粒度的文本情感特征。另外一个值得考虑的问题是，多数注意力机制的应用以及改进研究多是计算词注意力权重，鲜有研究涉及计算句子的注意力权重。本章认为文本中每个句子都表达了一个单独语义，句子同样是评论文本的重要组成部分，计算句子的注意力权重也是十分必要的。为解决这两个问题，本章以注意力机制为基础，引入了多层级的情感分析注意力模型，针对评论数据的情感分析任务进行了层级改进，并基于公开的酒店评论、电影评论和商品评论等多源语料展开实证分析，实现了句对句的注意力机制，验证了多层注意力机制在提升神经网络性能以及在实现情感可视化方面的作用。

8.3　融合层级注意力机制的情感分析模型及方法

8.3.1　多层级注意力情感分析框架

Yang 等[17]在解决文本分类问题时，认为一篇文章由句子组成，句子由词组成，不同的单词、句子拥有不同的信息量和权重，文本、句子与词之间构成了层级关系，提出了层级注意力机制。评论数据同样由层次化的文本构成，不同词、不同语句也会展现出不同的情感强度。然而与文本分类不同的是，情感分析聚焦的对象是评论数据，即用户观点的表达，其情感倾向更加明显。为了进一步验证在情感分析任务中层级注意力对基础神经网络的影响效果，本章分别提出了单层级注意力情感分析模型和双层级注意力情感分析模型，如图 8.1 和图 8.2 所示。两个模

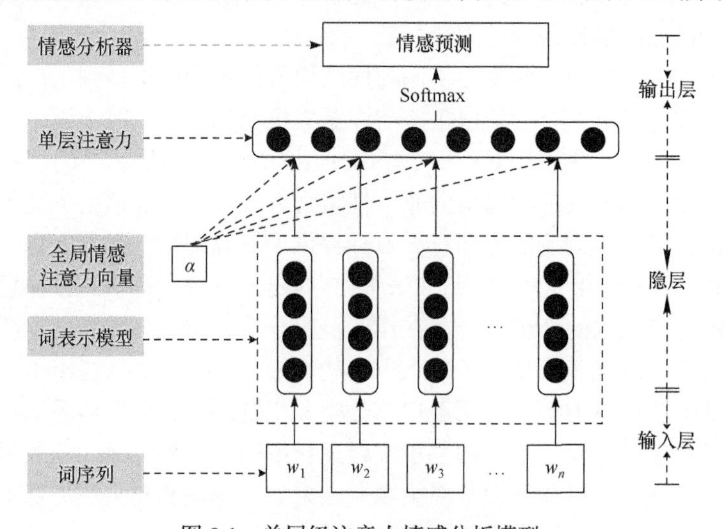

图 8.1　单层级注意力情感分析模型

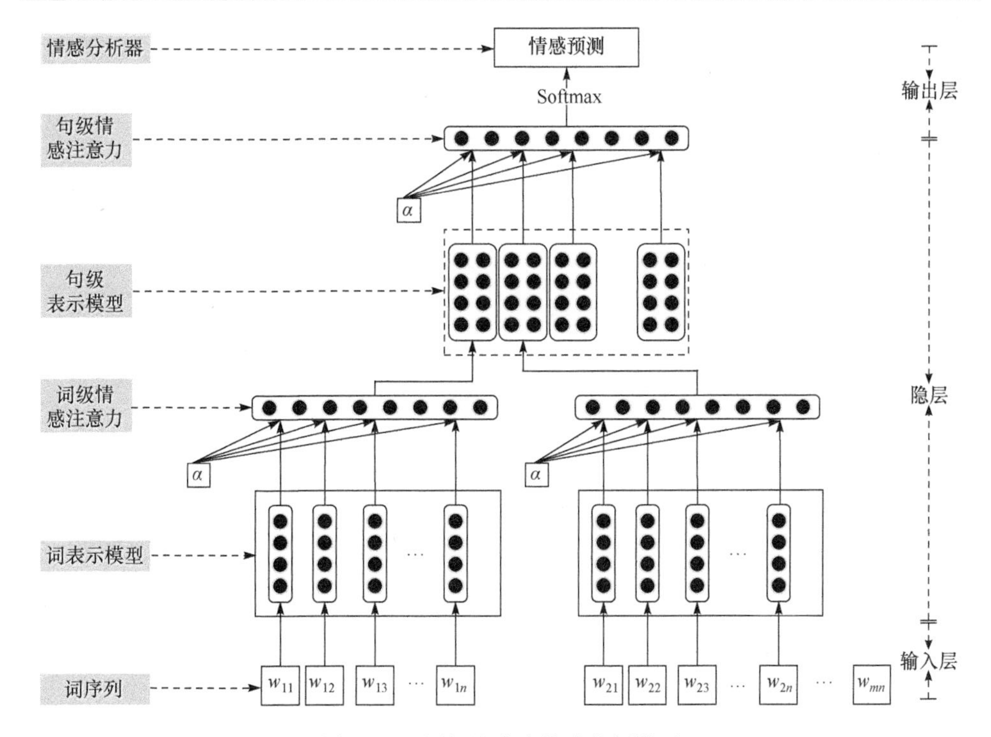

图 8.2　双层级注意力情感分析模型

型均选择了 Bi-GRU 作为基本神经网络单元进行情感语义编码；单层级注意力情感分析模型将整体评论文本视为一个统一词序列，并以词序列为特征输入，在词向量编码的基础上，通过全局情感注意力向量提取情感特征并设置词汇的情感权重；双层级注意力情感分析模型将评论文本切割为句子与词的双层结构，首先将词序列作为特征输入，构建第一层词级情感注意力，然后基于句子序列构建第二层句级情感注意力。句级情感注意力以词级情感注意力为基础，根据句中词汇的情感注意力计算句子在整体评论文本中的情感权重。

8.3.2　情感语义编码器

8.3.2.1　技术基础

学者们在处理序列数据时，提出了循环神经网络[59](recurrent neural network，RNN)、LSTM[60]等模型。RNN 是传统前馈神经网络的扩展模型，能够通过循环隐藏状态处理可变长度的输入序列，被广泛地应用于文本处理工作。RNN 在 t 时刻的结构展开图如图 8.3 所示。在读取某个时态的输入 w_t 时，不仅输出向量 h_t，序列中的特征信息也不断从当前时态传递到下一时态，因此 RNN 可以有效地学习输入序列中上下文的语义信息。标准 RNN 模型只考虑近时刻的状态，如图 8.4

所示，将前一时刻的输出值和现时刻的输入连结到一起，通过链式神经模块(tanh层)来控制两者的输出，所以 RNN 模型共计有两路输入和一路输出，其结构可以表示为

$$h_t = f(W \cdot w_t + U \cdot h_{t-1} + b) \tag{8-1}$$

其中，w_t 为当前时刻输入，h_{t-1} 为前一时刻隐层输出；W 和 U 分别为当前时态输入和前一时态输出的权重参数矩阵；b 为偏置项。

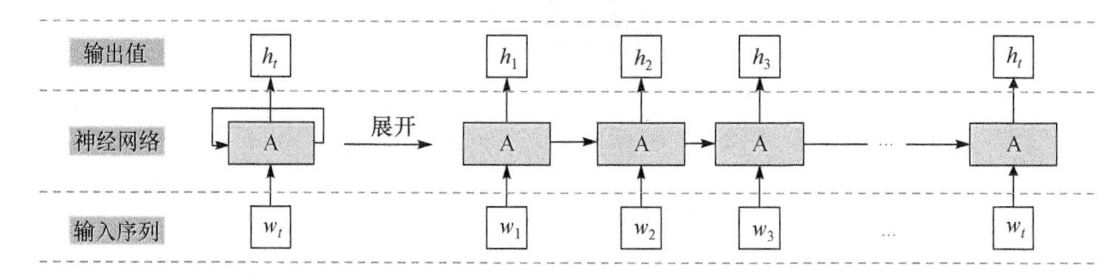

图 8.3　t 时刻 RNN 的结构展开图

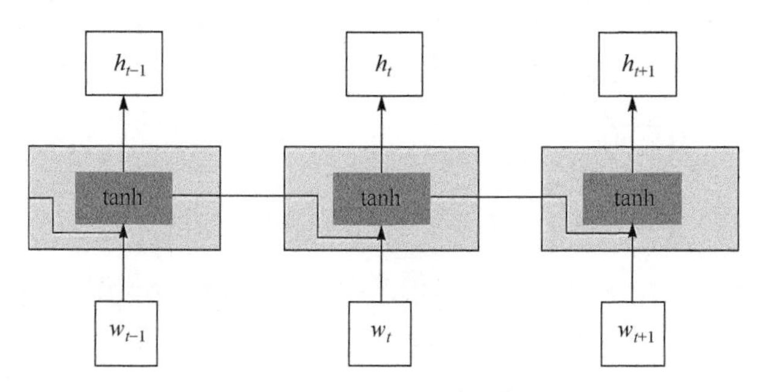

图 8.4　RNN 链式神经模块

结合图 8.4 和式(8-1)，不难发现 RNN 模型在训练过程中存在远距离序列信息梯度消失问题。为了能记住长期序列信息，LSTM 模型在 RNN 的基础上增加了一路输入和一路输出，如图 8.5 所示。LSTM 模型在 t 时刻的输入数据不仅包括 w_t 和 $t-1$ 时刻的输出 h_{t-1}，还包括链式细胞状态 C 的历史信息输出 C_{t-1}。其中，遗忘门负责丢弃细胞状态中的非重要信息，输入门负责把信息存到当前细胞状态中；输出门负责判断细胞状态中哪些信息被输出。遗忘门、输入门、输出门、细胞状态以及隐层输出的表达式为

$$f_t = \sigma(W_f \cdot [h_{t-1}, w_t] + b_f) \tag{8-2}$$

$$i_t = \sigma(W_i \cdot [h_{t-1}, w_t] + b_i) \tag{8-3}$$

$$o_t = \sigma(W_o \cdot [h_{t-1}, w_t] + b_o) \tag{8-4}$$

$$C_t = f_t \odot C_{t-1} + i_t \odot \tanh(W_C \cdot [h_{t-1}, w_t] + b_C) \tag{8-5}$$

$$h_t = o_t \odot \tanh(C_t) \tag{8-6}$$

其中，f_t、i_t、o_t、C_t 以及 h_t 分别为遗忘门、输入门、输出门、细胞状态和隐层输出；W_f、W_i、W_o 及 W_C 为权重参数矩阵；b_f、b_i、b_o、b_C 为偏置项。$\sigma(*)$ 为 Sigmoid 激活函数；$[h_{t-1}, w_t]$ 表示两个向量的连接操作，$\odot$ 表示矩阵元素相乘。

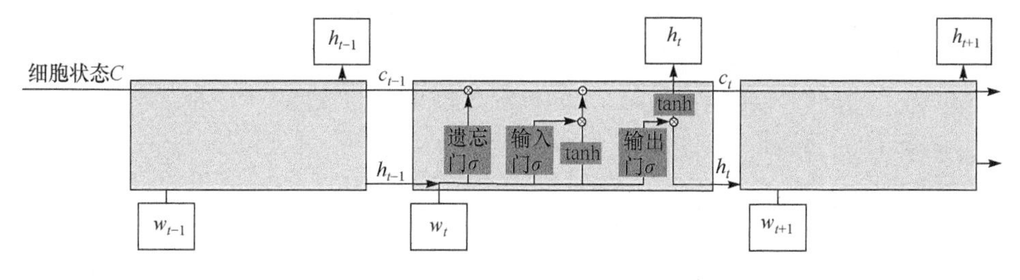

图 8.5　LSTM 结构示意图

8.3.2.2　基于 Bi-GRU 的情感语义编码器

LSTM 解决了远距离依赖问题，但较多的参数和复杂的重复网络模块不可避免地提升了算法复杂度，增加了模型训练时间，消耗了更多的计算资源。Cho 等[61]提出了 GRU 模型，其结构如图 8.6 所示，GRU 模型将 LSTM 中的遗忘门、输入门和输出门简化为更新门和重置门，分别用于控制前一时刻的状态信息在当前时刻带入信息和丢弃信息的权重，并且合并了细胞状态与隐藏状态，更新门和重置门以及隐层输出的表达式为

$$z_t = \sigma(W_z \cdot [h_{t-1}, w_t]) \tag{8-7}$$

$$r_t = \sigma(W_r \cdot [h_{t-1}, w_t]) \tag{8-8}$$

$$\tilde{h}_t = \tanh(W_h \cdot [r_t \odot h_{t-1}, w_t]) \tag{8-9}$$

$$h_t = (1 - z_t) \odot + z_t \odot \tilde{h}_t \tag{8-10}$$

其中，$z_t \in [0,1]$ 为更新门，负责计算 h_{t-1} 传递到 h_t 的信息量；$r_t \in [0,1]$ 为重置门，负责计算 h_{t-1} 对新向量 $\tilde{h}_t$ 的权重值；W_z、W_r 和 W_h 为权重参数矩阵。

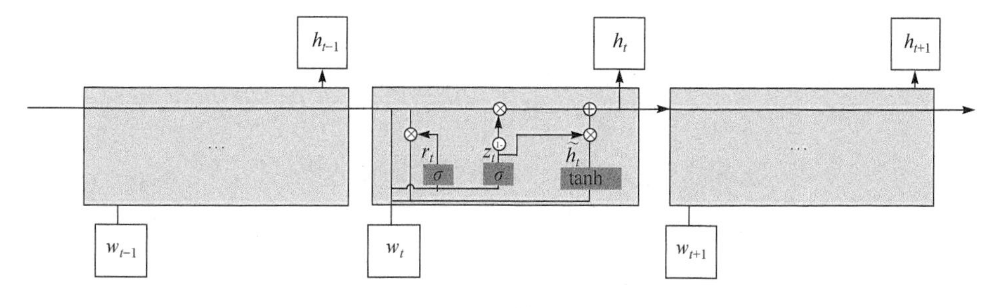

图 8.6　GRU 结构示意图

RNN 及其改进模型 LSTM 和 GRU 的传输状态都是单向的，而在情感分析任务中，当前时刻情感语义不仅与该时刻前的信息有关联，与该时刻之后的信息同样有关联，为此，需要建立双向的语义序列共同计算当前时刻的情感语义。如图 8.7 所示，Bi-GRU 是由时态顺序相反的正向 GRU 神经网络单元与负向 GRU 神经网络单元叠加组成，在 t 时刻，两个异向 GRU 共同组成输入数据，并以拼接形式组成了当前时刻输出。正向 GRU 神经网络单元与负向 GRU 神经网络单元分别记为 $\overrightarrow{\text{GRU}}$ 和 $\overleftarrow{\text{GRU}}$ 。

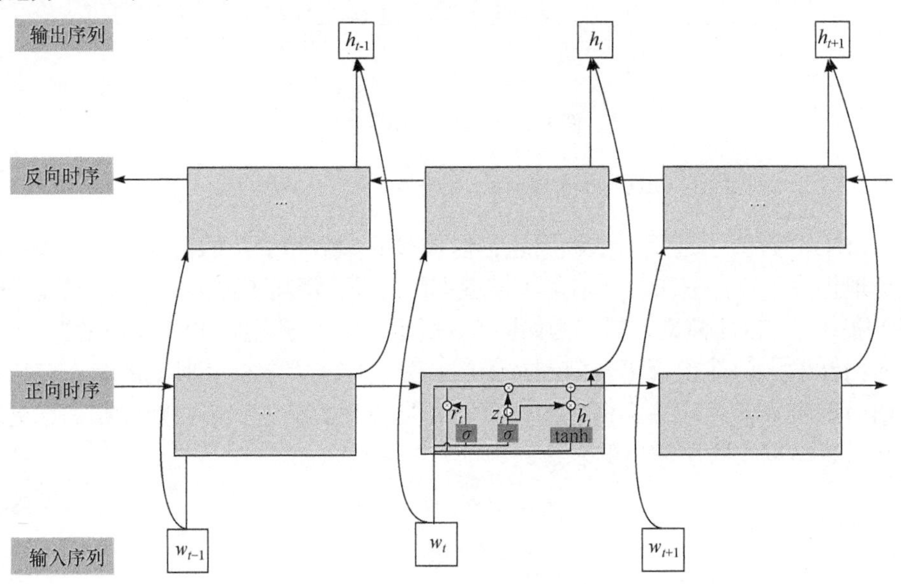

图 8.7　Bi-GRU 结构示意图

8.3.3　单层注意力神经网络

8.3.3.1　文本编码器

构建单层级情感注意力神经网络的第一步是获取输入文本的向量表示，将评论文本 $d=\{w_1,w_2,w_3,\cdots,w_n\}$ 映射到固定维度的向量。对于 d 中的词 w_i ，可以从矩阵 W^{V*N} 中获得其向量表示 $v_{w_i}\in R^N$ ，其中，V 和 N 分别代表词表长度和词向量的维度。在完成词向量表示之后，可以得到编码器的输入序列 $[v_{w_1};v_{w_2};v_{w_3};\cdots;v_{w_n}]$ 并将其喂入 Bi-GRU 编码器，在 t 时刻，隐层状态 h_t 的计算方式为

$$\vec{h}_t=\overrightarrow{\text{GRU}}(v_{w_t},\vec{h}_{t-1}) \tag{8-11}$$

$$\overleftarrow{h}_t=\overleftarrow{\text{GRU}}(v_{w_t},\overleftarrow{h}_{t+1}) \tag{8-12}$$

$$h_t=[\vec{h}_t,\overleftarrow{h}_t] \tag{8-13}$$

其中，$\vec{h}_t \in R^{n \cdot d_h}$ 是隐藏状态的正向 GRU 生成的隐层语义序列，d_h 为向量维度；$\overleftarrow{h}_t$ 的结构与 $\vec{h}_t$ 相同，由负向 GRU 生成。输出结果 $h_t \in R^{n \cdot 2d_h}$ 由 $\vec{h}_t$ 和 $\overleftarrow{h}_t$ 连接而得。

8.3.3.2　全局情感注意力

将词序列输入 Bi-GRU 编码器，通过训练可以得到评论文本 d 的词序列表示向量 $[h_1, h_2, h_3, \cdots, h_n]$。为了计算不同词在表达情感语义时的权重，需要添加全局情感注意力为词序列表示向量分配注意力资源。全局情感注意力的计算方式表示为

$$\alpha_i = \text{Softmax}(u_\alpha \cdot \tanh(W_h h_i + b_h)) \tag{8-14}$$

$$v = \frac{1}{n}\sum_{i=1}^{n} \alpha_i \cdot h_i \tag{8-15}$$

其中，h_i 为词表示层的输出向量；α_i 对应 h_i 在上下文中的注意力权重；u_α 是全局上下文向量；$\tanh(W_h h_i + b_h)$ 构成了一个以 W_h 为权重系数、b_h 为偏置项的全连接网络。

8.3.4　双层注意力神经网络

不同于单层注意力神经网络，双层注意力神经网络将评论文本视为若干组句子组成，句子由若干个词组成，三者之间构成了双层级关系。因此，对于双层注意力神经网络，评论文本表示为：$d = \{w_1^1, w_2^1, \cdots, w_N^1, \cdots, w_N^M\}$，词 w_n^m 的 $m \in [1, M]$ 为该词所在句子的序号，$n \in [1, N]$ 为该词在句子中的序号。

8.3.4.1　词级情感注意力

与单层级的文本编码器构造过程类似，h_t^S 表示 Bi-GRU 网络中句子 S 的 t 时刻输出，由正向 GRU 和负向 GRU 的输出 $\vec{h}_t^S$ 和 $\overleftarrow{h}_t^S$ 连接而得，其计算方式为

$$\vec{h}_t^S = \overrightarrow{\text{GRU}}(v_{w_t^S}, \vec{h}_{t-1}^S) \tag{8-16}$$

$$\overleftarrow{h}_t^S = \overleftarrow{\text{GRU}}(v_{w_t^S}, \overleftarrow{h}_{t+1}^S) \tag{8-17}$$

$$h_t^S = [\vec{h}_t^S, \overleftarrow{h}_t^S] \tag{8-18}$$

经过 Bi-GRU 神经网络层的训练，可以得到句子 S 的词序列表示模型，即 $[h_1^S, h_2^S, \cdots, h_{|s|}^S]$。参考单层级注意力网络的注意力计算公式，在句子 S 中，词的权重计算方式表示为

$$\alpha_i^S = \text{Softmax}(u_w \cdot \tanh(W_w h_i^S + b_w)) \tag{8-19}$$

$$v_S = \frac{1}{|S|}\sum_{i=1}^{|S|}\alpha_i^S \cdot h_i^S \tag{8-20}$$

其中，v_S代表句子S中所有词注意力的加权均值；α_i^S代表在句子S中，序号为i的词所获得的注意力权重；$|S|$代表了句子序列S的长度；u_w为词级上下文环境、W_s、b_s分别为h_i^S隐层表示全连接网络中的权重系数与偏置项。

对于评论文本d，在经过词序列的 Bi-GRU 训练过程以及词级情感注意力计算后，可以得到该层带有词注意力权重信息的输出序列$[V_{s_1},V_{s_2},V_{s_3},\cdots,V_{s_n}]$。在下一层句级情感注意力计算过程中，需要将该序列作为数据输入，进一步提取句级情感注意力特征。

8.3.4.2　句级情感注意力

句级情感注意力是该模型的第二层注意力结构。该层以词级情感注意力的输出向量v_S为输入向量，并将其喂入句级 Bi-GRU 网络，正向 GRU 和负向 GRU 分别从两个方向捕捉输入序列中的情感语义，根据以下表达式构造融合词注意力的句表示模型：

$$\vec{h}_{S_i} = \overrightarrow{\text{GRU}}\left(v_{S_i}, \vec{h}_{S_{i-1}}\right),\quad i \in [1, M] \tag{8-21}$$

$$\overleftarrow{h}_{S_i} = \overleftarrow{\text{GRU}}\left(v_{S_i}, \overleftarrow{h}_{S_{i+1}}\right),\quad i \in [M, 1] \tag{8-22}$$

$$h_{S_i} = [\vec{h}_{S_i}, \overleftarrow{h}_{S_i}] \tag{8-23}$$

其中，M代表了评论文本d句子数量，该层的输出为d的句级语义表示向量，即$[h_{S_1},h_{S_2},h_{S_3},\cdots,h_{S_M}]$。

重复词级情感注意力权重提取步骤，最终可以得到代表文本d情感注意力的向量V。其计算方式表示为

$$\alpha_i^d = \text{Softmax}(u_s \cdot \tanh(W_s h_{S_i} + b_s)) \tag{8-24}$$

$$V = \frac{1}{M}\sum_{i=1}^{M}\alpha_i \cdot h_{S_i} \tag{8-25}$$

其中，α_i^d代表了文本d中第i个句子所获得的注意力权重；u_s为句级上下文环境；W_s、b_s是权重系数与偏置项。

8.3.5　情感分析层

情感分析层的输入为层级注意力结构的输出向量。单层级情感注意力神经网

络和双层级情感注意力神经网络结构不同，但两者输出向量的参数和维度相同。对于同一评论文本 d，两者的模型输出均为融合层级注意力的文本表示向量 V。为了兼容不同情感分析场景，本章使用线性转换层将评论文本表示向量 V 映射到预置的情感维度矩阵，最终通过一个以 W 为偏置项，以 b 为偏置项的 Sigmoid 函数进行分类预测，其函数表达式表示为

$$\hat{y}_d = p(y|V) = \frac{1}{1 + e^{-(WV+b)}} \tag{8-26}$$

8.4　实验研究

8.4.1　实验环境及数据

为了验证本章提出的融合层级注意力机制的情感分析方法的可行性，同时对比分析单层级与双层级注意力机制的性能，本章节首先对文中的算法模型进行了代码实现，并选取了权威性较高的若干评论语料进行了多组实验。本章实验均在一台 PC 主机上完成，所涉及的软硬件环境及第三方工具包如表 8.1 所示。

表 8.1　实验环境及配置

项目	配置信息
CPU	Intel(R) Core(TM) i7-8700 CPU @ 3.20GHz
内存	双通道 DDR4 16G (2666 MHz)
GPU	NVIDIA GeForce GTX 1060 6GB
操作系统	Microsoft Windows 10 (64 位)
深度学习 GPU 计算架构	NVIDIA CUDA9.0
编程语言	Python3.6
集成开发环境	Pycharm2017.3 x86
深度学习工具包	tensorflow-gpu(1.7.0); Keras(2.2.4)

本次实验选取了 IMDB 影评[62]、酒店评论[63]以及亚马逊手机产品评论[64]等三组评论语料作为本次情感分析及可视化实验的数据集，其来源涵盖了网络论坛、移动社交媒体以及电子商务等领域，各个数据集的详细信息如表 8.2 所示。

表 8.2　评论语料数据集信息

数据集名称	语种	总数据量	标记类别
IMDB 影评	英文	25000	2
酒店评论	中文	10000	2
亚马逊手机产品评论	英文	155552	5

以上数据集均已标注。其中，IMDB 影评和酒店评论均为语料创建者在手工标注正负向情感的基础上整合而成;亚马逊手机产品评论数据采集于亚马逊网站，该语料将用户评论时的打分(1～5 分)作为评论标记。

8.4.2 实验设置

8.4.2.1 多语种统一输入

本章采用 Pennington 等[65]提出的 Glove 作为文本向量工具将所有评论语料的词汇统一为 100 维向量的形式。考虑到本次实验包含中英文两个语种的语料，本章对中英文语料进行了如下处理：对于英文语料，为了减少向量训练过程所耗费的时间及计算资源，本章选择了斯坦福大学自然语言处理实验室公开的预训练英文向量模型 glove.6B.100[66]作为向量词库。该词库在维基百科 2014 英文版镜像上训练所得，包含 40 万个词汇，是目前最成熟的英文向量词库之一。而对于中文语料，由于汉语词汇的复杂性和动态性，目前尚未出现高覆盖率、高成熟度的向量词库，所以，本实验本章基于分词和 Glove 预训练，得到一个含有 9387 个汉语词汇的酒店评论向量词库。通过上述工作，可将本次实验所有语料中的词汇统一为 100 维的词向量。

8.4.2.2 实验流程

本章选取了标准 Bi-GRU 神经网络、融合单层注意力的 Bi-GRU 神经网络以及融合双层注意力的 Bi-GRU 神经网络作为本次实验的情感分析模型，分别记为 Bi-GRU、Bi-GRU@HA1、Bi-GRU@HA2。在实验语料中，IMDB 影评和酒店评论采用了正负向的二元标记；亚马逊手机产品评论则采用了 1～5 分多元标记。为了验证模型在亚马逊手机产品评论数据集中不同分类场景的表现效果，本章采用了表 8.3 中的多分类场景标记规则。本次实验按照数据集以及数据集的分类场景共划分为五组，分别为 IMDB 影评组、酒店评论组、亚马逊手机产品评论的二分类组、三分类组与五分类组。在每组实验中，按照 4：1 的比例随机划分训练集和测试集，将迭代轮数 epoch 设置为 10，分别使用标准 Bi-GRU、Bi-GRU@HA1 以及 Bi-GRU@HA2 对数据集进行模型训练与预测。

表 8.3 亚马逊手机产品评论数据集多分类场景标记规则

分类场景	标记类别	标记规则
五分类	5	1 分标记为 0；2 分标记为 1，以此类推，5 分标记为 4
三分类	3	1 分和 2 分标记为 0；3 分标记为 1；4 分和 5 分标记为 2
二分类	2	1 分和 2 分标记为 0；4 分和 5 分标记为 2；3 分标记为 unknown

8.4.2.3　评价标准

本节选择了准确率和损失率作为评价模型性能的两个指标。其中，准确率是指预测成功的样本数量与所有样本的比值；损失率是衡量训练或预测过程中，测度预测值与实际值误差的函数。准确率可表示为

$$\text{accuracy} = \frac{N_{\text{true}}}{N} \tag{8-27}$$

其中，N 为样本总量，N_{true} 为预测正确的样本量。

本章选择了分类交叉熵函数作为评估损失率的评估标准，其计算方式表示为

$$\text{loss} = -\sum_{i=1}^{N}\sum_{j=1}^{M} \hat{y}_i^j \cdot \log(y_i^j) \tag{8-28}$$

其中，M 代表了分类数，单个分类的 loss 值计算方式为

$$\frac{\partial \text{loss}}{\partial y_i^j} = -\sum_{i=1}^{N} \frac{\hat{y}_i^j}{y_i^j} \tag{8-29}$$

8.4.3　实验结果分析及情感可视化

8.4.3.1　实验结果及分析

实验阶段记录下每次模型训练过程中的损失率(loss)、准确率(accuracy)以及预测过程中的预测损失率(val_loss)和预测准确率(val_accuracy)，五组实验的综合统计结果如图 8.8 所示。

(1) 酒店评论实验组。

在酒店评论组实验中，三个模型呈现出明显的层次化差异。在十轮迭代训练中，Bi-GRU@HA2 始终保持最高的精确度和最低的损失率，Bi-GRU@HA1 保持次高的精确度和次低的损失率，两种注意力模型均不同程度的优于标准 Bi-GRU 模型。随着 epoch 的增加，三个模型的训练准确率不断增长，损失率不断减小，最终在 epoch 为 10 时，Bi-GRU@HA2 的损失率和准确率分别为 0.0039 和 0.9988；Bi-GRU@HA1 的损失率和准确率分别为 0.0235 和 0.9929；标准 Bi-GRU 的损失率和准确率分别为 0.0471 和 0.9865。

预测阶段的前八轮基本上保持了与训练阶段相似的层次化差异，Bi-GRU@HA2 表现最好，Bi-GRU@HA1 次之，二者均优于标准 Bi-GRU。在第八轮之后，Bi-GRU@HA2 和 Bi-GRU@HA1 在训练过程中出现了过拟合问题，此时预测损失率和准确率较之前出现了小幅度的负优化。Bi-GRU@HA2 在 epoch 为 5 时达到了最佳预测效果，此时，Bi-GRU@HA2 的损失率和准确率分别为 0.0855 和 0.9763；Bi-GRU@HA1 在 epoch 为 8 时达到了最佳预测效果，损失率和

准确率分别为 0.1440 和 0.9667。而标准 Bi-GRU 在 epoch 为 9 时达到了最佳预测性能，损失率和准确率分别为 0.0738 和 0.9767。Bi-GRU@HA2 与标准 Bi-GRU 预测阶段的最佳性能基本持平，但较之标准 Bi-GRU 有着较快的收敛速度。

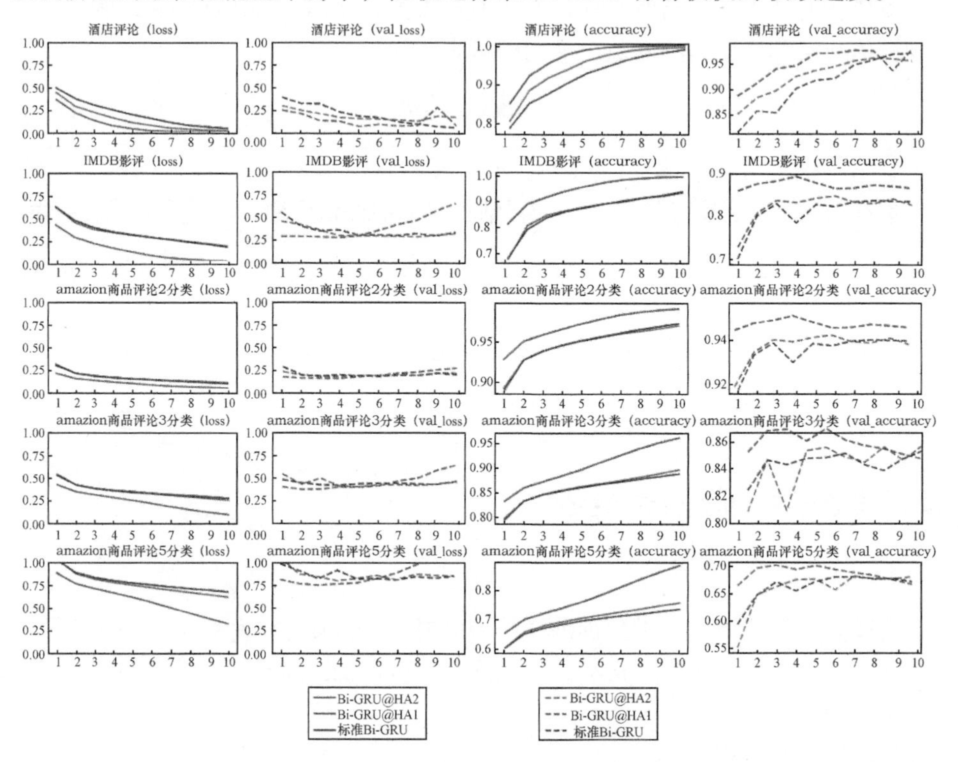

图 8.8　五组实验的综合统计图(见彩图)

在该组实验中，三个模型均达到了较高的训练及预测性能。考虑到酒店评论的数据来源是移动社交网络，评论内容多为短文本，由若干句话乃至一句话构成，句子与词之间的层次化特征较弱，因而层级注意力对标准网络模型性能的提升效果不明显，最终使得各个模型在情感预测分析时取得十分接近的效果，Bi-GRU@HA2 和 Bi-GRU@HA1 模型以微弱的优势领先标准 Bi-GRU 模型。

(2) IMDB 实验组。

在 IMDB 影评组实验中，Bi-GRU@HA1 与标准 Bi-GRU 模型的损失率与准确率曲线在训练阶段全程基本重合，Bi-GRU@HA1 仅在 epoch 为 2 和 3 时保持微弱的领先优势；而 Bi-GRU@HA2 则全程展现出了最优的性能。在 epoch 为 10 时，Bi-GRU@HA2 的损失率和准确率达到了 0.0104 和 0.9967；Bi-GRU@HA1 的损失率与准确率分别为 0.1732 和 0.9334；标准 Bi-GRU 的损失率与准确率分别为 0.1636 和 0.9381。测试阶段的 Bi-GRU@HA2 的精确度始终稳定在 0.88～0.89，全过程均领先于 Bi-GRU@HA1 和标准 Bi-GRU 模型，在 epoch 为 4 时，达到了最佳的预测性能，此时预测准确率和损失率分别为 0.8892 和 0.2857；Bi-GRU@HA1 在 epoch 为 8 时达到峰值，预测损失率与预测准确率分别为 0.2943 和 0.8804；标准 Bi-GRU 在 epoch 为 9 时达到最佳预测性能，损失率与准确率分别为 0.3056 和 0.8786。

与酒店评论的短文本数据不同，IMDB 影评一般为资深用户对电影的深入评论，在文本篇幅上大于酒店评论，属于长文本。因此，文本词句的层级化特征明显，使得 Bi-GRU@HA2 在模型的训练及预测过程中，能提取出较明显的句级情感注意力特征，在收敛速度、准确率和损失率等方面均领先于 Bi-GRU@HA1 和标准 Bi-GRU 模型。另一方面，Bi-GRU@HA1 和标准 Bi-GRU 模型在训练阶段的损失率曲线与准确率曲线几乎重合，可见在针对长文本的训练中，单层级注意力的作用效果较弱，双层级情感注意力有着更加明显的优化效果。

(3) 亚马逊手机产品评论三组实验。

本章对亚马逊手机产品评论数据进行了三组实验。在三组实验的模型训练阶段，根据图 8.8 不难发现，在多种分类场景中 Bi-GRU@HA2 的性能均不同幅度地领先于 Bi-GRU@HA1 和标准 Bi-GRU，而 Bi-GRU@HA1 和标准 Bi-GRU 之间并未出现明显的性能差距：在二分类场景中，Bi-GRU@HA1 和标准 Bi-GRU 模型的损失率与准确率曲线基本重合，在 epoch 大于 8 时，Bi-GRU@HA1 的准确率曲线体现出一定优势；在三分类与五分类场景中，Bi-GRU@HA1 相较于标准 Bi-GRU 的优势进一步被拉开。随着 epoch 的增加，三组实验的损失率曲线呈递减趋势，准确率曲线呈上升趋势，各个模型在 epoch 为 10 的损失率与准确率如表 8.4 所示。

表 8.4　亚马逊手机产品评论三组实验 epoch 为 10 的损失率与准确率

评估指标	训练损失率			训练准确率		
分类场景	二分类	三分类	五分类	二分类	三分类	五分类
Bi-GRU@HA2	0.0188	0.1027	0.3114	0.9941	0.9633	0.8830
Bi-GRU@HA1	0.0778	0.2595	0.7535	0.9729	0.8987	0.8512
标准 Bi-GRU	0.0695	0.2827	0.6627	0.9758	0.8901	0.7313

与酒店评论组实验和 IMDB 组实验相比，亚马逊手机评论组实验在测试阶段 Bi-GRU@HA2、Bi-GRU@HA1 和标准 Bi-GRU 的损失率都较为稳定，即随着 epoch 的增加，损失率的波动幅度较小。在预测准确率方面，Bi-GRU@HA2 在 epoch 为 1 时，便达到较高的准确率，其波动幅度也远小于 Bi-GRU@HA1 和标准 Bi-GRU。亚马逊手机评论三组实验中各个模型的准确率表现如表 8.5 所示，

Bi-GRU@HA2 在二分类、三分类与五分类实验中，分别在 epoch 为 4、5 与 3 时达到性能最优，Bi-GRU@HA2 在收敛速度和预测准确率方面均领先于 Bi-GRU@HA1 和标准 Bi-GRU，体现了双层级注意力结构的优势。

表 8.5 亚马逊手机产品评论数据集多分类场景最大准确率

分类场景	准确率最大值(训练轮数)		
	二分类	三分类	五分类
Bi-GRU@HA2	0.9549(4)	0.8636(5)	0.6991(3)
Bi-GRU@HA1	0.9460(6)	0.8503(8)	0.6789(7)
标准 Bi-GRU	0.9438(8)	0.8473(10)	0.6774(6)

8.4.3.2 不同情感分类场景下模型效果对比

通过实验分析发现 Bi-GRU@HA2 在长文本评论中具备较大的优势，与 Bi-GRU@HA1 和标准 Bi-GRU 之间的差异化特征也更加明显。本节聚焦于亚马逊手机产品评论，探讨在同一模型、相同语料的情况下，不同情感分析场景对模型效果的影响。如图 8.9 所示，可以发现三个模型损失率和准确率在不同的情感分析场景中均呈现出梯度关系，即三个模型在二分类情感分析场景中的表现优于三分类情感分析场景，三分类场景优于五分类场景。造成该现象的原因是用户在进行评论与打分的时候具有较强的主观性，特别是 4 分与 5 分、1 分与 2 分之间的界限不明显，复杂分类场景给模型带来了困惑度。如表 8.6 所示，此四条数据均是来自于亚马逊手机产品评论语料的真实数据，序号为 1 和 2 的评论内容相似，评论者通过“Great”“love”“perfect”“excellent”等词对产品的质量进行了高度评价，且并未出现任何负面情绪语句，但二者的评分却有差别。序号 3 和 4 的评论焦点都是手机壳，同样都给了极高的正向评价，但分值却不同，因此模型很难提取类似评论语句的异质性情感特征。

表 8.6 亚马逊手机产品评论数据集及评分样例

序号	ReviewerId	评论内容	评分
1	A6Q0P54QSP11J	Great quality product, I love this case it is the perfect sidekick to an always dyeing phone. Now my phone is charged anywhere anytime thanks to powerbear. Really like the name of the case as well !! 5 stars deff !	5
2	A2Y937AV46ULWQ	Excellent product, works great, have easy handling, and good quality as it is announced. reached as is shown time and in very good condition thank you very much for everything.	4
3	A2HS70YWX95130	Nice case, protective and good looking, it also has a nice changing texture in some areas. good buy for the price.	4
4	A2JWEDW5FSVB0F	Great case for my phone. Protects and keeps me charged. easy access to the button and sounds good too. I like it.	5

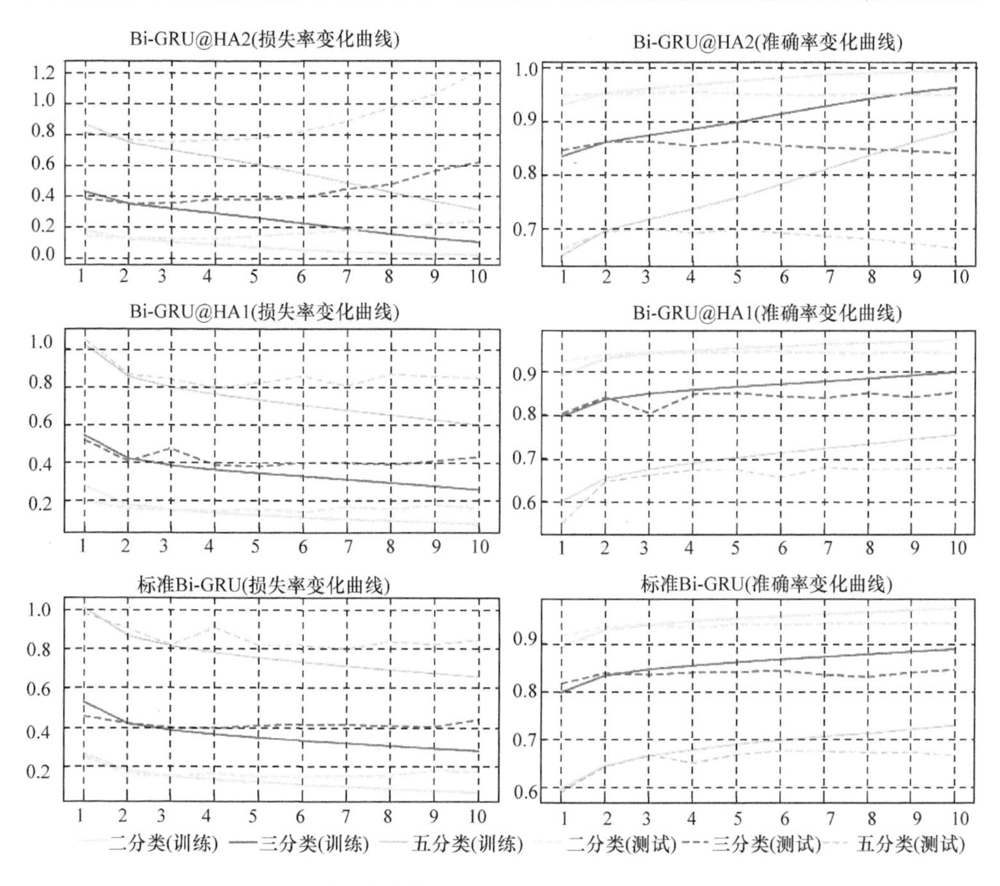

图 8.9　不同情感分类场景中损失率与准确率对比(见彩图)

由图 8.9 可发现的另一个现象是随着 epoch 增加，各个模型的训练阶段与预测阶段的损失率差距以及准确率差距逐渐拉开，且不同模型均体现出曲线距离与分类场景数量正相关的趋势。此外，Bi-GRU@HA2 模型在五分类场景中的差距要明显高于其他模型及其他场景，甚至在 epoch 大于 5 时，出现了损失率不收敛的问题，即由于语料空间中不同情感标记类别之间的异质性情感特征不明显，随着 epoch 增加模型训练过拟合，预测准确率降低，损失上升，这也进一步验证了用户主观评分给模型带来困惑度的问题。

8.4.3.3　语义粒度的情感可视化

为了进一步研究评论文本中层级情感注意力的权重分布情况，本节以酒店评论中的两则评论为例，将 Bi-GRU@HA2 模型输出的注意力情感语义进行了可视化。两则评论的编号分别为“neg.900”和“pos.2343”，其可视化效果如图 8.10 与图 8.11 所示。两图中，黄色文字遮罩的颜色深度代表了词级情感注意力，颜色越深注意力权重越高，情感极性越强；左侧的绿色数值与红色数值分别代表了负向与正向的句级情感注意力，数值内容为归一化处理后的句级情感注意力权重。

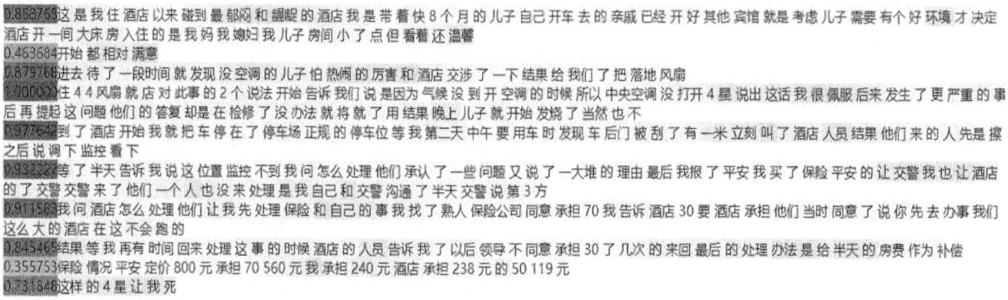

0.868758这 是 我 住 酒店 以来 碰到 最 郁闷 和 龌龊 的 酒店 我 是 带 着 快 8 个 月 的 儿子 自己 开车 去 的 亲戚 已经 开 好 其他 宾馆 就是 考虑 儿子 需要 有个 好 环境 才 决定 酒店 开 一间 大床 房 入住 的 是 我 妈 我 媳妇 我 儿子 房间 小 了 点 但 看着 还 温馨
0.463684开始 都 相对 满意
0.879768进去 待 了 一段时间 就 发现 没 空调 的 儿子 怕 热闹 的 厉害 和 酒店 交涉 了 一下 结果 给 我们 了 把 落地 风扇
1.000000住 4 4 风扇 就 店 对 此事 的 2 个 说法 开始 告诉 我们 说 是因为 气候 没 到 开 空调 的 时候 所以 中央空调 没 打开 4 星 说出 这话 我 很 佩服 后来 发生 了 更 严重 的 事 后 再 提起 这 问题 他们 的 答复 却是 在 检修 了 没 办法 就 将 就 了 用 结果 晚上 儿子 就 开始 发烧 了 当然 也 不
0.977642到 了 酒店 开始 我 就 把 车 停 在 了 停车场 正规 的 停车位 等 我 第二天 中午 要 用车 时 发现 车 后门 被 刮 了 有 一米 立刻 叫 了 酒店 人员 结果 他们 来 的 人 先是 擦 之后 说 调 下 监控 看 下
0.932227等 了 半天 告诉 我 说 这 位置 监控 不到 我 问 怎么 处理 他们 承认 了 一些 问题 又 说 了 一大堆 的 理由 最后 我报 了 平安 我 买 了 保险 平安 的 让 交警 我 也 让 酒店 的 了 交警 交警 来 了 他们 一个 人 也 没 来 处理 是 我 自己 和 交警 沟通 了 半天 交警 说 第 3 方
0.911563我 问 酒店 怎么 处理 他们 让 我 先 处理 保险 和 自己 的 事 我 找 了 熟人 保险公司 同意 承担 70 我 告诉 酒店 30 要 酒店 承担 他们 当时 同意 了 说 你 先 去 办事 我们 这么 大 的 酒店 在 这 不会 跑 的
0.845465结果 等 我 再有 时间 回来 处理 这 事 的 时候 酒店 的 人员 告诉 我 了 以后 领导 不 同意 承担 30 了 几次 的 来回 最后 的 处理 办法 是 给 半天 的 房费 作为 补偿
0.355753保险 情况 平安 定价 800 元 承担 70 560 元 我 承担 240 元 酒店 承担 238 元 的 50 119 元
0.731848这样 的 4 星 让 我 死

图 8.10　负向情感语义可视化实例(见彩图)

0.284444香港 九龙 地区 3 星 以上 酒店 性价比 最高
0.355113交通不便 但 可以 坐 酒店 免费 班车 到达 旺角 和 尖沙咀 20 分钟 我 15 年 6 次住 此 酒店 5 月 3 6 日 通过 携程 预定 比 香港 朋友 预定 还要 便宜
0.549461并且 入住 提升 28 楼 行政 标准 房间 健身 室 和 游泳 免费
1.000000 购物 大众化 东西 方便 下面 4 层 购物中心 酒店 对面 购物中心 百佳 超市 和 XX 人 自助 火锅 较 好
0.209053步行 5 7 分钟 就是 荃湾 城市 购物中心 广场
0.145433奇怪
0.427291为什么 网友 反映 购物 不 方便 晚上 10 点 以后 全世界 购物 都 不 方便
0.242682酒店 1 层 就 有 便利店
0.292624另外 此 房间 18 层 以下 好象 是 大陆 旅行团 住 标准 房间 18 层 以上 携程 预定 豪华 房间
0.322569到 香港 购买 此 酒店 就 不是 方便
0.311315补充 点评 2008 年 7 月 29 日 我 和 爱人 年 到 香港 通过 朋友 定房 住 15 层 标准 房间
0.87115607 年 带 孩子 通过 携程 定房 住 22 层 豪华 房间 感觉 和 亲身 体会 除 交通 外 各 方面 较 理想

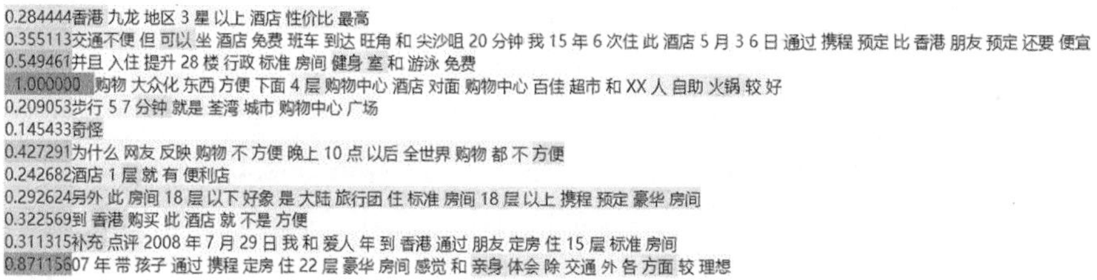

图 8.11　正向情感语义可视化实例(见彩图)

如图 8.10 所示，在编号为“neg.900”的评论中，词级情感注意力成功提取出“最”“郁闷”“龌龊”等负向情感特征词汇，其权重分别为 0.891786、0.895813 与 0.709978；在编号为“pos.2343”的评论中，“健身室”“自助火锅”“豪华房间”等正向情感特征词汇的权重分别为 0.730270、0.802037 与 1.000000。图 8.12 描述了评论“neg.900”中词级与句级的负向情感倾向变化趋势，在该条评论的十个句子中，第 2 句与第 9 句的情感注意力权重较低，其他语句情感注意力权重偏高。结合图 8.10 不难发现，该两句的内容为“开始都相对满意”以及“保险情况平安定价 800 元承担 70%，560 元，我承担 240 元，酒店承担 238 元的 50%，119 元”，两句情感极性较弱，而其他语句均为评论者对酒店服务的控诉，情感极性较强。图 8.13 描述了评论“pos.2323”的词级与句级的正向情感倾向变化趋势，第 4 句与第 12 句的情感注意力最高，两句内容分别为“购物(大众化东西)方便，下面四层购物中心，酒店对面购物中心-百佳超市和××海鲜酒楼 59HKD/人自助火锅较好”以及“07 年带孩子通过携程定房住 22 层(580HKD)豪华房间，感觉和亲身体会除交通外，各方面较理想”，是评论者对酒店周边环境与服务的正向评价。

综上所述，可以看出融合双层级注意力结构的情感分析方法在未借助语义词典的情况下不仅能提取情感词汇，同时也能识别评论文本中具有高度情感极性的句级语义。该模型初步具备了情感语义理解的能力。

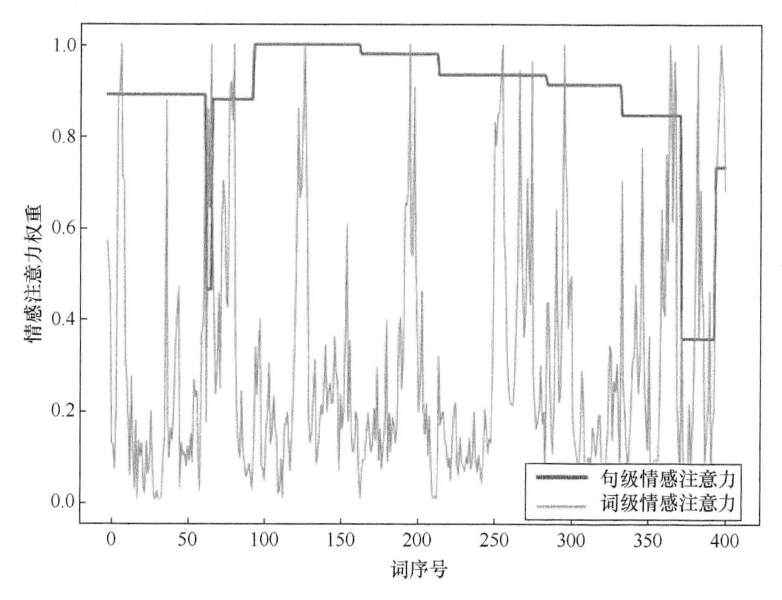

图 8.12　负向情感极性变化趋势(见彩图)

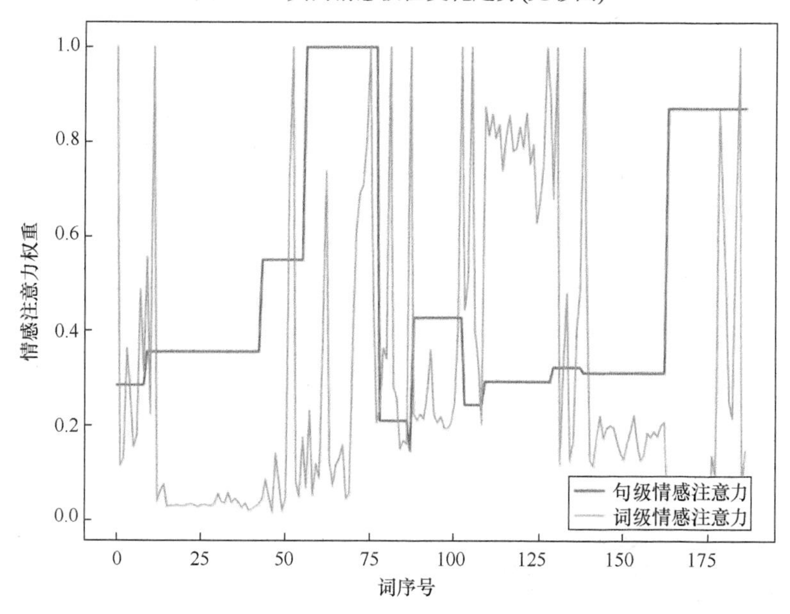

图 8.13　正向情感极性变化趋势(见彩图)

8.5　小　结

产品与服务的评论数据蕴含了丰富的情感信息，对于用户、商家与网络平台都有着十分重要的实际价值。为了充分挖掘及展现评论数据中的情感语义，本章提出了融合层级注意力机制的情感分析与可视化方法。该方法利用 Glove 将跨语种评论数据统一为固定维度向量；以 Bi-GRU 为基础神经网络单元编码情感语义；基于全局情感注意力构建单层级注意力神经网络模型；基于词级与句级情感注意力构建双层级注意力神经网络模型。本章在对酒店评论、IMDB 影评以及亚马逊产品评论等数据进行情感分析预测的同时，根据情感注意力信息实现了语义粒度的情感可视化。实验结果表明，层级注意力机制能较好地提升基础神经网络的情感分析性能。

评论数据中蕴含的情感信息具有高度研究价值，如何高效挖掘评论文本中的情感语义以及判断其情感极性是学界和业界重点关注的问题。本章为了实现评论数据的情感识别预测及语义粒度的情感可视化，提出了基于融合层级注意力机制的情感分析方法。具体而言，该方法以深度学习技术为基础，通过 Bi-GRU 构建情感语义编码器，根据评论文本的层级结构构建单层级与双层级情感注意力神经网络。单层注意力网络基于"文本—词汇"的层级结构构建全局情感注意力，并通过全局情感注意力实现情感特征提取与分析；双层注意力网络基于"文本—句子—词汇"的层级结构将评论划分为双层结构，分别构建词级和句级情感注意力，实现多层级情感分析。为了验证模型的有效性与可行性，本章选取了跨语种、跨主题的酒店评论、IMDB 影评以及亚马逊产品评论作为实验语料，通过多组实验验证了融合层级注意力机制的情感分析算法较传统的深度学习方法具有一定的优越性，其中双层注意力模型的优势更加明显。本章最后基于层级注意力机制实现了语义粒度的情感可视化，并给出了酒店评论语料中的两则实例。该可视化方法能较好地识别高权重情感词汇和语句，展现评论文本中情感注意力的分布特征。本章并未将多个语种、多个主题的评论语料进行统一训练，也未进行更加细粒度的属性级(aspect-level)情感分析。因此提升模型的泛化能力以及评估模型在属性级情感分析任务中的效果将是未来研究工作的重点。

参 考 文 献

[1] 中华人民共和国商务部电子商务和信息化司. 中国电子商务报告(2019). http://dzsws.mofcom.gov.cn/article/ztxx/ndbg/202007/20200702979478.shtml, 2020.

[2] 涂海丽, 唐晓波, 谢力. 基于在线评论的用户需求挖掘模型研究. 情报学报, 2015, 34(10): 1088-1097.

[3] 张艳丰. 在线用户评论行为时间序列关联特征规律研究. 吉林: 吉林大学, 2018.

[4] Jia Y, Liu I L B. Do consumers always follow "useful" reviews? The interaction effect of review valence and review usefulness on consumers' purchase decisions. Journal of the Association for Information Science and Technology, 2018, 69(11): 1304-1317.

[5] Zhang L, Liu B. Sentiment Analysis and Opinion Mining. California: Morgan and Claypool Publishers, 2012: 7-8.

[6] 张紫琼, 叶强, 李一军. 互联网商品评论情感分析研究综述. 管理科学学报, 2010, 13(6): 84-96.

[7] Giatsoglou M, Vozalis M G, Diamantaras K, et al. Sentiment analysis leveraging emotions and word embeddings. Expert Systems with Applications, 2017, 69: 214-224.

[8] Yang D Y, Yang N, Wei F R, et al. Sentiment embeddings with applications to sentiment analysis. IEEE Transactions on Knowledge and Data Engineering, 2016, 28(2): 496-509.

[9] Milagros F G, Tamara A L, Jonathan J M, et al. Unsupervised method for sentiment analysis in online texts. Expert Systems with Applications, 2016, 58: 57-75.

[10] Abdi A, Shamsuddin S M, Hasan S, et al. Deep learning-based sentiment classification of evaluative text based on Multi-feature fusion. Information Processing and Management, 2019, 56(4): 1245-1259.

[11] Kumar A, Srinivasan K, Cheng W H, et al. Hybrid context enriched deep learning model for fine-grained sentiment analysis in textual and visual semiotic modality social data. Information Processing and Management, 2020, 57(1).

[12] Meškelė D, Frasincar F. ALDONAr: a hybrid solution for sentence-level aspect-based sentiment analysis using a lexicalized domain ontology and a regularized neural attention model. Information Processing and Management, 2020, 57(3): 102211.

[13] Song M, Park H, Shin K S. Attention-based long short-term memory network using sentiment lexicon embedding for aspect-level sentiment analysis in Korean. Information Processing and Management, 2019, 55(3): 637-653.

[14] Pergola G, Gui L, He Y. TDAM: a topic-dependent attention model for sentiment analysis. Information Processing and Management, 2019, 56(6): 102084.

[15] Wang Y, Huang M, Zhu X, et al. Attention-based LSTM for aspect-level sentiment classification//The Conference on Empirical Methods in Natural Language Processing, Austin, 2016.

[16] Lin Z, Feng M, Santos C N D, et al. A structured self-attentive sentence embedding//The 5th International Conference on Learning Representations, Toulon, 2017.

[17] Yang Z, Yang D, Dyer C, et al. Hierarchical attention networks for document classification//The Conference of the North American Chapter of the Association for Computational Linguistics: Human Language Technologies, San Diego, 2016.

[18] Denecke K. Using SentiWordNet for multilingual sentiment analysis//The IEEE International Conference on Data Engineering Workshop, Cancun, 2009.

[19] 知网. 知网简介. http://www.keenage.com/zhiwang/c_zhiwang.html, 2019.

[20] 周杰. 基于情感词典与句型分类的中文微博情感分析研究. 银川: 宁夏大学, 2016.

[21] 钟敏娟, 万常选, 刘德喜. 基于关联规则挖掘和极性分析的商品评论情感词典构建. 情报学报, 2016, 35(5): 501-509.

[22] 闫晓东, 黄涛. 基于情感词典的藏语文本句子情感分类. 中文信息学报, 2018, 32(2): 75-80.

[23] Wang Z, Yu Z, Guo B, et al. Sentiment analysis of Chinese micro blog based on lexicon and rule set. Computer Engineering and Applications, 2015.

[24] 阳爱民, 林江豪, 周咏梅. 中文文本情感词典构建方法. 计算机科学与探索, 2013, 7(11):

1033-1039.

[25] Rao Y, Lei J, Liu W, et al. Building emotional dictionary for sentiment analysis of online news. World Wide Web, 2014, 17(4): 723-742.

[26] 贾守帆, 张博, 彭世豪. 在线评论研究综述: 基于细粒度情感分析视角. 电子商务, 2018, 11: 35-36.

[27] 杨经, 林世平. 基于 SVM 的文本词句情感分析. 计算机应用与软件, 2011, 28(9): 225-228.

[28] 李婷婷, 姬东鸿. 基于 SVM 和 CRF 多特征组合的微博情感分析. 计算机应用研究, 2015, 32(4): 978-981.

[29] Narayanan V, Arora I, Bhatia A. Fast and accurate sentiment classification using an enhanced naive Bayes model//International Conference on Intelligent Data Engineering and Automated Learning, Hefei, 2013.

[30] 施寒潇. 细粒度情感分析研究. 苏州: 苏州大学, 2013.

[31] Shi W, Qi G Q, Meng F J. Sentiment classification for book reviews based on SVM model//The International Conference on Management Science and Engineering, Harbin, 2005.

[32] Ye Q, Zhang Z Q, Law R. Sentiment classification of online reviews to travel destinations by supervised machine learning approaches. Expert Systems with Applications, 2008, 36(3): 6527-6535.

[33] Cui H, Mittal V, Datar M. Comparative experiments on sentiment classification for online product reviews//The 21st National Conference on Artificial Intelligence and 18th Innovative Applications of Artificial Intelligence Conference, Boston, 2006.

[34] Zong C, Feng W, Zheng V W, et al. Adaptive attention network for review sentiment classification//The 22nd Pacific-Asia Conference on Knowledge Discovery and Data Mining, Melbourne, 2018.

[35] Zhen W, Dai X Y, Yin C, et al. Improving review representations with user attention and product attention for sentiment classification. https://arxiv.org/abs/1801.07861, 2018.

[36] Yuan Z, Wu S, Wu F, et al. Domain attention model for multi-domain sentiment classification. Knowledge-Based Systems, 2018, 155: 1-10.

[37] Li S, Zong C. Multi-domain adaptation for sentiment classification: using multiple classifier combining methods//International Conference on Natural Language Processing and Knowledge Engineering, Dalian, 2009.

[38] Zhang Y, Zhang Z, Miao D, et al. Three-way enhanced convolutional neural networks for sentence-level sentiment classification. Information Sciences, 2019, 477: 55-64.

[39] 李慧, 柴亚青. 基于卷积神经网络的细粒度情感分析方法. 数据分析与知识发现, 2019, 3(1): 95-103.

[40] Nguyen H T, Le Nguyen M. Multilingual opinion mining on YouTube: a convolutional N-gram BiLSTM word embedding. Information Processing and Management, 2018, 54(3): 451-462.

[41] Kraus M, Feuerriegel S. Sentiment analysis based on rhetorical structure theory: learning deep neural networks from discourse trees. Expert Systems with Applications, 2019, 118: 65-79.

[42] Xu K, Ba J, Kiros R, et al. Show, attend and tell: neural image caption generation with visual attention. Computer Science, 2015: 2048-2057.

[43] Mnih V, Heess N, Graves A, et al. Recurrent models of visual attention//The 28th Conference on Neural Information Processing Systems, Montreal, 2014.
[44] Ba J, Mnih V, Kavukcuoglu K. Multiple object recognition with visual attention. https://arxiv.org/abs/1412.7755, 2014.
[45] Yao L, Torabi A, Cho K, et al. Describing videos by exploiting temporal structure//IEEE International Conference on Computer Vision, Santiago, 2015.
[46] Yan C, Tu Y, Wang X, et al. STAT: spatial-temporal attention mechanism for video captioning. IEEE Transactions on Multimedia, 2020, 22(1): 229-241.
[47] Bahdanau D, Cho K, Bengio Y. Neural machine translation by jointly learning to align and translate. Computer Science, 2014.
[48] Rocktäschel T, Grefenstette E, Hermann K M, et al. Reasoning about entailment with neural attention. Computer Science, 2015.
[49] Cui Y, Chen Z, Wei S, et al. Attention-over-attention neural networks for reading comprehension//The 55th Annual Meeting of the Association-for-Computational-Linguistics, Vancouver, 2017.
[50] Gehring J, Auli M, Grangier D, et al. Convolutional sequence to sequence learning//The 34th International Conference on Machine Learning, Sydney, 2017.
[51] Yang M, Tu W, Wang J. Attention based LSTM for target dependent sentiment classification//The 31st AAAI Conference on Artificial Intelligence, San Francisco, 2017.
[52] Wang X, Chen G. Dependency-attention-based LSTM for target-dependent sentiment analysis//Chinese National Conference on Social Media Processing, Beijing, 2017.
[53] Lu J, Hou Y. Attention-based linguistically constraints network for aspect-level sentiment//Pacific RIM International Conference on Artificial Intelligence, Nanjing, 2018.
[54] Ma D, Li S, Zhang X, et al. Interactive attention networks for aspect-level sentiment classification//The 26th International Joint Conference on Artificial Intelligence, Melbourne, 2017.
[55] Qu Z, Wang Y, Wang X, et al. A transfer learning based hierarchical attention neural network for sentiment classification//International Conference on Data Mining and Big Data, Shanghai, 2018.
[56] Liu J, Rong W, Tian C, et al. Attention aware semi-supervised framework for sentiment analysis//International Conference on Artificial Neural Networks, Alghero, 2017.
[57] Kokkinos F, Potamianos A. Structural attention neural networks for improved sentiment analysis//European Chapter of Association for Computational Linguistics, Valencia, 2017.
[58] Chen P, Sun Z, Bing L, et al. Recurrent attention network on memory for aspect sentiment analysis//The Conference on Empirical Methods in Natural Language Processing, Copenhagen, 2017.
[59] Lecun Y, Bottou L. Gradient-based learning applied to document recognition. Proceedings of the IEEE, 1998, 86(11): 2278-2324.
[60] Hochreiter S, Schmidhuber J. Long short-term memory. Neural Computation, 1997, 9(8): 1735-1780.

[61] Cho K, Merrienboer B V, Bahdanau D, et al. On the properties of neural machine translation: encoder-decoder approaches//The 8th Workshop on Syntax, Semantics and Structure in Statistical Translation, Doha, 2014.

[62] Maas A L, Daly R E, Pham P T, et al. Learning word vectors for sentiment analysis//Meeting of the Association for Computational Linguistics: Human Language Technologies, Portland, 2011.

[63] 谭松波. 酒店评论语料. https://www.aitechclub.com/data-detail?data_id=29, 2019.

[64] Stanford. Amazon Reviews Dataset. http://snap.stanford.edu/data/amazon/productGraph/categoryFiles/, 2015.

[65] Pennington J, Socher R, Manning C. Glove: global vectors for word representation//Conference on Empirical Methods in Natural Language Processing, Doha, 2014.

[66] Stanford. Global Vectors for Word Representation. https://nlp.stanford.edu/projects/glove/, 2014.

第 9 章　总结与展望

随着 Web2.0 的兴起与发展，UGC 逐渐成为网络信息资源的重要组成部分，使得人们发布信息、收集信息、获取信息以及交流信息的方式更加及时、高效、便利。然而由于较高的开放性与自主性，UGC 的信息质量与可信度问题日益凸显，成为了阻碍网络信息健康发展与网络空间序化治理的一个重要因素，如何识别、管控与优化 UGC 质量成为目前亟待解决的问题。本书从多元视角出发，在厘清 UGC 概念与内涵、梳理信息质量管理的相关理论与方法的基础上，深入剖析问答社区、评论平台、社交媒体、自媒体公众号等网络环境中不同类型、不同主题、不同交互方式的 UGC 的相似性与异质性特征，并基于多学科视角针对性地构建相关 UGC 信息质量测度和评估方法，同时提出相应的优化及治理策略，以期为互联网平台空间环境的净化、监管与治理提供理论与实践层面的借鉴与指导。

9.1　研 究 总 结

本书以 UGC 为核心研究对象，全方位、多视角地研究和探讨 UGC 信息质量的影响因素并构建质量评估的理论模型，为实现 UGC 信息质量的自动化、定量化评估与测度提供理论指导。其研究主要包括理论探讨与实证分析两大部分，其中理论研究部分和实施分析部分主要包括以下多个方面。

9.1.1　理论研究

(1) 全面把握 UGC 信息质量研究的现状。

本书从 UGC 信息质量的影响因素、管控政策、实践探索以及评估标准与方法等方面出发，对国内外的研究现状进行了详细阐述和客观述评，发现 UGC 信息质量评估受到了国内外学者们重点关注，在理论、方法和实证方面均取得较多的研究成果，但同时也还存在一定程度的不足。具体而言，目前的研究现状如下：在理论层面，国内外研究大多在特定场景中利用特定方法构建影响因素模型，而鲜有研究对 UGC 的信息质量内涵、质量评估维度、质量评估标准等进行系统地梳理和全面地认知；在方法层面，主流方法多为社会学、心理学、信息科学等单一学科领域视阈下的传统定性研究方法。而质性研究方法、跨学科交叉研究方法，以及最新的人工智能等相关理论和技术在 UGC 信息质量评估方面的应用还略显不足；在实证层面，国内外研究主要以维基百科为实证对象，而针对其他领域与行业(电子商务、旅游推荐、问答社区等)的研究较少，这些领域与行业的 UGC 与维基百科有着显著性差异，但同样十分重要。此外，目前大部分研究都集中在对文本信息质量的评估上，而多维度分析研究较少。

本书对 UGC 信息质量的研究现状进行系统梳理，深入分析相关研究的不足，以期对 UGC 信息质量评估理论和实践研究提供参考。

(2) 系统梳理 UGC 信息质量评估的理论基础。

首先，界定了 UGC 的概念，即 UGC 是 Web 2.0 环境下的一种网络信息资源组织形式，凡是由用户主动选择创作或分享的、经由互联网络进行传播和共享的、携带一定程度的用户个人价值的内容和作品都可以称为 UGC，其形式可以是文字、图像、声音、视频，也可以是各种形式的综合。

其次，明确了 UGC 的四大特征及三种类型。UGC 作为 Web2.0 环境下一种新兴的网络信息资源创作与组织模式，结合其生成过程及创建内容的用户特征来看，具有灵活性、互动性、海量性及去中心化的特征。由于研究主题和目的的不同，国内外学者对 UGC 的分类存在很大的差异。本书认为对 UGC 进行抽象层面的分类比具象分类更具有普遍适用性，可以根据用户对 UGC 的贡献程度不同而将其分为三类，即用户原创内容、用户修改内容和用户传播内容。

最后，厘清了信息质量内涵、信息质量评估测度理论框架及实践应用。信息质量的内涵部分分别对信息质量与信任、权威和可信度之间的联系进行深入解析，以全面掌握质量评估的本质。信息质量评估测度理论框架及实践应用主要是对详尽可能性模型、认知权威理论、价值增值模型、突出解释理论、信息使用环境理论等相关理论模型进行了详细阐释，同时对 Michigan Checklist、TrustArc、HONcode、PICS、DISCERN 信息质量评估方法、工具、平台进行了系统梳理。

本书对 UGC 信息质量相关的概念和内涵进行厘清，并对领域内的理论框架、应用模型、技术方法、标准维度等加以系统梳理，旨在详细阐述 UGC 信息质量评估研究机理，为后面的实证研究提供了坚实的理论支撑。

(3) 详细阐述信息质量评估的技术与方法。

信息质量评估测度的技术与方法是信息质量评估的关键要素，其主要涉及信息质量评估的维度、信息质量评估的标准、信息质量评估测度的方法视角这三个方面。

信息质量的评估维度作为评估体系的主要构成，可以概括为基于信息特征、基于平台特征和基于用户视角三种类型。三种不同类型的信息质量评估分别将信息本身、平台特征、用户纳入考量，结合具体的量化指标使信息质量的评估变得更加全面具体。

信息质量评估的标准包含权威性、完整性、时效性、可信性、有用性、新颖性六大信息特征。这六项标准具有较高的代表性，能够较为真实准确地反映信息质量。

信息质量评估测度的方法视角对现有的基于社会统计学、心理学、信息科学、认知神经学等比较典型的传统方法和新型方法进行全面梳理和多元解读，详细阐述和分析了各种方法的理论基础与实践应用。

本书从评估维度、评估标准、方法视角三个方面对适用于 UGC 信息质量评估的方法进行概述，为后续开展评估实证研究提供了坚实的理论依据。

9.1.2　实证研究

(1) 信任视角下社交媒体用户的信息使用行为研究。

从信任视角出发，针对具有社交媒体普通新闻用户和潜在记者双重视角的特殊群体，即新闻学专业学生，探究其自我效能与信息使用之间的潜在机制。研究结果表明新闻学专业的学生的信任层次由信任信念向信任行为发展，当他们想要对外做出表现自己信任谣言的相关行为时，会综合考虑环境、态度、主观规范等各方面因素带来的压力和焦虑，通过理性判断来抑制实际上谣言信息的使用。研究结果为培养合格的未来记者以及能够理性使用谣言信息的普通社交媒体新闻用户提供了支持。

(2) 基于扎根理论的网络问答社区答案质量影响因素研究。

运用扎根理论的方法研究影响网络问答社区答案质量的因素，通过对具备知乎使用经历且有一定参与度的知乎用户群体进行访谈来收集数据，并通过开放编码、主轴编码、选择编码和饱和度检验等对原始数据进行分析和归纳。研究发现网络问答社区的答案来源质量、内容质量、结构质量和效用质量四个特征，分别作为前提条件、直接条件、间接条件和关键条件，共同影响用户对网络问答社区答案质量的感知。研究结果为网络问答社区提升答案质量，优化平台体验，促进知识共享提供了方法参考。

(3) 计算语言学视角下在线用户评论信息的有用性测度研究。

从计算机语言学视角出发测度用户评论信息的有用性，在前人研究的基础上，创新性地提出了一种以语义特征为核心，融合文体、情感以及用户评分等多维特征的评论有用性评估方法，并通过对大众点评和豆瓣电影的真实评论数据进行实证分析。研究发现该方法运用的 RCNN 模型与其他在自然语言处理中广泛应用的深度学习模型相比，能有效地平衡“检准”和“检全”，具有优越性，同时在融合多维计算语言学特征之后，准确率有了进一步提升，说明多维计算语言学特征确能提升有用性识别的性能。实证分析验证了所提出方法的科学性和可行性，为信息有用性测度提供了新的参考，为用户评论信息有用性测度提供了方法支持。

(4) 基于递归张量神经网络的微信公众号文章新颖度评估方法。

本书提出了利用非监督的句级 Doc2Vec 语言模型构建公众号文章的文本向量，基于递归张量神经网络构建新颖度测度模型，进而通过模型训练求解并量化评估文章新颖度的方法，并基于微信公众号平台文章开展实证研究，通过回归分析验证了微信公众号文章的新颖度和相似度存在着较大强度的负相关及线性回归关系。实验结果证明所提出的方法具有较强的可行性和有效性，为自媒体平台文章新颖度测度提供了方法，也为自媒体平台的新颖话题探测和前沿知识发现提供了支撑。

(5) 融合层级注意力机制的评论数据情感质量分析及可视化研究。

本书提出了融合层级注意力机制的评论数据情感分析及可视化方法，以深度学习技术为基础，通过 Bi-GRU 构建情感语义编码器，根据评论文本的层级结构构建单层级与双层级情感注意力神经网络，分别构建词级和句级情感注意力，实现多层级情感分析。实验对酒店评论、IMDB 影评以及亚马逊产品评论数据进行情感分析预测，验证了该方法较传统的深度学习方法的优越性，同时基于层级注意力机制实现了语义粒度的情感可视化，该可视化方法能较好地识别高权重情感词汇和语句。实验结果表明，层级注意力机制能较好地提升基础神经网络的情感分析性能，为评论数据情感分析提供了方法参考。

9.2 研究不足

通过对前面章节的分析，作者认为本书仍存在以下局限。

(1) 研究内容的语种相对单一。

本书的实证研究对象包括知乎、大众点评、豆瓣影评、IMDB 影评、酒店评论、亚马逊手机产品评论和微信公众号推文，研究语种以中文和英文为主，并未将跨语种、跨主题的评论语料进行统一训练和测度，构建的评论有用性和文章新颖性特征框架仅适用于以中文撰写的评论和文章。收集写作风格特征时，词性基于中文语法，实验基于中文评论和文章数据，因此，结果可能无法扩展到其他语言的 UGC 文本质量评估。为了在不同的语种数据集上推广实证构建的模型，需要对特征设计和模型构建进行进一步的研究。

(2) 研究对象的格式较为单一。

UGC 从其内容和外在表现形式来看，主要可以分为文本、音视频、图片和应用程序等类型。本书选择社交媒体信息、在线问答社区信息(知乎)、在线评论信息(大众点评、豆瓣影评、IMDB 影评、酒店评论、亚马逊手机产品评论)和微信公众号推文等多元对象开展具体的评估与实证研究，相对现有研究而言，研究对象的类型和来源较为多样化，但都仅仅是针对普通文本类型的用户生成信息，对于视频、音频以及图像等类型的 UGC 质量评估并未纳入研究范围。然而，图片和视频等其他类型的 UGC 也包含了大量的信息，但目前研究对于这种类型的信息内容并没有给予更多的关注。因此，在未来可以针对更多不同类型的信息内容开展进一步的研究和探索。

(3) 评价指标维度不够完整。

UGC 作为一种重要的网络信息资源，其质量本身是一种多维度的概念，是由多种学科属性所构成的集合，对其质量进行测度和评估时，必须从多维度、多角度综合衡量和表现。本书实证部分所测度的评价指标包括有用性、新颖度等标准和维度，但不能够全面反映 UGC 信息质量的全部特征。其中，评论有用性测度研究并未展开细粒度的评论有用性识别预测以及回归预测实验，在进行多维特征重要性分析时，仅考虑了情感特征、文体特征以及用户评分特征的整体有用性，并未深入到特征集合内容，识别特征集合内部每一个元特征的重要性。因此，聚焦可信性、完整性、相关性、时效性等具体 UGC 质量评估标准和维度进行实证，从多元视角看待 UGC 信息质量的评估，提升有用性分类维度乃至开展回归分析、更加系统全面地分析多维特征框架内每一个特征的重要性，将是后续工作的重要研究方向。

9.3 未来展望

UGC 的信息质量评估研究无论是在理论层面还是在实践应用层面都具有重要的价值和意义。本书应用了结构方程模型、扎根理论、计算机语言学、机器学习和深度学习等方法，提出多元视角下 UGC 的信息质量的多元学科评估方法，构建了社交媒体信息、社会问答信息、在线评论信息等不同类型 UGC 的质量测度模型及缺陷识别测度方法，丰富和完善了 UGC 领域的理论和实证研究，为建立全面、科学的 UGC 质量检测评估体系与监管策略提供相应的参考。结合以上研究的不足，未来的研究将从以下几个方面展开。

(1) 丰富研究语种和完善评估模型。

为了弥补 UGC 信息质量评价中研究语种较为单一的不足，拟在未来研究中进一步开展 UGC 信息质量评价理论、技术和方法等方面的研究，对评估模型进行进一步优化，扩充实验样本和实验语种，开展跨语种、跨类别的研究。此外，如何建立更加完善、准确的评估模型，提升模型的泛化能力以及评估模型在不同语种 UGC 质量评估任务中的效果也是接下来值得研究的热点和我们未来研究工作的重点。

(2) 拓展评估对象和研究人群。

由于时间的局限，本书仅仅针对文本形式的 UGC 进行了研究，而图片、视频以及富媒体形式的 UGC 同样包含着海量的信息。相较于文本形式的 UGC，许多学者在评估研究时对于图像、音视频中包含的信息内容并没有给予较高程度的关注，这类信息资源同样具有较高的研究价值。因此，未来的研究方向可以考虑从图片、音视频以及富媒体等形式的 UGC 内容信息质量层面进行跨媒体形式研究。此外，拓展研究人群，进一步分析不同人群对问答社区和社交媒体信息质量的分辨能力，以获得更为客观、准确的研究结论，也将是未来研究需要努力的方向。

(3) 构建完整的信息质量评价指标体系。

在对信息质量的科学评估中，评估指标体系一直是评估工作的核心内容，是评估工作顺利完成的关键因素。不同的学科领域、不同的角度、不同的评估对象有不同的评价侧重指标、指标内容、指标权重。因此，下一步的研究需要深入分析评价对象的属性特征，在充分借鉴通用指标的基础上，针对不同研究对象确定其特有的指标内容，构建完整的评价指标体系，将更多的评估指标纳入到实证研究中，对评价指标进行科学合理的验证。

彩　　图

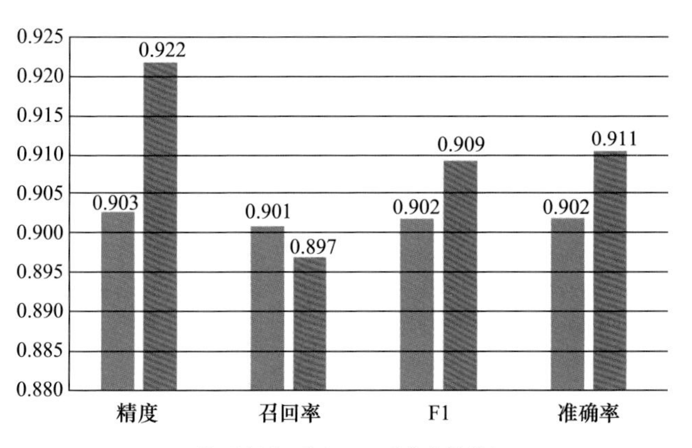

图 6.5　基于纯语义特征与融合多维特征的指标对比(大众点评)

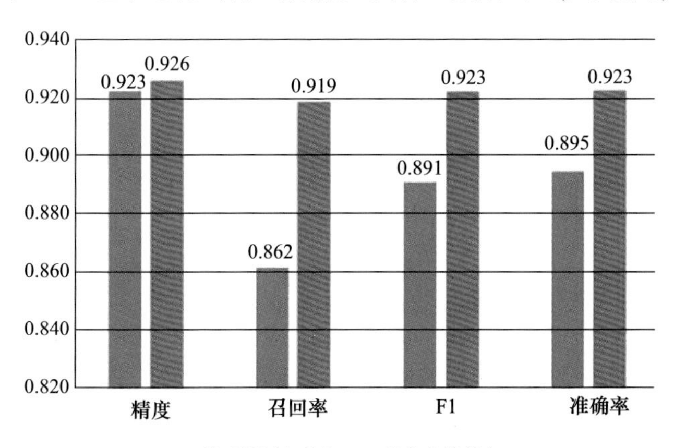

图 6.6　基于纯语义特征与融合多维特征的指标对比(豆瓣电影)

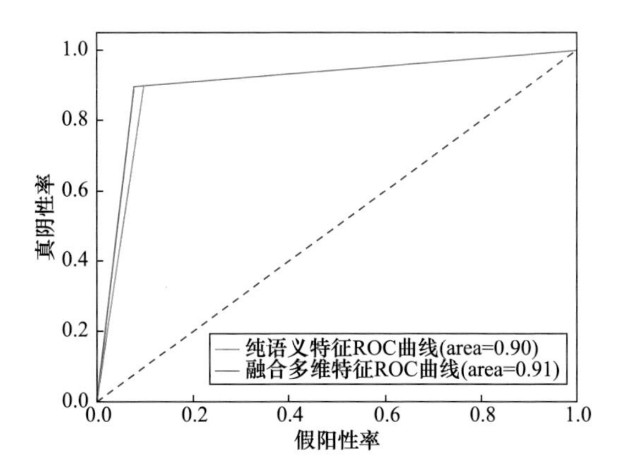

图 6.7 基于纯语义特征与融合多维特征的 ROC 曲线(大众点评)

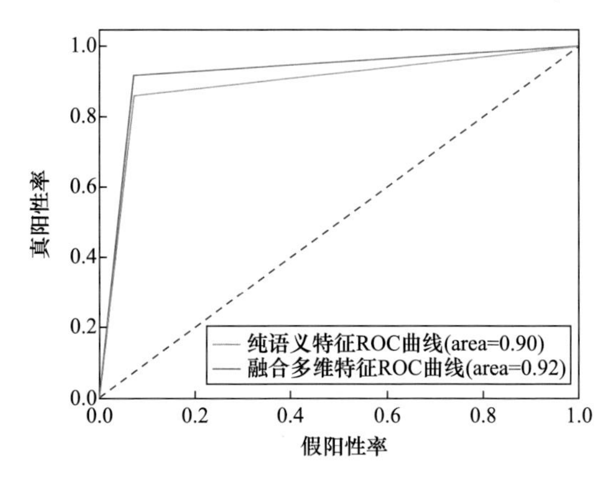

图 6.8 基于纯语义特征与融合多维特征的 ROC 曲线(豆瓣电影)

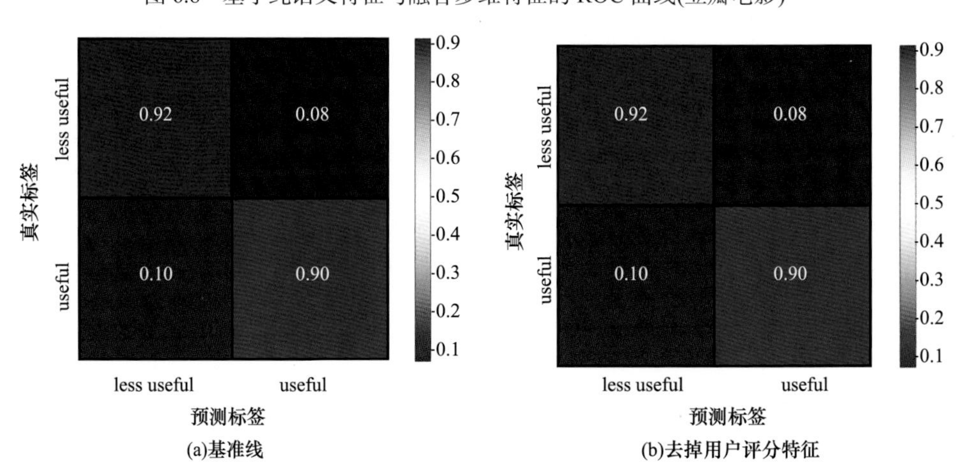

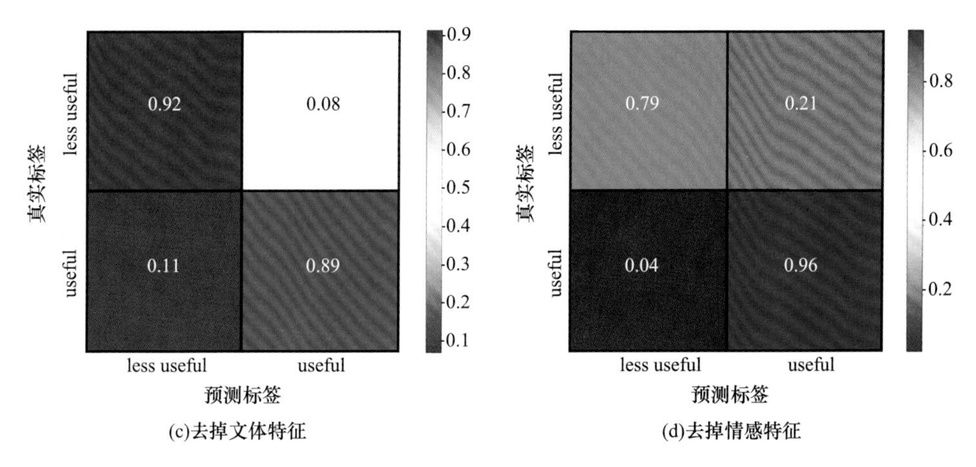

图 6.9　大众点评数据组的混淆度矩阵

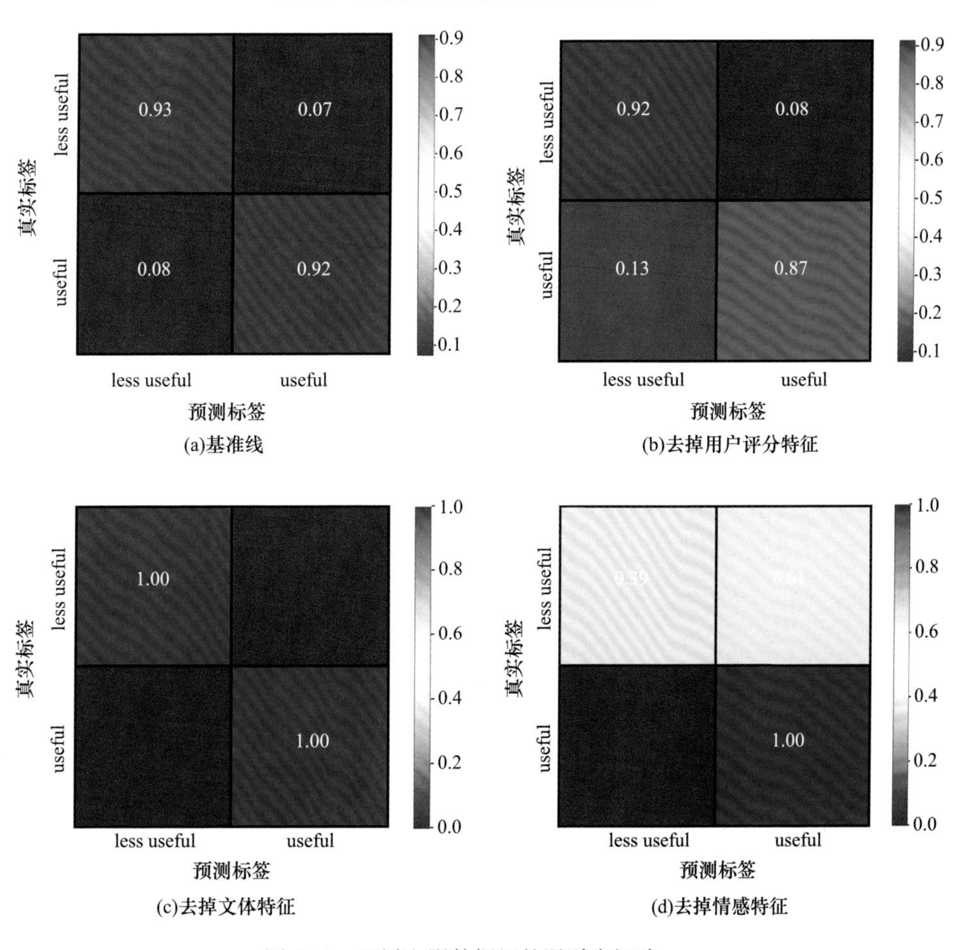

图 6.10　豆瓣电影数据组的混淆度矩阵

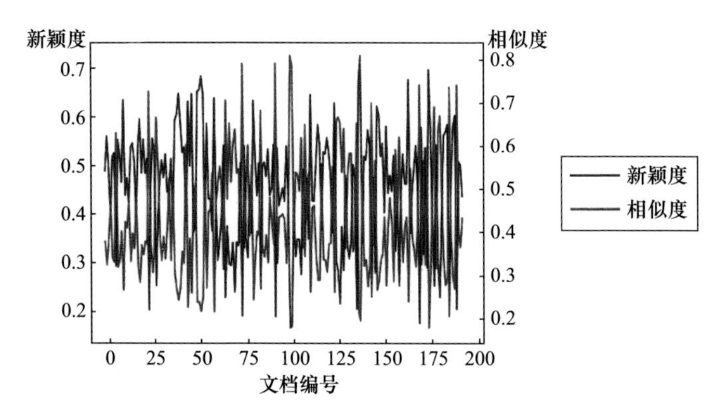

图 7.11 微信公众号文章相似度与新颖度的相关关系

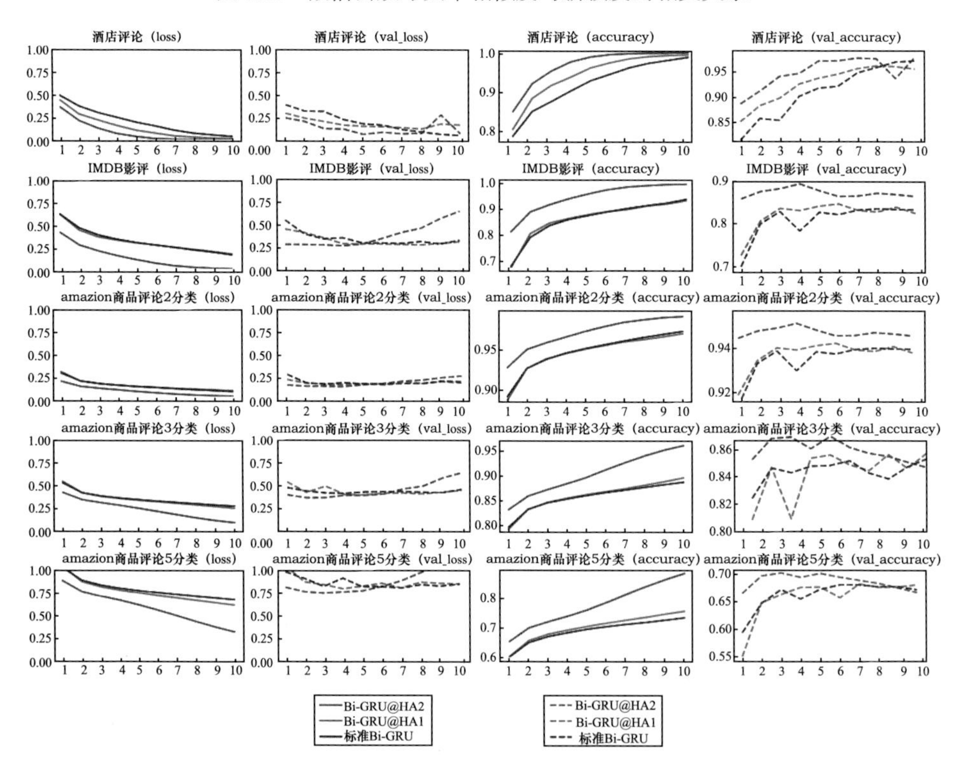

图 8.8 五组实验的综合统计图

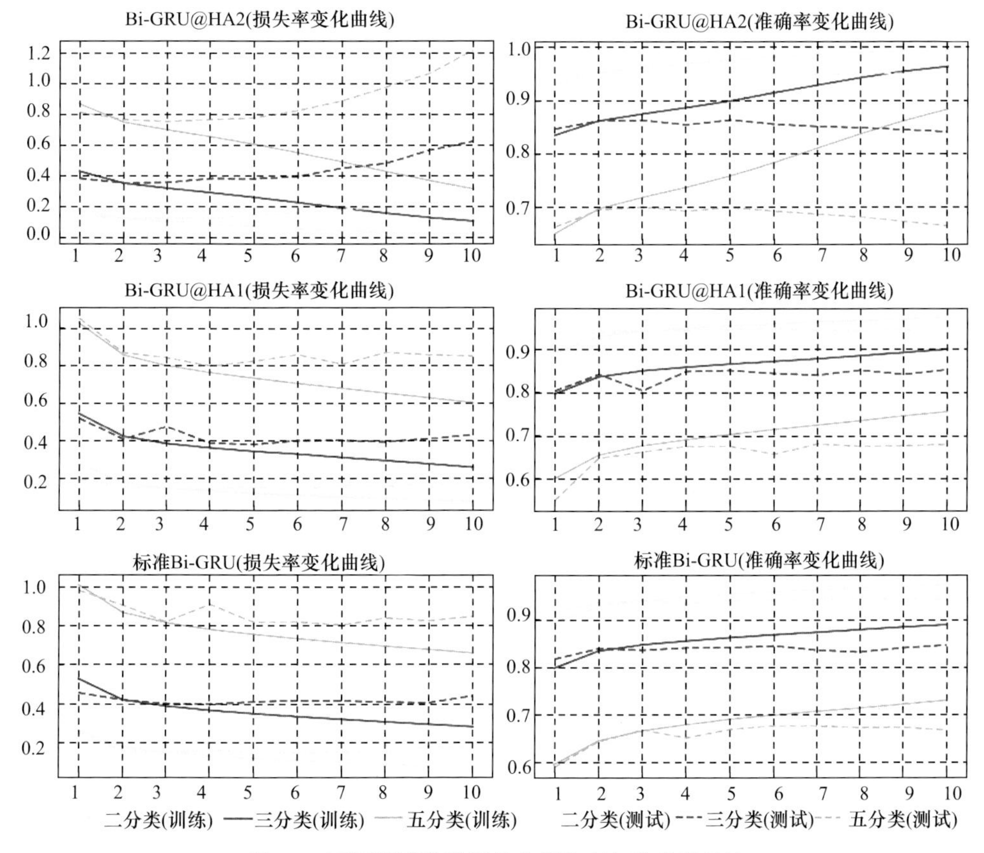

图 8.9 不同情感分类场景中损失率与准确率对比

0.888768这 是 我 住 酒店 以来 碰到 最 郁闷 和 龌龊 的 酒店 我 是 带 着 快 8 个 月 的 儿子 自己 开车 去 的 亲戚 已经 开 好 其他 宾馆 就是 考虑 儿子 需要 有个 好 环境 才 决定 酒店 开 一间 大床 房 入住 的 是 我 妈 我 媳妇 我 儿子 房间 小 了 点 但 看着 还 温馨
0.463684开始 都 相对 满意
0.879768进去 待 了 一段时间 就 发现 没 空调 的 儿子 怕 热闹 的 厉害 和 酒店 交涉 了 一下 结果 给 我们 了 把 落地 风扇
1.000000住 4 4 风扇 就 店 对 此事 的 2 个 说法 开始 告诉 我们 说 是因为 气候 没 到 开 空调 的 时候 所以 中央空调 没 打开 4 星 说出 这话 我 很 佩服 后来 发生 了 更 严重 的 事 后 再 提起 这 问题 他们 的 答复 却是 在 检修 了 没 办法 就 将 就 了 用 结果 晚上 儿子 就 开始 发烧 了 当然 也 不
0.977642到 了 酒店 开始 我 就 把 车 停 在 了 停车场 正规 的 停车位 等 我 第二天 中午 要 用车 时 发现 车 后门 被 刮 了 有 一米 立刻 叫 了 酒店 人员 结果 他们 来 的 人 先是 擦 之后 说 调 下 监控 看 下
0.932227等 了 半天 告诉 我 说 这 位置 监控 不到 我 问 怎么 处理 他们 承认 了 一些 问题 又 说 了 一大堆 的 理由 最后 我报 了 平安 我 买 了 保险 平安 的 让 交警 我 也 让 酒店 的 了 交警 交警 来 了 他们 一个 人 也 没 来 处理 是 我 自己 和 交警 沟通 了 半天 交警 说 第 3 方
0.911583我 问 酒店 怎么 处理 他们 让 我 先 处理 保险 和 自己 的 事 我 找 了 熟人 保险公司 同意 承担 70 我 告诉 酒店 30 要 酒店 承担 他们 当时 同意 了 说 你 先 去 办事 我们 这么 大 的 酒店 在 这 不会 跑 的
0.845465结果 等 我 再有 时间 回来 处理 这 事 的 时候 酒店 的 人员 告诉 我 了 以后 领导 不 同意 承担 30 了 几次 的 来回 最后 的 处理 办法 是 给 半天 的 房费 作为 补偿
0.355753保险 情况 平安 定价 800 元 承担 70 560 元 我 承担 240 元 酒店 承担 238 元 的 50 119 元
0.731848这样 的 4 星 让 我 死

图 8.10 负向情感语义可视化实例

0.284444香港 九龙 地区 3 星 以上 酒店 性价比 最高
0.355113交通不便 但 可以 坐 酒店 免费 班车 到达 旺角 和 尖沙咀 20 分钟 我 15 年 6 次住 此 酒店 5 月 3 6 日 通过 携程 预定 比 香港 朋友 预定 还要 便宜
0.549461并且 入住 提升 28 楼 行政 标准 房间 健身 室 和 游泳 免费
1.000000 购物 大众化 东西 方便 下面 4 层 购物中心 酒店 对面 购物中心 百佳 超市 和 XX 人 自助 火锅 较 好
0.209053步行 5 7 分钟 就是 荃湾 城市 购物中心 广场
0.145433奇怪
0.427291为什么 网友 反映 购物 不 方便 晚上 10 点 以后 全世界 购物 都 不 方便
0.242682酒店 1 层 就 有 便利店
0.292624另外 此 房间 18 层 以下 好象 是 大陆 旅行团 住 标准 房间 18 层 以上 携程 预定 豪华 房间
0.322569到 香港 购买 此 酒店 就 不是 方便
0.311315补充 点评 2008 年 7 月 29 日 我 和 爱人 年 到 香港 通过 朋友 定房 住 15 层 标准 房间
0.87115607 年 带 孩子 通过 携程 定房 住 22 层 豪华 房间 感觉 和 亲身 体会 除 交通 外 各 方面 较 理想

图 8.11 正向情感语义可视化实例

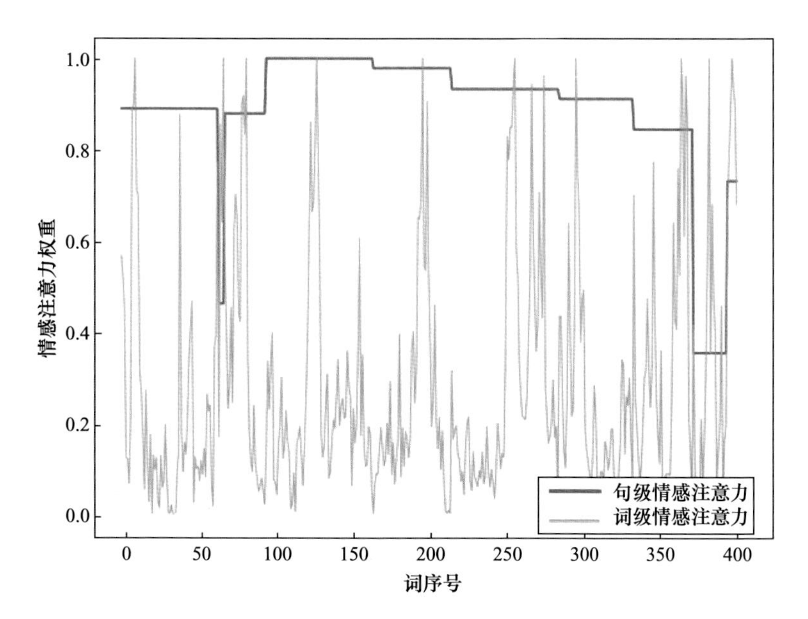

图 8.12　负向情感极性变化趋势

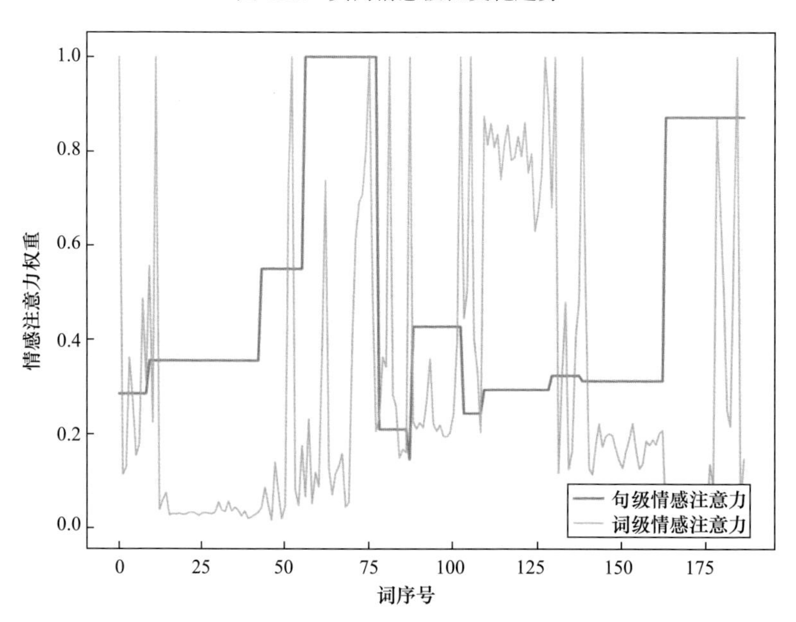

图 8.13　正向情感极性变化趋势